计算机基础教育"精品课程"教材
"互联网＋课程思政"新形态立体化教材

信息技术基础——
Windows 10+Office 2016

主 编◎刘 冰 蒲国林 钟 诚
副主编◎谷 潇 刘 城 李玮琦

中南大学出版社
www.csupress.com.cn
·长 沙·

图书在版编目（CIP）数据

信息技术基础：Windows 10+Office 2016 / 刘冰，蒲国林，
钟诚主编. —长沙：中南大学出版社，2025.7
　　ISBN 978-7-5487-5861-7

　　Ⅰ. ①信… Ⅱ. ①刘… ②蒲… ③钟… Ⅲ. ①Windows
操作系统—高等职业教育—教材②办公自动化—应用软件—
高等职业教育—教材 Ⅳ. ①TP316.7②TP317.1

中国国家版本馆 CIP 数据核字（2024）第 107229 号

信息技术基础（Windows 10+Office 2016）
XINXI JISHU JICHU（Windows 10+Office 2016）

刘冰　蒲国林　钟诚　主编

□出 版 人	林绵优	
□责任编辑	韩　雪	
□责任印制	唐　曦	
□出版发行	中南大学出版社	
	社址：长沙市麓山南路	邮编：410083
	发行科电话：0731-88876770	传真：0731-88710482
□印　　装	广东虎彩云印刷有限公司	

□开　　本	787 mm×1092 mm 1/16	□印张 18	□字数 446 千字	
□互联网+图书	二维码内容	视频 48 个	视频时长 162 分钟	
□版　　次	2025 年 7 月第 1 版	□印次 2025 年 7 月第 1 次印刷		
□书　　号	ISBN 978-7-5487-5861-7			
□定　　价	54.00 元			

前 言
PREFACE

当前，信息技术已成为经济社会转型发展的主要驱动力，是建设创新型国家、制造强国、网络强国、数字中国、智慧社会的基础支撑。运用计算机及互联网获取、加工、处理、分析和传输数据已成为每位大学生必备的基本能力。为培养学生的信息素养，提高学生获得、分析处理及应用信息的技能，增强学生利用网络资源优化自身知识结构与提升技能水平的能力，我们编写了本书。

本教材以 Windows 10 操作系统、Office 2016 办公软件、Internet 应用、算法、程序设计、数据库技术为重点，力求将信息技术理论知识的学习与应用能力的培养相结合。教材内容既体现知识体系的系统性、全面性，还着力培养学生的学科知识整合能力和计算机综合应用能力。同时在编写过程中，注重贯彻党的教育方针，种好课程思政"责任田"，落实立德树人根本任务。

本教材内容翔实，结构合理，图文并茂，实用性强。全书共七个项目，主要内容包括计算机基础知识、计算机软硬件基础、办公自动化、网络与信息安全、算法与程序设计、数据库技术、计算机新技术。

为了适应高等职业教育教学改革与人才培养的新形势和要求，本教材将信息技术基础课程标准、专升本考试要求、计算机等级考试内容有机融合，培养学生信息素养与应用能力，旨在帮助学生成长成才，为学生未来的职业发展奠定坚实基础。

本教材由达州职业技术学院的刘冰、蒲国林、钟诚担任主编，由谷潇、刘城、李玮琦担任副主编，戚海军、梁姝、胡鹏、毛政翔、于洲、张彬、王兰、向瑜、吴刚、杜军等老师参与了审校工作，钟诚负责统筹教材编写工作并主审。

在编写过程中，我们参阅、借鉴了诸多著作和资料，在此，谨向有关作者表示诚挚的谢意。由于编者知识水平有限，书中错误和疏漏之处在所难免，敬请广大师生和读者批评指正并提出宝贵意见。

编　者

目 录
CONTENTS

项目一

计算机基础知识

项目概述

计算机已经成为我们工作、生活的一部分。打开计算机，就可以用其上网、工作、绘图、游戏、看电影……计算机带来的欣喜是无法用言语表达的。在本项目中我们将一起学习计算机的基础知识，了解计算机的概述，掌握计算机的数制及其转换，熟悉数值数据与字符数据的表示，为将来深入学习计算机知识打下基础。

学习目标

◆ 知识目标

1. 了解计算机的概念、发展历史、特点、分类和应用。
2. 了解数制的基本概念。
3. 掌握数制之间的相互转换。
4. 熟悉计算机中信息的表示和编码。

◆ 能力目标

1. 能对不同进位计数制进行转换。
2. 具备利用计算机分析并解决实际问题的基本能力。

◆ 素质目标

1. 体验实践出真知的道理，培养实践精神和创新思维。
2. 培养良好的信息素养。

任务一　计算机概述

【任务描述】

本任务要求了解计算机的诞生和发展历史，理解计算机的概念、分类，熟悉计算机的主要应用，了解计算机未来的发展方向。

【知识讲解】

一、计算机的概念

计算机全称是电子计算机（electronic computer），俗称电脑，是一种能够按照程序运行，自动、高速处理海量数据的现代化智能电子设备，是一种具有存储、计算和逻辑判断能力的机器。它由硬件和软件组成，没有安装任何软件的计算机称为裸机。常见的形式有台式计算机、笔记本计算机、大型计算机等。

认识计算机

二、计算机的诞生和发展历史

世界上公认的第一台电子数字式计算机于 1946 年 2 月 15 日在美国宾夕法尼亚大学研制成功，它名为 ENIAC（埃尼阿克），ENIAC（图 1-1）是电子数字积分式计算机（electronic numerical integrator and computer）的缩写。它使用了近 18000 个真空电子管，耗电 170 kW，占地 170 m²，重达 30 t，每秒钟可进行 5000 次加法运算。虽然它还比不上现在最普通的一台微型计算机，但在当时已是运算速度最快的，而且其运算的精确度也是史无前例的。以圆周率（π）的计算为例，中国古代的科学家祖冲之耗费 15 年心血才把圆周率计算到小数点后 7 位。一千多年后，英国人威廉·香克斯花毕生精力计算圆周率，计算到小数点后 700 多位。而使用 ENIAC 进行计算，仅用了 40 s 就达到这个纪录，它还发现在香克斯的计算中，第 528 位是错误的。

ENIAC 奠定了电子计算机的发展基础，在计算机发展史上具有划时代的意义，它的问世标志着电子计算机时代的到来。

ENIAC 诞生后，美籍匈牙利数学家冯·诺依曼提出了重大的改进理论，主要有以下两点。

其一是电子计算机应该以二进制为运算基础。

其二是电子计算机应采用"存储程序"方式工作，并且进一步明确指出了整个计

图 1-1　ENIAC 计算机

算机的结构应由 5 个部分组成——运算器、控制器、存储器、输入设备和输出设备。

　　冯·诺依曼的这些理论的提出，解决了计算机的运算自动化和速度配合问题，对后来计算机的发展起到了决定性的作用。直至今天，绝大部分的计算机还是采用冯·诺依曼体系结构。

　　ENIAC 诞生后短短的几十年间，计算机的发展突飞猛进。主要电子器件相继使用了真空电子管，晶体管，中、小规模集成电路和大规模、超大规模集成电路，进而引起了计算机的几次更新换代。每一次更新换代都使计算机的体积和耗电量大大减小，功能极大增强，应用领域进一步拓宽。特别是体积小、价格低、功能强的微型计算机的出现，使得计算机迅速普及，进入了办公室和家庭，在办公自动化和多媒体应用方面发挥了很大的作用。目前，计算机的应用已扩展到社会的各个领域。

　　根据采用的主要元器件的不同，可将计算机的发展过程分成以下几个阶段（表 1-1）。

表 1-1　计算机的发展阶段及其特点

发展阶段	起止年份	主要元器件	主存储器设备	特点
第一代	1946—1957	电子管	汞延迟线或磁鼓	体积庞大、功耗大、运算速度慢、可靠性差、价格昂贵，采用机器语言和汇编语言编程
第二代	1958—1964	晶体管	磁芯	体积、功耗减小，运算速度提高，价格下降，出现了高级程序设计语言
第三代	1965—1970	中小规模集成电路	半导体	体积、功耗进一步减小，可靠性及运算速度进一步提高，操作系统逐渐成熟，出现了多种应用软件
第四代	1971 年至今	大规模、超大规模集成电路	集成度更高的半导体	性能大幅度提高，价格大幅度下降，编程语言和软件丰富多彩，出现了多媒体技术

拓展阅读

与计算机相关的人物

　　计算机发展的历史就是一段英雄崛起的历史，一个个闪亮的名字，就像夜空中璀璨的繁星，让人羡慕、令人敬仰。在计算机及其相关产业的建立与发展中，他们所做出的不可磨灭的贡献是我们不应忘记的，以下介绍的是其中的一些代表。

　　1.信息论之父——克劳德·艾尔伍德·香农（Claude Elwood Shannon）（以下简称香农）

　　香农是使世界能进行即时通信的少数科学家和思想家之一。他的两大贡献：一是信息理论、信息熵的概念；二是符号逻辑和开关理论。

　　1938 年，香农在麻省理工学院（MIT）获得电气工程硕士学位，硕士论文是《继电器与开关电路的符号分析》。当时他已经注意到电话交换电路与布尔代数之间的类似性，即把布尔代数的"真"与"假"和电路系统的"开"与"关"对应起来，并用"1"和"0"表示。于是他用布尔代数分析并优化开关电路，这就奠定了数字电路的理论基础，同时为计算机电路结构及相关理论奠定了基础。

　　香农理论的重要特征是熵（entropy）的概念，他证明熵与信息内容的不确定程度有等价关系，熵可以理解为分子运动的混乱度，信息熵也有类似意义。信息熵的单位是比特，比特是计算机度量单位的基础，其他单位（如字节）都是由比特衍生而来的。例如，在处理中文信息时，汉字的静态平均信息熵比较大，中文是 9.65 比特，英文是 4.03 比特。这说明中文的复杂程度超过英文，反映了中文词义丰富、行文简练，但处理难度也大的特点。同时，信息熵大，意味着不确定性也大。

2.计算机科学与人工智能之父——艾伦·麦席森·图灵（Alan Mathison Turing）（以下简称图灵）

英国数学家和计算机逻辑学家，图灵创建了自动机理论，发展了计算机科学理论，奠定了人工智能的基础。冯·诺依曼曾多次向别人强调："如不考虑巴贝奇、阿达和其他人早先提出的有关概念，计算机基本概念只能属于图灵。"

20 世纪 30 年代，图灵发表论文《论数字计算在决断难题中的应用》，他提出了一种十分简单但运算能力极强的理想计算机装置，用它来计算所有能想象得到的可计算函数。它由一个控制器和一根假设两端无界的工作带组成，工作带起着存储的作用。工作带被划分为大小相同的方格，每一格上可书写一个给定字母表上的符号，控制器可以在带上左右移动。控制带上有一个读写头，读写头可以读出控制器访问的格子上的符号，也能改写和抹去这一符号。这一装置只是一种理想的计算机模型，或者说是一种理想中的计算机。图灵的这一思想奠定了整个现代计算机的理论基础。这就是计算机史上与"冯·诺依曼机"齐名的"图灵机"。

1950 年，图灵发表另一篇论文《计算机器与智能》，首次提出检验机器智能的"图灵测试"，从而奠定了人工智能的基础，他也因此被人们称为人工智能之父。对于人工智能，他提出了重要的衡量标准——图灵测试，如果有机器能够通过图灵测试，那它就是一台完全意义上的智能机，和人没有区别。他杰出的贡献使他成为计算机界的第一人。1966 年，为了纪念这位伟大的科学家，美国计算机学会（ACM）创建图灵奖，该奖项被称为计算机领域的"诺贝尔奖"。这个奖项将颁发给世界上为计算机科学事业做出突出贡献的科学家们。

3.电子计算机之父——约翰·冯·诺依曼（John von Neumann）

电子计算机之父的荣誉颁给了冯·诺依曼，而不是 ENIAC 的两位实际的研究者，是因为冯·诺依曼提出了现代计算机的体系结构。

1945 年，他写了一篇题为《关于离散变量自动电子计算机的草案》的论文，第一次提出了在数字计算机内部的存储器中存放程序的概念（stored program concept），这是所有现代电子计算机的范式，被称为冯·诺依曼体系结构。冯·诺依曼体系结构的基本内容包括三点：一是计算机基本硬件系统由五大功能部件构成，即运算器、控制器、存储器、输入设备和输出设备；二是计算机内部采用二进制进行数据的存储和运算；三是计算机中的数据和指令均存放在计算机的存储器中，由计算机自动控制执行。按这一结构建造的计算机称为存储程序计算机（stored program computer），又称为通用计算机。冯·诺依曼凭借他的能力和敏锐，创新性地提出现代计算机的理论基础，决定了计算机的发展方向。

4.摩尔定律的提出者——戈登·摩尔（Gordon Moore）

当人们不断追逐新款个人计算机（personal computer，PC）时，殊不知这后面有一只无形的大手在推动，那就是摩尔定律，而这著名定律的发现者就是戈登·摩尔。

1965 年的一天，戈登·摩尔顺手拿了把尺子和一张纸，画了一张草图，纵坐标代表不断发展的集成电路，横坐标表示时间。他在月份上逐个描点，得到一幅呈增长趋势的曲线图。这条曲线显示出每 18 ～ 24 个月，集成电路由于内部晶体管数量的几何级数的增长，而使集成电路的性能提高一倍，同时集成电路的价格也恰好下降一半。这就是摩尔定律的最初原型。这里需要特别指出的是，摩尔定律并非数学、物理定律，而是对发展趋势的一种分析预测。

戈登·摩尔的另一壮举是在 1968 年与罗伯特·诺伊斯等一群工程师成立了一家叫集成电子的公司，简称"Intel"，它就是今日名震世界的 Intel 公司。

在计算机发展史上还有例如 PC 机之父——爱德华·罗伯茨、商用软件之父——丹·布莱克林、电脑奇才——道格·恩格尔巴特、便携计算机之父——亚当·奥斯本、以太网之父——鲍伯·梅特卡夫等多位为计算机事业的发展做出突出贡献的科学家与企业家，他们都在计算机的发展史上留下了难以磨灭的印记。

三、计算机的特点

计算机作为一种通用的信息处理工具，具有极高的处理速度、很强的存储能力、精确的计算和逻辑判断能力，其主要特点如下。

（一）运算速度快

当今最先进的计算机系统的运算速度已达到每秒百亿亿次，微型计算机的运算速度也在每秒 1 万亿次以上。计算机运算速度的提高使大量复杂的科学计算问题得以解决。例如，卫星轨道的计算、大型水坝的计算等，过去人工计算需要花费几年、几十年时间的工作，现在用计算机只需几天甚至几分钟就可完成。

（二）计算精确度高

尖端科学技术的发展，需要高度精确的计算。计算机控制的导弹之所以能准确地击中预定的目标，是与计算机的精确计算分不开的。一般计算机可以保留几十位（二进制）有效数字，其计算精度可达百万分之几，是任何其他计算工具所望尘莫及的。

（三）具有记忆和逻辑判断能力

计算机不仅能进行计算，而且能把参加运算的数据、程序以及中间结果和最后结果保存起来，以供用户随时调用；还可以通过编码技术对各种信息（如语言、文字、图形、图像、音乐等）进行算术运算和逻辑运算，甚至进行推理和证明。

（四）具有自动控制能力

计算机的内部操作是根据人们事先编好的程序进行自动控制的。用户根据解题需要，事先设计好运算步骤与程序，计算机十分严格地按程序规定的步骤操作，整个过程不需人工干预。

四、计算机的分类

计算机的种类很多，并表现出各自不同的特点，可以从不同的角度对其进行分类。常见的分类标准如下。

（一）按计算机处理数据的方式分类

1. 数字电子计算机

数字电子计算机以数字量（也叫不连续量）作为运算对象并进行运算，和模拟量子计算机相比，其特点是精确度高，具有存储和逻辑判断能力。计算机的内部操作和运算是在程序的控制下自动进行的。

一般若不作说明，人们通常所说的计算机指的就是数字电子计算机。

2. 模拟电子计算机

模拟电子计算机是以模拟量（连续变化的量）作为运算量的计算机，在计算机发展的初期，具有速度快的特点，但精确度不高。现在随着数字电子计算机的发展，其速度越来越快，模拟电子计算机的优势开始难以弥补其劣势，所以现在已经很少使用。

3. 数模混合计算机

数模混合计算机兼具数字计算机和模拟计算机的特点，既可以输入、输出并处理数字量，也可以处理模拟量。但是这种计算机结构复杂，设计与制造困难。

（二）按计算机使用范围分类

1. 通用计算机

用于解决各类问题而设计的计算机。对于通用计算机要考虑各种用途的情况，应广泛适用于科学计算、数据处理、工程设计等，是一种用途广泛、结构复杂的计算机。

2. 专用计算机

为某种特定用途而设计的计算机，如用于数字机床控制、用于专用游戏机控制等。专用计算机针对性强，适用面窄，结构相对简单，效率高，成本低。

（三）按计算机的运算速度和性能等指标分类

1. 高性能计算机

高性能计算机，又称超级计算机，过去被称为巨型机或大型机，是指目前运行速度最快、处理能力最强的计算机。

我国在高性能计算机方面发展迅速，取得了很大的成绩，拥有"曙光""联想""天河"和"神威"等系统，在国民经济的关键领域中得到了广泛的应用。在核心处理器上，"神威·太湖之光"采用国产核心处理器"申威"，达到了国际先进水平。

高性能计算机数量不多，但却有重要和特殊的用途。在军事上，可用于战略防御系统、大型预警系统、航天测控系统等。在民用上，可用于大区域中长期天气预报、大面积物探信息处理系统、大型科学计算和模拟系统等。

2. 微型计算机

微型计算机又称个人计算机（personal computer，PC），是使用微处理器作为CPU的计算机。

1971 年 Intel 公司的工程师霍夫（Hoff）成功地在一个芯片上实现了中央处理器（central processing unit，CPU）的功能，制成了世界上第一片 4 位微处理器 Intel 4004，组成了世界上第一台 4 位微型计算机——MCS-4，从此揭开了世界微型计算机大发展的帷幕。在过去的 50 多年中，微型计算机因其小、巧、轻、使用方便、价格便宜等优点得到迅速发展，成为计算机的主流。目前生产 CPU 的主要有美国的 Intel 公司和 AMD 公司。

微型计算机的种类很多，主要分成 4 类：台式计算机（desktop computer）、笔记本计算机

（notebook computer）、平板电脑（tablet computer）和种类众多的移动设备（mobile device）。由于智能手机具有冯·诺依曼体系结构，配置了操作系统，可以安装第三方软件，所以它们也被归入移动设备，属于微型计算机范畴。

3. 工作站

工作站是一种高端的通用微型计算机，具有比个人计算机更强大的性能，尤其是在图形处理能力、任务并行方面的能力更强。例如，作为我国首次按照国际标准研制、拥有自主知识产权的大型客机C919的设计研发、模拟训练、装配验证都是在惠普工作站完成的。

工作站通常配有高分辨率的大屏幕显示器和大容量的内、外存储器，具有较强的信息处理功能和高性能的图形、图像处理功能以及联网功能。

工作站主要应用在计算机辅助设计或计算机辅助制造、动画设计、地理信息系统、图像处理、模拟仿真等领域。

4. 服务器

服务器是一种在网络环境中对外提供服务的计算机系统。从广义上讲，一台安装有网络操作系统、网络协议和各种服务软件的微型计算机可以充当服务器；从狭义上讲，服务器专指通过网络对外提供服务的高性能计算机。与微型计算机相比，服务器在稳定性、安全性、性能等方面要求更高，因此其硬件系统的要求也更高。

根据提供的服务，服务器可以分为Web服务器、FTP服务器、文件服务器、数据库服务器等。

5. 嵌入式计算机

嵌入式计算机是指作为一个信息处理部件，嵌入到应用系统之中的计算机。嵌入式计算机与通用计算机相比，在基本原理方面没有本质性的区别，其不同点在于前者的系统和功能软件都集成于计算机硬件系统之中，也就是说，系统的应用软件与硬件已经融为一体了。

在各类计算机中，嵌入式计算机应用最广泛，数量超过个人计算机。目前广泛应用于各种家用电器之中，如电冰箱、自动洗衣机、数字电视机、数字照相机等。

上述分类标准不是固定不变的，随着科技的进步与发展，现在的高性能计算机，过了若干年后可能就成了普通的微型计算机。

五、计算机的应用

计算机的应用领域十分广泛，从军事到民用，从科学计算到文字处理，从信息管理到人工智能，大致可以分为以下几个方面。

（一）科学计算

数值计算是计算机最早应用的领域。第一台计算机是用于数值计算特别是弹道计算，此后，在天气预报、人造卫星、原子反应堆、导弹、建筑、桥梁、地质、机械等方面都离不开大型高速计算机。计算机根据数学模型进行计算，工作量大、精确度高、速度快、结果可靠。利用计算机进行数值计算，可以节省大量人力、物力和时间。

（二）数据处理

数据处理是现在计算机应用最广泛的领域，是一切信息管理和辅助决策的基础。计算机可以对各种各样的数据进行处理，包括文本型数据和多媒体数据的输入（采集）、传输、加工、存储和输出等。信息管理系统（IMS）、决策支持系统（DSS）、专家系统（ES）和办公自动化系统（OAS）都需要数据处理的支持。例如企业的信息管理系统中的生产统计、计划制定、库存管理、市场销售管理等；再如人口信息管理系统中数据的采集、转换、分类、统计、处理和输出报表等。

（三）实时控制

实时控制有时也称为自动控制，主要用在工业控制和测量方面。对控制对象进行实时的自动控制和自动调节。如大型化工企业中通过对自动采集的工艺参数进行校验和比较以控制工艺流程，大型冶金行业的高炉炼钢控制、数控机床控制和电炉温度闭环控制等。使用计算机进行实时控制可以降低能耗、提高生产效率和产品质量。

（四）计算机辅助系统

计算机辅助系统可以帮助人们更好地完成学习和工作等任务。如计算机辅助设计（CAD），其绘图质量高、速度快、修改方便，大大提高了设计的效率。其不仅仅被用在产品设计上，还可以用于一切需要图形的领域，如计算机模拟、制作地图、广告和动画片等。

除了计算机辅助设计（CAD）外，还有计算机辅助制造（CAM）、计算机辅助工程（CAE）、计算机辅助教学（CAI）和计算机集成制造系统（CIMS）等。

（五）人工智能

人工智能是利用计算机来模仿人的高级思维活动，如智能机器人和专家系统等。这是计算机应用领域中难度较大的领域之一。

（六）网络应用

随着计算机技术和网络通信技术的进一步发展，Internet网络的全面推广，电子邮件、电子商务、网络聊天、远程教育等网络应用已经无处不在，我们已经处于计算机网络时代。大数据分析、云计算、云存储、人工智能、物联网、非接触式人机界面、情感计算等都是目前计算机网络应用中的主流技术。

知识链接

计算机的发展方向

计算机的应用能力有力地推动了经济的发展和科学技术的进步，这反过来也对计算机技术提出了更高的要求。以超大规模集成电路为基础，未来的计算机将向巨型化、微型化、网络化与智能化4个方向发展。

（1）巨型化是指计算机技术向超高速的方向发展。尽管受到物理极限的约束，但计算机的性能还会持续提高。而平行处理技术的使用使计算机系统能同时执行多条指令或同时对多个数据进行处理，这是改进计算机结构、提高计算机运行速度的关键技术。至于量子计算机和光子计算机的研究则意味着计算机从体系结构的变革到器件与技术革命都将产生一次量的乃至质的飞跃。

（2）微型化是指计算机技术向超小型的方向发展。纳米技术芯片的研制将为其他微型计算机元件的研制和生产铺平道路。而纳米计算机一旦研制成功，其使用不仅几乎不需要耗费任何能源，而且其性能将比今天的计算机强许多。

（3）网络化是指计算机与网络的联系愈加密切。一方面与网络无关的孤立的计算机越来越少，另一方面计算机的概念也不断被网络所扩展。现在，几乎所有的计算机都直接或间接地与 Internet 网相连接，而移动计算技术与系统的研究则给网络和通信的发展带来了新的广阔未来。

（4）智能化是指计算机将具有越来越多的人工智能成分。它将具有多种感知能力、一定的思考与判断能力以及一定的自然语言处理能力。

任务二　　数制及其转换

【任务描述】

人们习惯使用十进制数，而计算机使用的是二进制数，为了书写和表示方便，还引入了八进制数和十六进制数。本任务要求了解数制的基本概念，掌握常见的数制以及不同进制之间的转换。

【知识讲解】

一、数制的基本概念

（一）数制和进位计数制

数制是用一组固定的数字和一套统一的规则来表示数目的方法。数制有进位计数制和非进位计数制之分。例如，罗马计数法即为一种非进位计数制法，其包括 7 个符号：I（1）、V（5）、X（10）、L（50）、C（100）、D（500）、M（1000），通过叠加方式进行计数。

按照进位方式计数的数制称为进位计数制。在日常生活中大多采用十进制计数。除此之外，还有其他的进位计数制，例如，1 周有 7 天，即七进制；1 天有 24 小时，即二十四进制等。计算机中存放的是二进制数，由于十进制和二进制之间的转换比较复杂，为了书写和表示方便，还引入了八进制数和十六进制数。

（二）数制的表示

数制的表示主要有数码、基数和位权 3 个基本要素。

1. 数码

数码是指数制中表示基本数值大小的不同数字符号。例如，十进制有 10 个数码，分别为 0、1、2、3、4、5、6、7、8、9。

2. 基数

基数是指数制中允许使用的基本数字符号的个数。常用 R 表示，称 R 进制。例如，二进制的数码是 0、1，则基数为 2。

3. 位权

位权表示一个数码所在的位。数码所在的位不同，代表数的大小也不同。例如，在十进制数 537.6 中，5 表示的是 500，即 5×10^2，位权为 10^2；3 表示的是 30，即 3×10^1，位权为

10^1；7 表示的是 7，即 7×10^0，位权为 10^0；6 表示的是 0.6，即 6×10^{-1}，位权为 10^{-1}。

　　【例题 1-1】 图 1-2 是二进制数 11111111.11 的位权示意图，熟悉位权关系，对数制之间的转换很有帮助。

2^7	2^6	2^5	2^4	2^3	2^2	2^1	2^0		2^{-1}	2^{-2}
1	1	1	1	1	1	1	1	.	1	1
128	64	32	16	8	4	2	1		0.5	0.25

图 1-2　二进制数的位权示意图

二、常见的几种进位计数制

（一）二进制

　　二进制数和十进制数一样，也是一种进位计数制，但它的基数是 2。数中"0"和"1"的位置不同，它所代表的数值也不同。二进制数有两个不同的符号"0""1"，其运算法则是逢二进一。

　　在计算机中，采用二进制数可以非常方便地实现各种算术运算和逻辑运算。

二进制

1. 算术运算法则

　　加法法则：0+0=0；0+1=1；1+0=1；1+1=10。

　　减法法则：0-0=0；10-1=1；1-0=1；1-1=0。

2. 逻辑运算法则

　　逻辑与运算，通常用符号"∧"或"×"或"·"来表示：0 ∧ 0=0；0 ∧ 1=0；1 ∧ 0=0；1 ∧ 1=1。

　　逻辑或运算，通常用符号"∨"或"+"来表示：0 ∨ 0=0；0 ∨ 1=1；1 ∨ 0=1；1 ∨ 1=1。

　　逻辑非运算，通常用符号"‾"或"～"来表示：$\overline{1}$=0；$\overline{0}$=1。

　　逻辑异或运算，通常用符号"⊕"来表示：0 ⊕ 0=0；0 ⊕ 1=1；1 ⊕ 0=1；1 ⊕ 1=0。

　　注：逻辑异或运算即实现按位加的功能，只有当两个逻辑值不相同时，结果才为 1。

（二）十进制

　　十进制具有 10 个不同的数码符号即 0、1、2、3、4、5、6、7、8、9，其基数为 10，十进制数的运算法则是逢十进一。

（三）八进制

　　八进制具有 8 个不同的数码符号即 0、1、2、3、4、5、6、7，其基数为 8，八进制数的运算法则是逢八进一。

（四）十六进制

　　十六进制具有 16 个不同的数码符号 0、1、2、3、4、5、6、7、8、9、A、B、C、D、E、F，其基数为 16，十六进制数的运算法则是逢十六进一。

　　另外，在表示不同进制数时，为了能够区分，可以在数字串的右下方标记数字，还可以标记字母，比如用 B 表示二进制，D 表示十进制，Q（或 O）表示八进制，H 表示十六进制，即"（10）₂"也可表示为"10B"，"（10）₁₆"也可以表示为 10H。计算机中常用的几种进位计数制的表示如表 1-2 所示。

表 1-2　计算机中常用的几种进位计数制的表示

进位计数制	基数	基本符号	权	标识符号
二进制	2	0、1	2^i	B
八进制	8	0、1、2、3、4、5、6、7	8^i	Q（或O）
十进制	10	0、1、2、3、4、5、6、7、8、9	10^i	D
十六进制	16	0、1、2、3、4、5、6、7、8、9、A、B、C、D、E、F	16^i	H

各进制之间的对照情况如表 1-3 所示。

表 1-3　十进制数与其他进制数的对照

十进制	二进制	八进制	十六进制
0	0000	0	0
1	0001	1	1
2	0010	2	2
3	0011	3	3
4	0100	4	4
5	0101	5	5
6	0110	6	6
7	0111	7	7
8	1000	10	8
9	1001	11	9
10	1010	12	A
11	1011	13	B
12	1100	14	C
13	1101	15	D
14	1110	16	E
15	1111	17	F

三、不同进位计数制间的转换

用计算机处理十进制数，必须先把它转化成二进制数才能被计算机所接受。同时，其计算结果也要将二进制数转换成人们习惯的十进制数以便人们识读。因此，这就产生了不同进制数之间的转换问题。

（一）十进制数转换成其他进制数

将一个十进制整数转换为二进制整数的方法为：把被转换的十进制整数反复地除以"2"，直到商为"0"，所得的余数（从末位读起）就是这个数的二进制表示。简单地说，就是"除2倒取余法"。

【例题 1-2】　将十进制整数 21D 转换成二进制整数，应采用"除2倒取余法"，具体操作如图 1-3 所示。

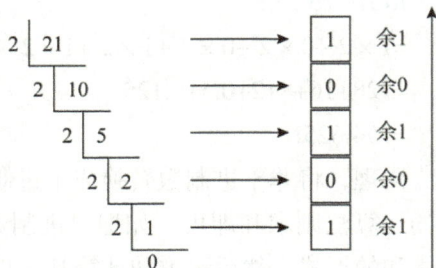

图 1-3　十进制整数转换成二进制整数的方法

因此，21D=10101B。

理解了十进制整数转换成二进制整数的方法以后，理解十进制整数转换成八进制或十六进制的方法就很容易了。十进制整数转换成八进制整数的方法是"除8倒取余法"，十进制整数转换成十六进制整数的方法是"除16倒取余法"。

十进制小数转换成二进制小数的方法是将十进制小数连续乘以2，选取进位整数，直到满足精度或小数部分得零为止，并将整数部分正排序，简称"乘2取整法"。

【例题1-3】 将十进制小数0.6875D转换成二进制小数，应采用"乘2取整法"，具体操作如图1-4所示。

于是，0.6875D=0.1011B。

【例题1-4】 将十进制数13.375D转换成二进制数，结合例题1-2和例题1-3的方法，具体操作如图1-5所示。

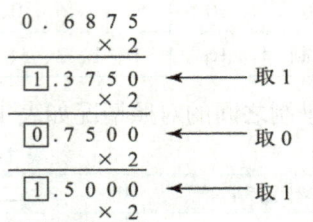

$$
\begin{array}{r}
0.6875 \\
\times\ 2 \\
\hline
\boxed{1}.3750 \quad\longleftarrow\ \text{取 1}\\
\times\ 2 \\
\hline
\boxed{0}.7500 \quad\longleftarrow\ \text{取 0}\\
\times\ 2 \\
\hline
\boxed{1}.5000 \quad\longleftarrow\ \text{取 1}\\
\times\ 2 \\
\end{array}
$$

图1-4 十进制小数转换成二进制小数的方法

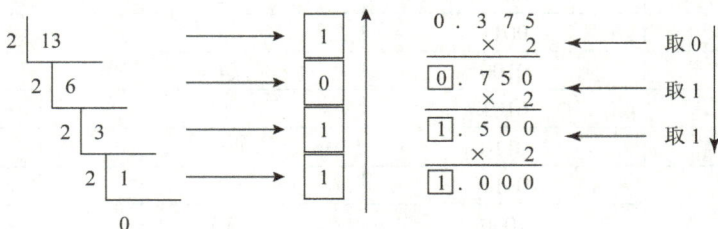

图1-5 十进制数转换成二进制数的方法

于是，13.375D=1101.011B。

十进制小数转换成二进制小数的方法清楚以后，理解十进制小数转换成八进制小数或十六进制小数就很容易了。十进制小数转换成八进制小数的方法是"乘8取整法"，十进制小数转换成十六进制小数的方法是"乘16取整法"。

（二）非十进制数转换成十进制数

前述提到，将二进制数转换为十进制数的方法是将二进制数按权展开并按十进制数的运算法则再相加即可。

【例题1-5】 将（10011010.101）₂转换成十进制数，应采用"按权展开求和"的方法，具体操作如下：

10011010.101B

$=1\times2^{7}+0\times2^{6}+0\times2^{5}+1\times2^{4}+1\times2^{3}+0\times2^{2}+1\times2^{1}+0\times2^{0}+1\times2^{-1}+0\times2^{-2}+1\times2^{-3}$

$=128+16+8+2+0.5+0.125$

$=154.625D$

同理，将非十进制数转换成十进制数的方法是，把各个非十进制数按权展开并按十进制数的运算法则求和即可。如把二进制数（八进制数或十六进制数）写成2（8或16）的各次幂之和的形式，然后再求和计算其结果。

（三）二进制数与八进制数之间的转换

1. 二进制数转换成八进制数

由于二进制数和八进制数之间存在特殊关系，即$2^{3}=8^{1}$，因此转换方法比较简单。具体转换方法是，从二进制数的小数点开始，整数部分从右向左每 3 位一组，小数部分从左向右每 3 位一组，不足 3 位用"0"补足。

【例题 1-6】　将（10110101110.11011）$_2$ 转换成八进制数。

010	110	101	110.110	110	$\longrightarrow$ 以小数点为界每3位一组，不足3位补"0"
421	421	421	421.421	421	$\longrightarrow$ 每组都以"421"的方法进行计算
2	6	5	6.6	6	$\longrightarrow$ 经计算得出转换后的结果

即（10110101110.11011）$_2$=（2656.66）$_8$。

2. 八进制数转换成二进制数

八进制数转换成二进制数方法就是二进制数转换为八进制数的逆运算，是以小数点为界，向左或向右每一位八进制数用相应的三位二进制数取代，然后将其连接即可。

【例题 1-7】　将（2656.66）$_8$ 转换成二进制数。

（2656.66）$_8$=（010110101110.110110）$_2$=（10110101110.11011）$_2$

【例题 1-8】　将（6237.431）$_8$ 转换成二进制数。

（6237.431）$_8$=（110010011111.100011001）$_2$

（四）二进制数与十六进制数之间的转换

1. 二进制数转换成十六进制数

二进制数的每四位，刚好对应十六进制数的一位（$2^4=16^1$），其转换方法是，将二进制数从小数点开始，整数部分从右向左 4 位一组，小数部分从左向右 4 位一组，不足四位用"0"补足。

【例题 1-9】　将（101100101011101）$_2$ 转换成十六进制数。

0101	1001	0101	1101	$\longrightarrow$ 以小数点为界四位一分，不足四位补零
8421	8421	8421	8421	$\longrightarrow$ 每组都以"8421"的方法进行计算
5	9	5	D	$\longrightarrow$ 经计算得出转换后的结果

即：（101100101011101）$_2$=（595D）$_{16}$。

2. 十六进制数转换成二进制数

十六进制数转换成二进制数的方法就是二进制数转换为十六进制数的逆运算，即以小数点为界，向左或向右每一位十六进制数用相应的四位二进制数取代，然后将其连接即可。

【例题 1-10】　将 595DH 转换成二进制数。

595DH=（0101100101011101）$_2$=（101100101011101）$_2$

【例题 1-11】　将 3AB.11H 转换成二进制数。

3AB.11H=（1110101011.00010001）$_2$

（五）八进制与十六进制的互换

由于八进制与十六进制之间没有 2 的次幂的关系，所以八进制与十六进制的转换只能借助于二进制或十进制作为桥梁来进行。例如：

（45.6）$_8$=（100101.11）$_2$=（25.C）$_{16}$

（2FB）$_{16}$=（763）$_{10}$=（1373）$_8$

🖑 任务三　数值数据与字符数据的表示

【任务描述】

本任务要求了解数值数据的表示和字符数据的表示，熟悉计算机信息的存储单位。

【知识讲解】

一、数值数据的表示

计算机中的数值计算基本分为两类：整数运算和浮点数（实数）运算。数值在计算机中是以"0"和"1"的二进制形式进行存放，每类数据占据内存的字节整数倍空间，例如整数占2个或者4个字节，浮点数占4个或者8个字节。

（一）整数在计算机中的表示

在计算机中，因为只有"0"和"1"两个数，为了表示数的正（+）、负（−）号，就要将数的符号以"0"和"1"编码。通常把一个数的最高位定义为符号位，用"0"表示正，"1"表示负，称为数符，其余位仍表示数值。

【例题1−12】　一个8位二进制数 −0101100，它在计算机中表示为10101100，如图1−6所示。

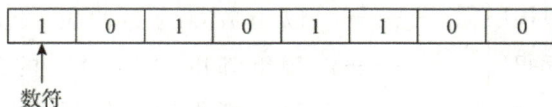

1	0	1	0	1	1	0	0

数符

图1−6　机器数

这种把符号数值化的数称为机器数，而它代表的数值称为此机器数的真值。在【例题1−12】中，10101100为机器数，−0101100为此机器数的真值。

当数值在计算机内将符号数字化后，计算机便可识别和表示数符了。但若符号位和数值同时参加运算，由于操作数符号的问题，有时会产生错误的结果；而考虑计算结果的符号问题，将增加计算机实现的难度。

【例题1−13】　（−5）+4 的结果应为 −1。但在计算机中若按照上面讲的符号位和数值同时参加运算，则运算结果如下。

$$
\begin{array}{r}
10000101 \quad \cdots\cdots -5 \text{ 的机器数} \\
+\ 00000100 \quad \cdots\cdots 4 \text{ 的机器数} \\
\hline
10001001 \quad \cdots\cdots \text{运算结果为} -9
\end{array}
$$

若要考虑符号位的处理，则运算变得复杂。为了解决此类问题，引入了原码、反码和补码，其本质是通过对负数的不同表示方法（原码、反码、补码），解决符号位直接参与运算导致的错误。

为了简单起见，这里只以整数为例，而且假定字长为 8 位。

1. 原码

整数 X 的原码指：其数符位 0 表示正，1 表示负；其数值部分就是 X 绝对值的二进制表示。通常用 $[X]_原$ 表示 X 的原码。

例如：

$[+1]_原$ =00000001　　$[+127]_原$ =01111111

$[-1]_原$ =10000001　　$[-127]_原$ =11111111

由此可知，8 位原码表示的最大值为 2^7-1，即 127，最小值为 –127，表示数的范围为 –127 ～ 127。

当采用原码表示法时，编码简单，与真值转换方便。但原码也存在以下问题。

（1）在原码表示中，0 有两种表示形式，即 $[+0]_原$ = 00000000，$[-0]_原$ =10000000。0 的二义性给机器判断带来了麻烦。

（2）用原码进行四则运算时，符号位需要单独处理，增加了运算规则的复杂性。如当两个数进行加法运算时，如果两数码符号相同，则数值相加，符号不变；如果两符号不同，数值部分实际上是相减，这时必须比较两个数的绝对值大小，才能决定运算结果的符号位及值，增加了运算的复杂性。

原码的这些不足之处，促使人们去寻找更好的编码方法。

2. 反码

整数 X 的反码指：对于正数，与原码相同；对于负数，数符位为 1，其数值位 X 的绝对值取反。通常用 $[X]_反$ 表示 X 的反码。

例如：

$[+1]_反$ =00000001　　$[+127]_反$ =01111111

$[-1]_反$ =11111110　　$[-127]_反$ =10000000

在反码表示中，0 也有两种表示形式，即 $[+0]_反$ =00000000，$[-0]_反$ =11111111。

由此可知，8 位反码表示的最大值、最小值和表示数的范围与原码相同。

显然，反码运算也不方便，很少使用，一般用作求补码的中间码。

3. 补码

整数 X 的补码指：对于正数，与原码、反码相同；对于负数，数符位为 1，其数值位 X 的绝对值取反，然后在最低位加 1，即为反码加 1。通常用 $[X]_补$ 表示 X 的补码。

例如：

$[+1]_补$ =00000001　　$[+127]_补$ =01111111

$[-1]_补$ =11111111　　$[-127]_补$ =10000001

在补码表示中，0 有唯一的编码，即 $[+0]_补$ =$[-0]_补$ =00000000。

因而可以用多出来的一个编码 10000000 来扩展补码所能表示的数值范围，即将负数最小 –127 扩大到 –128。这里的最高位 "1" 既可看作符号位负数，又可表示为数值位，其值为 –128。这就是补码与原码、反码最小值不同的原因。

利用补码可以方便地进行运算。

【例题 1-14】　（-5）+4 的运算

$$
\begin{array}{r}
11111011 \quad \cdots\cdots -5\ 的补码 \\
+\ 00000100 \quad \cdots\cdots 4\ 的补码 \\
\hline
11111111
\end{array}
$$

运算结果补码为 11111111，符号位为 1，即为负数。已知负数的补码，要求其真值，只要将数值位再求一次补就可得其原码 10000001，再转换为十进制数，即为 -1，运算结果正确。

（二）浮点数在计算机中的表示

解决了数的符号表示和计算问题，再来解决浮点数的表示和存放问题。在计算机中小数点是不占位置的，根据小数点所在的位置不同，可表示定点整数、定点小数和由两者结合成的浮点数 3 种形式。

浮点数的表示

1. 定点整数

定点整数指小数点隐含固定在机器数的最右边，如图 1-7 所示，定点整数是纯整数。

2. 定点小数

定点小数约定小数点位置在符号位、数值部分之间，如图 1-8 所示。定点小数是纯小数，即所有数绝对值均小于 1。

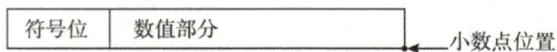

符号位	数值部分

↑ 小数点位置

图 1-8　定点小数的表示

符号位	数值部分

小数点位置 ←

图 1-7　定点整数的表示

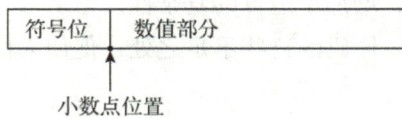

3. 浮点数

定点数表示的数值范围在实际应用中是不够用的，尤其在科学计算中。为了能表示特大或特小的数，采用"浮点数"（或称"指数形式"）表示。浮点数由阶码和尾数两部分组成：阶码用定点整数来表示，阶码所占的位数确定了数的范围；尾数用定点小数表示，尾数所占的位数确定了数的精度。由此可见，浮点数是定点整数和定点小数的结合。

为了唯一地表示浮点数在计算机中的存放，对尾数采用了规格化的处理，即规定尾数的最高位为 1，并通过阶码进行了调整，这也是浮点数的来历。

在程序设计语言中，最常见的有如下两种类型的浮点数。

（1）单精度浮点数占 4 个字节，阶码部分占 7 位，尾数部分占 23 位，阶符和数符各占 1 位。

（2）双精度浮点数占 64 位，阶码部分占 10 位，尾数部分占 52 位，阶符和数符各占 1 位。

【例题 1-15】　26.5 作为单精度浮点数在计算机中的表示。

格式化表示：$(26.5)_{10}=(11010.1)_2=+0.110101\times 2^5$

因此，在计算机中的存储如图 1-9 所示。

二、字符数据的表示

字符数据包括西文字符（英文字母、数字、各种符号）和汉字字符，即所有不可进行算术运算的数据。由于计算机中的数据都是以二进制的

1位	7位	1位	23位
0	0000101	0	11010100000000000000000
阶符	阶码	数符	尾数

图 1-9　26.5 以单精度浮点数的格式存储

形式进行存储和处理的，因此，字符数据也必须按特定的规则进行二进制编码才能存入计算机。字符编码的方法很简单，首先确定需要编码的字符总数，然后将每一个字符按顺序确定编号，编号值的大小无意义，仅作为识别与使用这些字符的依据。字符形式的多少涉及编码的位数。

（一）西文字符编码

对西文字符编码最常用的是美国信息交换标准代码（American Standard Code for Information Interchange，ASCII）字符编码。ASCII 是用 7 位二进制进行编码，它可以表示 2^7，即 128 个字符，如表 1-4 所示。每个字符用 7 位基 2 码表示，其排列次序为 $d_6d_5d_4d_3d_2d_1d_0$，d_6 为高位，d_0 为低位。

表 1-4　7 位 ASCII 代码表

$d_3d_2d_1d_0$		000	001	010	011	100	101	110	111
		0	1	2	3	4	5	6	7
0000	0	NUL	DLE	SP	0	@	P	`	p
0001	1	SOH	DC1	!	1	A	Q	a	q
0010	2	STX	DC2	"	2	B	R	b	r
0011	3	ETX	DC3	#	3	C	S	c	s
0100	4	EOT	DC4	$	4	D	T	d	t
0101	5	ENQ	NAK	%	5	E	U	e	u
0110	6	ACK	SYN	&	6	F	V	f	v
0111	7	BEL	ETB	'	7	G	W	g	w
1000	8	BS	CAN	(	8	H	X	h	x
1001	9	HT	EM	)	9	I	Y	i	y
1010	A	LF	SUB	*	:	J	Z	j	z
1011	B	VT	ESC	+	;	K	[	k	{
1100	C	FF	FS	,	<	L	\	l	|
1101	D	CR	GS	–	=	M	]	m	}
1110	E	SO	RS	.	>	N	∧	n	~
1111	F	SI	US	/	?	O	–	o	DEL

从 ASCII 代码表中可以看出，十进制码值为 0～32 和 127（即 NUL～SP 和 DEL）共 34 个字符，称为非图形字符（又称为控制字符）；其余 94 个字符称为图形字符（又称为普通字符）。在这些字符中，从 "0"～"9"　"A"～"Z"　"a"～"z" 都是按顺序排列的，且小写比大写字母码值大 32，即位值 d_5 为 1（为小写字母）、0（为大写字母），这有利于大、小写字母之间的编码转换。

【例题 1-16】　下列一些特殊的字符编码，请读者掌握其相互关系。

"a" 字符的编码值为 1100001，对应的十进制、十六进制数分别是 97 和 61H。

"A" 字符的编码值为 1000001，对应的十进制、十六进制数分别是 65 和 41H。

"0" 数字字符的编码值为 0110000，对应的十进制、十六进制数分别是 48 和 30H。

"SP" 空格字符的编码值为 0100000，对应的十进制、十六进制数分别是 32 和 20H。

注：H 表示十六进制。

计算机的内部存储与操作常以字节为单位，1 个字节有 8 个二进制位。因此一个字符在计算机内实际是用 8 位表示的。正常情况下，最高位 d_7 为 0。在需要奇偶校验时，这一位可用于存放奇偶校验的值，此时称这一位为校验位。

西文字符除了常用的 ASCII 编码外，还有另一种扩展的二–十进制交换码（Extended Binary Coded Decimal Interchange Code，EBCDIC），这种字符编码主要用在大型机器中。EBCDIC 码采用 8 位基 2 码表示，有 256 个编码状态，但只选用其中一部分。

在了解了数值和西文字符编码在计算机内的表示后，读者可能会产生一个问题：两者在计算机内都是二进制数，如何区分数值和字符呢？例如，内存中有一个字节的内容是 65，它究竟表示数值 65，还是表示字母 A 呢？面对一个孤立的字节，确实无法区分，但存储和使用这个数据的软件，会以其他方式保存有关类型的信息，指明这个数据是何种类型。

（二）汉字字符编码

在计算机中处理汉字时，由于汉字字符集大，故编码比西文字符复杂，需要解决汉字的输入输出以及汉字的处理等问题。

（1）键盘上无汉字，不能直接利用键盘输入，故需要应用输入码。

（2）不同的输入码输入后要按统一的标准来编码。为了与 ASCII 码区分，在计算机内的存储需要用机内码来表示，以便处理和传输。

（3）汉字量大，字形多变，需要用对应的字库来存储。

由于汉字具有特殊性，计算机在处理汉字时，汉字的输入、存储、处理和输出过程中所使用的汉字编码不同，它们之间要进行相互转换，过程如图 1–10 所示。

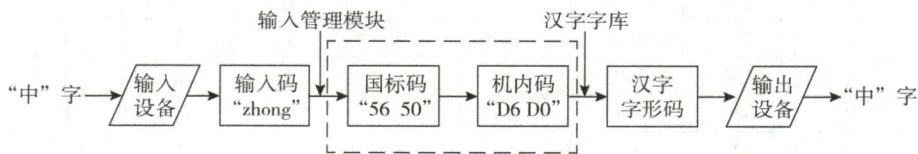

图 1–10　汉字信息处理系统的模型

1. 汉字输入码

汉字输入码就是利用键盘输入汉字时所对应的汉字编码。目前常用的输入码主要分为以下两类。

（1）音码类。主要是以汉语拼音为基础的编码方案，如全拼码、智能 ABC 等。

（2）形码类。根据汉字的字形进行的编码，如五笔字型法、表形码等。

当然还有根据音形结合的编码，如自然码等。不论哪种输入法，都是操作者向计算机输入汉字的手段，而在计算机内部都是以汉字机内码表示的。

2. 国标码

国标码是我国 1980 年发布的《信息交换用汉字编码字符集　基本集》（GB/T 2312—1980），是中文信息处理的国家标准，也称汉字交换码，简称 GB 码。考虑到与 ASCII 编码的关系，国标码使用了每个字节的低 7 位。这个方案最大可容纳 128 × 128 =16384 个汉字集字符。该字符集共收录 6763 个汉字和 682 个非汉字图形符号，其中汉字分为：一级汉字 3755 个，二级汉字 3008 个。

国标码中每个汉字用两个字节表示，每个字节的编码取值范围为 33 ～ 126（与 ASCII 编码中可打印字符的取值范围一致，共 94 个）。组成一个 94×94 的矩阵，每一行称为一个"区"，有 94 区；每一列称为一个"位"，有 94 位，可以表示的不同字符数为 94×94 =8836 个，故称为区位码。为了与 ASCII 编码对应，每个区、位分别加 32（20H），构成了国标码。例如，"中"的区位码为 3630H，国标码为 5650H。

3. 汉字机内码

汉字机内码是指汉字被计算机系统内部处理和存储而使用的编码。一个国标码占两个字节，每个字节最高位仍为"0"；西文字符的机内码是 7 位 ASCII 码，最高位也为"0"，这样就给计算机内部处理带来了问题。为了区分两者是汉字编码还是 ASCII 码，引入了汉字机内码（机器内部编码）。汉字机内码在国标码的基础上每个字节的最高位由"0"变为"1"，即每个字节加 80H。例如，"中"的机内码为 D6 D0H，如图 1-11 所示。

"中"字国标码	01010110	01010000	56 50H
	+10000000	+10000000	+80 80H
"中"字机内码	11010110	11010000	D6 D0H

图 1-11　国标码和机内码关系

4. 汉字字形码

汉字字形码又称汉字字模，用于汉字在显示屏或打印机上的输出。汉字字形码通常有两种表示方式：点阵和矢量。

用点阵表示字形时，汉字字形码指的就是这个汉字字形点阵的代码。根据输出汉字的要求不同，点阵的多少也不同。简易型汉字为 16×16 点阵，提高型汉字为 24×24 点阵、32×32 点阵、48×48 点阵等。图 1-12 显示了"大"字的 16×16 字形点阵及代码。

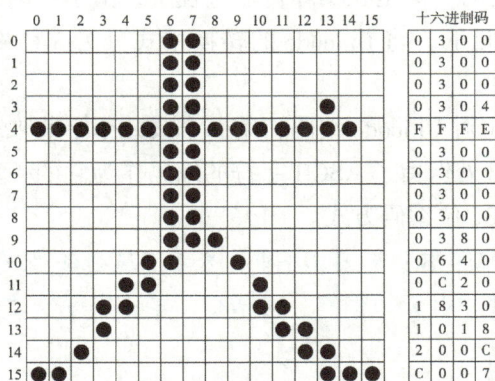

图 1-12　"大"字的字形点阵及代码

点阵规模愈大，字形愈清晰美观，所占存储空间也愈大。以 16×16 点阵为例，每个汉字要占用 32 个字节，两级汉字大约占用 256 KB。因此，字模点阵只能用来构成"字库"，而不能用于机内存储。字库中存储了每个汉字的点阵代码，当显示输出时才检索字库，输出字模点阵得到字形。

矢量表示方式存储的是描述汉字字形的轮廓特征，当要输出汉字时，通过计算机的计算，由汉字字形描述生成所需大小和形状的汉字。矢量化字形描述与最终文字显示的大小、分辨率无关，因此可产生高质量的汉字输出。

点阵和矢量方式的区别在于，前者编码、存储方式简单，无须转换直接输出，但字形放大后产生的效果差；矢量方式特点正好与前者相反。图1-13分别显示了矢量字和点阵字。

brown brown

(a)矢量   (b)点阵

图1-13　矢量字和点阵字

（三）Unicode 字符集编码

随着国际互联网的发展，需要满足跨语言、跨平台进行文本转换和处理的要求，还要与ASCII兼容，为此，由多个语言软件制造商组成的统一码联盟研究出了多语言的统一编码——Unicode。Unicode编码系统分为编码方式和实现方式两个层次。

1.Unicode 编码方式

Unicode编码方式与ISO 10646的通用字符集（Universal Character Set，UCS）概念相对应，目前使用的Unicode版本对应于UCS-2，使用16位的编码空间。也就是每个字符占用两个字节，最多可表示2^{16}（65536）个字符，基本可以满足各种语言的使用，而且每个字符都占用等长的两个字节，处理方便。

Unicode的设计者还使用其向后兼容ASCII码。原来用ASCII能表示的字符，其Unicode码只是在原来的ASCII码前加上8个0。比如"A"的ASCII码是01000001，而它的Unicode码是0000000001000001。

2.Unicode 的实现方式

Unicode的实现方式也称为Unicode转换格式（unicode translation format，UTF）。一个字符的Unicode编码是确定的，但是在实际传输过程中，由于不同系统平台的设计不一定一致，以及出于节省空间的目的，将Unicode的转换格式分为3种格式，即UTF-8、UTF-16和UTF-32。

UTF-8是以字节为单位对Unicode编码，用一个或几个字节来表示一个字符，是一种变长编码，这种方式的最大好处保留了ASCII字符的编码作为它的一部分；UTF-16和UTF-32分别是Unicode的16位和32位编码方式。

【例题1-17】　在"记事本"应用程序中，查看可选择的编码。

在"记事本"应用程序中打开"保存"对话框，单击下方的"编码"列表框，即会显示可使用的编码方案。

当收到的邮件或IE浏览器显示乱码时怎么办？主要是使用了与系统不同的汉字内码引起的。解决的方法有以下两种。

（1）查看网上信息。单击"查看"→"编码"命令进行编码的选择。

（2）编写网页。在HTML网页文件中指定charset字符集。

三、计算机信息的存储单位

（一）位（bit）

二进制中的一个"0"或"1"称为一个二进制位，简称位，它是计算机中存储数据的最小单位。位（bit）通常用小写字母"b"来表示，也称为"比特"。

（二）字节（Byte）

计算机的存储容量一般用字节来表示，字节是计算机中存储数据的基本单位。字节通常用大写字母"B"来表示。一个字节表示 8 个二进制位，即 1Byte= 8 bit，例如，当前的网速是 1059 bps，则大致相当于 132 B/s。

但由于字节的存储容量相对来说太小，在用这一度量单位表示目前存储器容量时会使数值过大，因此一般会使用 KB、MB、GB 或 TB 等来表示。

存储容量计量单位之间的换算关系如下。

1B=8 bit	1EB=1024 PB=2^{60} B
1KB=1024 B=2^{10} B	1ZB=1024 EB=2^{70} B
1MB=1024 KB= 2^{20} B	1YB=1024 ZB=2^{80} B
1GB=1024 MB=2^{30} B	1BB=1024 YB=2^{90} B
1TB= 1024 GB=2^{40} B	1NB= 1024 BB=2^{100} B
1PB=1024 TB=2^{50} B	1DB=1024 NB=2^{110} B

（三）字（Word）

字通常取字节的整倍数，是计算机进行数据存储和处理的运算单位。字和计算机中的字长概念相关，字长是指计算机同时处理信息的二进制的位数，具有这一长度的二进制数被称为计算机中的一个字。计算机按照字长可以分为 8 位、16 位、32 位和 64 位机，例如在 64 位机中，一个字则含有 64 个二进制位。

课程思政

首个量子计算机和超级计算机协同运算方案发布

国内首个量子计算机和超级计算机协同计算系统解决方案（简称"量超协同"系统解决方案）于 2022 年底发布。该方案可以将计算任务在量子计算机和超级计算机之间进行分解、调度和分配，实现量子计算机和超级计算机的高效协同，从而在大幅节约资源的情况下，双向发挥量子计算机和超级计算机各自优势。

中国计算机学会量子计算专业组执行委员贺瑞君介绍，目前国际上许多科研团队正致力攻关量子计算机与超级计算机的融合。欧洲多个超算中心已开展了量子－经典计算系统的研发。芬兰国家技术研究中心的第一台量子计算机 HELMI 已与欧洲目前运行速度最快的超级计算机 LUMI 完成连接。法国政府启动全国量子计算平台，将以超大型计算中心（TGCC）为载体，与传统计算机系统和量子计算机交互操作。

"量超协同"中国解决方案可以双向发挥量子计算机和超级计算机的优势。就谷歌团队 2019 年用 54 位量子处理器在 200 秒内完成世界上最强大的超级计算机需要 1 万年时间才能完成的特定计算而言，如果采用超级计算机，功率是在兆瓦级别的，而该量子处理器功率只有 25 千瓦，采用量子计算能耗上也将大大减少。安徽省量子计算工程研究中心副主任窦猛汉说，这一"量超协同"计算系统解决方案同时包含了量子计算机和经典的 CPU/GPU 计算部分，通过"本源司南"量子计算机操作系统资源调度，让量子计算与经典计算合作来完成计算任务，可以充分发挥量子计算和超算的优势。

（来源：《光明日报》）

思考练习

一、选择题

1. 世界上公认的第一台电子数字式计算诞生在（　　）。

A. 中国　　　　　　　B. 美国　　　　　　　C. 英国　　　　　　　D. 日本

2. 1946 年诞生的世界上第一台通用电子计算机是（　　）。

A.UNIVAC-1　　　　B.EDVAC　　　　　C.ENIAC　　　　　D.IBM

3. 在冯·诺依曼型体系结构的计算机中引进了两个重要概念，一个是二进制，另外一个是（　　）。

A. 内存储器　　　　　B. 存储程序　　　　　C. 机器语言　　　　　D.ASCII 编码

4. 随着计算机技术的不断发展，应用于棋类比赛的机器人能够战胜世界名将，这主要体现的信息技术是（　　）。

A. 互联网 +　　　　　B. 人工智能　　　　　C. 大数据分析　　　　D. 云计算

5. 第一代至第四代计算机使用的基本元件分别是（　　）。

A. 晶体管，电子管，中小规模集成电路，大规模集成电路

B. 晶体管，电子管，大规模集成电路，超大规模集成电路

C. 电子管，晶体管，大规模集成电路，超大规模集成电路

D. 电子管，晶体管，中小规模集成电路，大规模、超大规模集成电路

6. 计算机内部普遍采用二进制方法存储信息的主要原因是（　　）。

A. 计算速度快　　　　　　　　　　　　B. 输入输出方便

C. 信息的物理表示容易实现　　　　　　D. 生产成本低

7. 十进制数 19 转换成二进制数是（　　）。

A.10011　　　　　　B.11011　　　　　　C.10101　　　　　　D.10001

8. 二进制数 0.101 转换成十进制数是（　　）。

A.0.627　　　　　　B.0.628　　　　　　C.0.625　　　　　　D.0.626

9. 下列各进制的整数中，值最小的是（　　）。

A. 十进制数 11　　　B. 八进制数 11　　　C. 十六进制数 11　　D. 二进制数 11

10. 整数在计算机中存储和运算通常采用的格式是（　　）。

A. 原码　　　　　　　B. 补码　　　　　　　C. 反码　　　　　　　D. 偏移码

11. ASCII 码针对的编码是（　　）。

A. 字符　　　　　　　B. 汉字　　　　　　　C. 图像　　　　　　　D. 视频

12. 以下不属于中国汉字编码标准的是（　　　）。

A. GB/ T 2312—1980　　　　B.BIG5　　　　　　　　C.UNICODE　　　　　　　　D.HDB3

13. 下面关于字符之间大小关系的说法，正确的是（　　　）。

A. 空格符＞b＞B　　　　　　　　　　　　B. 空格符＞B＞b

C.b＞B＞空格符　　　　　　　　　　　　D.B＞b＞空格符

14. 计算机中，关于字节和位的关系是（　　　）。

A. 字节和位是一个概念，一个字节就等于一位

B. 字节和位是不同的概念，字节用十进制表示一个数，位用二进制表示一个数

C. 字节是计算机数据的最小单位，而位是计算机存储容量的基本单位

D. 在计算机中，一个字节由 8 位二进制数字组成

15. 在计算机系统中，衡量内存大小的基本单位是（　　　）。

A. 汉字数量　　　　　　　　B.Byte　　　　　　　　C.Word　　　　　　　　D.bit

二、填空题

1. 按计算机处理数据的方式分类计算机可以分为_____、_____和_____。

2. 数制是用一组固定的_____和一套统一的_____来表示数目的方法。

3. 一个 n 位的二进制编码有_____种不同的 0、1 组合，每种组合都可以代表一个编码的元素。

4. 二进制数 110101 对应的八进制数为_____。

5. 十进制数 13 对应的二进制数为_____。

6. 通用的 ASCII 码是一种用_____位二进制表示的编码，字符集共包含_____个字符。

7. 目前常用的汉字输入码主要分为_____和_____两类。

8. 存储一个 16×16 点阵汉字字型信息所占空间为_____字节。

9.1 GB=_____MB=_____B。

三、简答题

1. 简述计算机的发展历程及其特点。

2. 简述计算机的主要应用。

3. 按运算速度和性能等指标可以将计算机分为哪几类？

4. 简述数制和进位计数制的概念。

四、操作题

收集中国超级计算机发展的相关资料，说说超级计算机的应用对科技进步的影响。

项目二

计算机软硬件基础

项目概述

随着计算机技术的快速进步和应用的不断发展，计算机系统变得越来越复杂，功能也越来越强大，但是计算机的基本组成和工作原理还是大体相同的。本项目主要介绍计算机系统的组成、计算机的基本工作原理、计算机软硬件系统以及数字媒体技术的相关知识。

学习目标

◆ 知识目标

1. 熟悉计算机系统的组成。
2. 掌握计算机的硬件系统和软件系统的相关知识。
3. 熟悉常见操作系统及功能。
4. 了解数字媒体和数字媒体技术的概念。

◆ 能力目标

1. 能熟练操作 Windows 10 系统。
2. 会通过移动终端进行声音、视频的录制、剪辑与发布。

◆ 素质目标

1. 增强文化自信，助推国产软件高质量发展。
2. 培养科技强国的意识。

任务一　计算机系统的组成

【任务描述】

　　本任务要求掌握计算机系统的组成，了解冯·诺依曼计算机的体系结构，熟悉总线、系统总线、系统主板的概念和作用。

【知识讲解】

一、计算机系统的组成

　　一台完整的计算机应包括硬件部分和软件部分。硬件的功能是接收计算机程序，并在程序控制下完成数据输入、数据处理和输出等任务；软件是保证硬件的功能得以充分发挥，并为用户提供良好的工作环境。

　　冯·诺依曼型计算机系统由硬件系统和软件系统两大部分组成，如图2-1所示。

扫一扫

计算机的基本组成

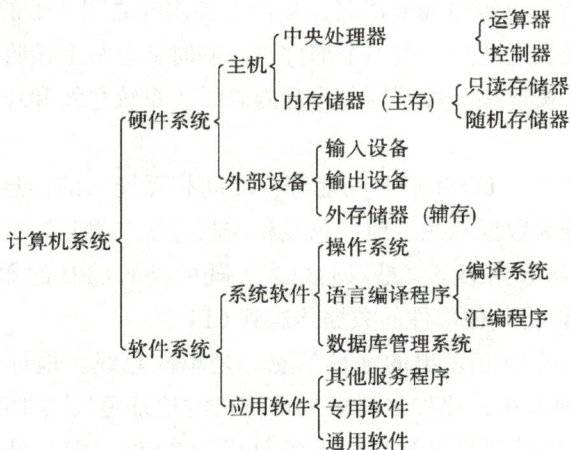

图 2-1　计算机系统的组成

拓 展 阅 读

用户与计算机系统各层次之间的关系

　　硬件系统是指由电子部件和机电装置组成的计算机实体，如用集成电路芯片、印制线路板、接插件、电子元件和导线等装配成中央处理器、存储器及外部设备等。

软件系统是指为运行、管理和维护计算机而编制的各种程序、数据和文档的总称。程序是完成某一任务的指令或语句的有序集合；数据是程序处理的对象和处理的结果；文档是描述程序操作及使用的相关资料。计算机的软件是计算机硬件与用户之间的一座桥梁。

软件按其功能分为系统软件和应用软件两大类。系统软件面向计算机硬件系统本身，解决普遍性问题；应用软件面向特定问题的处理，解决特殊性问题。用户与计算机系统各层次之间的关系，如图 2-2 所示。

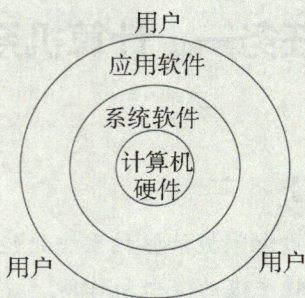

图 2-2　用户与计算机系统各层次之间的关系

二、认识总线、系统总线、系统主板

总线、系统总线、系统主板是常见的微型计算机的硬件设备，了解其相关概念和作用，可以更好地了解和使用计算机。

（一）总线

总线（bus）是计算机各功能部件之间传送信息的公共通信干线，它是由导线组成的传输线束。微型计算机内部信息的传送是通过总线进行的，各功能部件通过总线连在一起。

总线是连接多个部件的信息传输线或通路，是负责各部件之间通信的传输介质。同一时刻只允许有一个部件向总线发送消息，但多个部件可以同时从总线上接收相同的消息。

计算机系统中的总线，按连接部件可划分为片内总线、系统总线和片外通信总线三类。

（二）系统总线

系统总线是指 CPU、主存、I/O 接口各功能部件之间相互连接的信息传输线。按系统总线传输信息的不同，又可分为数据总线、地址总线和控制总线三类。

（1）数据总线负责传送数据信息，是双向总线，既可以把 CPU 的数据传送到存储器或 I/O 接口等其他部件，也可以将其他部件的数据传送到 CPU。

（2）地址总线负责传送 CPU 发出的地址信息，是单向总线。地址总线的位数决定了 CPU 可直接寻址的内存空间大小，比如 8 位微型计算机的地址总线为 16 位，则其最大可寻址空间为 2^{16} B=64 KB；16 位微型机计算机的地址总线为 20 位，则其可寻址空间为 2^{20} B=1 MB。一般来说，若地址总线为 n 位，则可寻址空间为 2^n B。

（3）控制总线负责传送控制信号和时序信号。有的是微处理器送往存储器和 I/O 接口电路的信号，也有其他部件反馈给 CPU 的信号。

（三）系统主板

系统主板是计算机硬件中最重要的部件之一，也称为主板或母板，它是计算机各个部件的连接载体。计算机在运行时，主机和外部设备之间的控制都依靠主板来实现，它影响着计算机整体的运行速度和稳定性。

系统主板通常是一块大型的集成电路板，上面集成了各种插槽和接口，用于安装和连接各种扩展卡和设备。主板上还集成了北桥和南桥芯片组。北桥芯片决定着 CPU 的类型，主板系统的总线频率，内存类型、容量和性能，显卡插槽规格；南桥芯片决定着扩展槽的种类与数量，扩展接口的类型和数量，显示性能和音频性能等。同时，主板上还存在一些接口供电源、风扇等其他设备连接，以保证计算机能正常工作。

任务二　计算机硬件系统

【任务描述】

本任务要求了解计算机五大部件（运算器、控制器、存储器、输入设备、输出设备）的发展历史和基本功能，熟悉计算机的工作原理和工作过程，了解计算机的主要性能指标。

【知识讲解】

一、硬件系统组成及各部分功能

冯·诺依曼体系结构中明确指出计算机由运算器、控制器、存储器、输入设备和输出设备五个基本部分组成。这五个部分也被称为计算机的五大部件，其结构以及计算机完成一次运算的过程如图 2-3 所示。

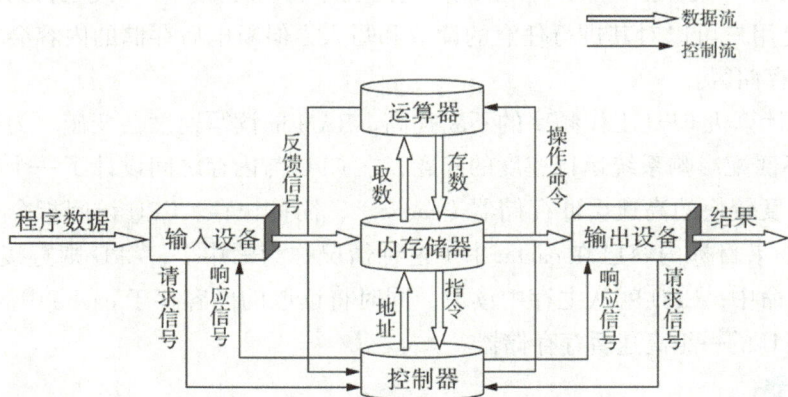

图 2-3　计算机的硬件结构及运算原理图

（一）中央处理器

中央处理器（central processing unit，CPU）是计算机系统的核心部件。CPU 负责对信息和数据进行运算和处理，并实现本身运行过程的自动化。CPU 性能的优劣在很大程度上决定了整个计算机系统性能的优劣。中央处理器有两个基本组成部分，分别是运算器和控制器。

1. 运算器

运算器又称算术逻辑单元（arithmetic logic unit，ALU），是计算机对数据进行加工处理的部件，它的主要功能是对二进制数码进行"加""减""乘""除"等算术运算以及"与""或""非"等基本逻辑运算，实现逻辑判断。运算器在控制器的控制下实现其运算功能，运算结果由控制器指挥送到内存储器中。

2. 控制器

控制器主要由指令寄存器、译码器、程序计数器和操作控制器等组成，用来控制计算机各部件协调工作，并使整个处理过程有条不紊地进行。它的基本功能就是从内存中取指令和执行指令，即控制器按程序计数器指示的指令地址从内存中取出该指令进行译码，然后根据该指令功能向有关部件发出控制命令，从而执行该指令。另外，在工作过程中，控制器还要接收各部件反馈回来的信息。

（二）存储器

存储器具有记忆功能，用来保存信息（如数据、指令和运算结果等）。存储器的基本单位为字节，字节是计算机中存储信息的基本单位；而之前讲述的二进制位简称位，是计算机中表示信息的最小单位。字节与位之间有相应的换算关系，即 1 Byte=8 Bit。存储器可分为两种：内存储器与外存储器。

1. 内存储器

内存储器也称主存储器（简称主存），它直接与 CPU 相连，存储容量较小，但速度快，用来存放当前运行程序的指令和数据，并直接与 CPU 交换信息。

目前，微型计算机的内存由半导体器件构成。为了对主存进行合理有效的管理，一般将内存按功能分为两种：只读存储器（read-only memory，ROM）和随机存储器（random access memory，RAM）。ROM 的特点是存储的信息只能读出（取出），不能改写（存入），断电后信息不会丢失，一般用来存放专用的或固定的程序和系统数据，因此也称为系统存储区。RAM 的特点是用户可以对其进行任意的读取和写入，但断电后存储的内容会立即消失，因此也称为用户存储区。

随着微型计算机 CPU 工作频率的不断提高，RAM 的读写速度会变慢。为解决内存速度与 CPU 速度不匹配影响系统运行速度的问题，在 CPU 与内存之间设计了一个容量较小（相对主存）但速度较快的高速缓冲存储器（cache），简称快存。CPU 访问指令和数据时，先访问 cache，如果目标内容已在 cache 中（这种情况称为命中），CPU 则直接从 cache 中读取；否则为非命中，CPU 就从主存中读取，同时将读取的内容存于 cache 中。cache 可看成主存中面向 CPU 的一组高速暂存存储器。

2. 外存储器

外存储器又称辅助存储器（简称辅存），它是内存的扩充。外存储器容量大，价格低，但存储速度较慢，一般用来存放大量暂时不用的程序、数据和中间结果，可成批地和内存储器进行信息交换。外存储器只能与内存储器交换信息，不能被计算机系统的其他部件直接访问。

以下是几种常用的外存储器。

（1）机械硬盘。机械硬盘由多个金属盘片组成，并有多个磁头同时读写。通常采用温切斯特（Winchester）技术，它把磁头、盘片及执行机构都密封在一个容器内，与外界环境隔绝，这样不但可避免空气尘埃的污染，而且可以把磁头与盘面的距离减少到最小，加大数据存储密度，从而增加存储容量。现在计算机硬盘的容量越来越大，一般都超过 500 GB，容量较大的可达 4 TB。

（2）固态硬盘（SSD）。SSD 是由控制单元和存储单元（flash 芯片）组成的，简单地说就是用固态电子存储芯片阵列制成的硬盘。SSD 的接口规范和定义、功能及使用方法与普通硬盘的完全相同；在产品外形和尺寸上也与普通硬盘一致。由于 SSD 没有普通硬盘的旋转介质，因此抗震性极佳，同时工作温度范围广，可广泛应用于军事、车载、工控、电力、医疗、航空和导航设备等领域。

（3）移动硬盘。移动硬盘又称活动硬盘，一般采用 USB 接口，具有容量大 (80 GB ～ 4 TB)、即插即用、携带方便和抗震性强等特点。

（4）光盘存储设备。光盘存储设备是计算机用来读写光盘内容的设备。它使用激光进行读写，由于激光头与介质无接触，也没有退磁问题，所以信息保存时间长。目前，分为 CD-ROM、DVD-ROM、蓝光 DVD、刻录机和 COMBO。

（5）U 盘。其特点是体积小，重量轻，容量较大 (1 ～ 256 GB)，存取速度较快，价格比较便宜，采用 USB 接口，使用方便。

（三）输入或输出设备

输入或输出设备（input/output device）简称 I/O 设备。用户通过输入设备将程序和数据输入计算机，输出设备将计算机处理的结果（如数字、字母、符号和图形）显示或打印出来。常用的输入设备有：键盘、鼠标、扫描仪、数字化仪等。常用的输出设备有：显示器、打印机、绘图仪等。也有一些设备既是输入设备又是输出设备，例如，耳麦和可读写存储介质等。

人们通常把内存储器、运算器和控制器合称为计算机主机，而将运算器、控制器利用集成技术集成在一块芯片上称为中央处理器（CPU）。也可以说主机是由 CPU 与内存储器组成的，而主机以外的装置称为外部设备，外部设备包括输入设备、输出设备和外存储器等，这在图 2-1 计算机系统构成中即可了解。

计算机的五大部件是通过主板上面的连接接口、信息传输总线和控制电路等连接起来，形成一个统一、完整的系统。

二、计算机的基本工作原理

现代计算机是一个自动化的信息处理设备，它之所以能实现自动化信息处理，是由于采用了"存储程序"的工作原理。这一原理是由冯·诺依曼于 1946 年提出来的，它确立了现代计算机的体系结构，即冯·诺依曼体系结构。

计算机原理

（一）冯·诺依曼体系结构

冯·诺依曼体系结构的基本内容包括三点：一是计算机基本硬件系统由五大功能部件构成，即运算器、控制器、存储器、输入设备和输出设备；二是计算机内部采用二进制进行数据的存储和运算；三是计算机中的数据和指令均存放在计算机的存储器中，由计算机自动控制执行。

（二）指令与指令执行过程

指令是对计算机下达的指示和命令，由于计算机只能直接识别二进制，因此指令是指能被计算机识别并执行的二进制代码，是对计算机进行程序控制的最小单位。指令由两部分组成，一部分称为操作码，即指明指令要完成的操作；另一部分称为操作数，指参与运算的数据及数据所处内存中的地址。根据指令完成的功能不同，指令中可以有一个操作数、两个操作数或只有操作码而没有操作数。

计算机执行指令的过程一般分为以下四个步骤。

（1）取指令：将要执行的指令从内存中取出，放到 CPU 的指令寄存器中。

（2）分析指令：将放在指令寄存器中的指令送到指令译码器中进行分析。

（3）执行指令：根据指令的译码结果判断该指令要完成的操作，然后再向各个部件发出完成该操作的控制信号，以完成该指令下达的要求，执行完该指令程序计数器加"1"。执行一条指令所用的时间称为指令周期。

（4）为下一次取指令做准备：形成下一条指令的地址，以便达到冯·诺依曼所提出的程序自动执行的要求。

通常所编写的程序由语句组成，而每一条语句又可分为多个指令。循环往复地逐一完成上述四个步骤就是一次自动执行程序的过程。

综上所述，在使用计算机解决实际问题时，首先应编制相应的程序，然后通过输入设备将程序送入计算机的存储设备。计算机的工作过程就是执行程序的过程，也就是不断执行指令的过程。

（三）指令系统

一条指令通常对应一次最基本的操作，而计算机能够辨别有哪些指令和怎样执行这些指令，这是由设计人员赋予它的指令系统所决定的。

一台计算机中所有指令的集合称为该计算机的指令系统。不同类型计算机的指令系统是不同的，这些指令系统在设计 CPU 时，就已经固化其中了。指令系统是表示一台计算机性能的重要因素，它的格式与功能不仅直接影响机器的硬件结构，而且也直接影响系统软件，影响机器的适用范围。例如，苹果计算机与常用的个人计算机就明显存在相应硬件与程序不兼容的问题，这是因为二者的指令系统不同。因此可以说，不同类型的计算机所执行的基本操作是不同的，指令系统是一台计算机功能具体而集中的体现。

三、微型计算机的主要性能指标

（一）主频

计算机主频是指 CPU 内核工作的时钟频率，表示 CPU 在单位时间内发出的脉冲数，它是 CPU 性能的一个重要指标，单位为赫兹，如 MHz、GHz。一般情况下，主频越高，CPU 在一个时钟周期里所能完成的指令数就越多，CPU 的运算速度就越快，它在很大程度上决定了计算机的运算速度。影响主频大小的因素还有外频和倍频，其计算关系为：主频 = 外频 × 倍频。

（二）字长

在计算机中作为一个整体被存取、传送、处理的一组二进制数称为计算机的字，而这组二进制数的位数就是字长。字长取决于计算机数据总线的宽度，也就是 CPU 一次能处理的数据的位数。在其他指标相同的情况下，字长越长，计算机处理数据的二进制位数越多，速度也就越快。字长是 CPU 进行运算和数据处理的最基本、最有效的信息位长度，目前常见的 CPU 的字长有 32 位、64 位等。

（三）存储容量

存储容量包括内存容量和外存容量。内存容量是内存储器可以容纳的二进制信息量。内存容量的大小直接影响计算机的整体性能。目前绝大部分的芯片组可以支持 2 GB 的内存，主流的芯片组可以支持 4 GB 的内存。外存容量通常指硬盘容量，外存容量越大，所能存储的信息就越多，可安装的应用软件也就越多，目前硬盘容量有 500 GB、1 TB、2 TB 等多种规格。

（四）存取周期

内存储器完成一次读（取）或写（存）操作所需的时间称为存储器的存取时间或者访问时间，而连续两次独立的读（或写）所需的最短时间称为存取周期。存取时间越短，CPU 等待的时间越短，表示访问数据的速度越快，内存性能就越好。

（五）内核数

CPU 内核数指 CPU 内执行指令的运算器和控制器的数量。所谓多核心处理器就是在一块 CPU 基板上集成了两个或两个以上的处理器核心，并通过并行总线将各处理器核心连接起来。多核心处理技术的推出，大大地提高了 CPU 的多任务处理性能，且该技术已成为市场的主流。

（六）运算速度

计算机的运算速度通常用在单位时间内执行的计算机指令数来描述，单位有每秒 10^6 条指令（million instructions per second，MIPS）和每秒 10^9 条指令（billion instructions per second，BIPS）等。影响计算机的运算速度的因素有很多，一般来说，主频越高，运算速度越快；字长越长，运算速度越快；内存容量越大，运算速度越快；存取周期越短，运算速度越快。

任务三　计算机软件系统

【任务描述】

本任务要求了解计算机软件及软件系统的组成，熟悉操作系统的相关知识，掌握 Windows 系统的基本操作，以及认识一些常用工具软件。

了解操作系统

【知识讲解】

一、软件系统的组成

软件系统是计算机系统必不可少的组成部分。没有安装任何软件的计算机称为"裸机"，无法完成任何工作。计算机系统的软件系统分为系统软件和应用软件两类。

（一）系统软件

系统软件又称系统程序，其主要功能是对整个计算机系统进行调度、管理、监控及维护服务等。它可以使计算机系统的资源得到合理调度以及有效利用。系统软件主要包括操作系统、语言处理程序和数据库管理系统等。

1. 操作系统

操作系统（operating system，OS）是最基本、最重要的系统软件。它负责管理计算机系统的全部软件资源和硬件资源，合理地组织计算机各部分协调工作，为用户提供操作和编程界面。常见的操作系统有 DOS、Windows、macOS、Linux、UNIX、OS/2、Android、HarmonyOS 等。

2. 语言处理程序

用计算机解决问题时，先将解决该问题的方法和步骤按一定序列和规则用计算机语言进行描述并形成程序，然后输入计算机，计算机按程序自动执行。计算机语言处理程序包括机器语言、汇编语言和高级语言。机器语言是计算机唯一能够识别并直接执行的语言；汇编语言由一组与机器语言相对应的符号指令和简单语法组成；高级语言比较接近自然语言和数学表达式，并且有一定的语法规则。常见的高级语言有 C、C++、Java、C#、Python、Visual Basic、PHP 等。

高级语言编写的源程序需要翻译成计算机可以执行的机器指令，方法有编译和解释两种。编译程序把高级语言源程序作为整体进行处理，编译后与子程序库链接，形成完整的可执行程序；解释程序将源程序作为输入，解释一句就执行一句，并不形成目标程序。两种方法各有优势。

3. 数据库管理系统

数据库是按一定的方式组织起来的数据的集合，它具有数据冗余度小、可共享等特点。数据库管理系统（database management system，DBMS）是指位于操作系统和用户之间，负责数据库存取、维护和管理的大型软件。目前常用的数据库管理系统有 Oracle、SQL Server、MySQL、Sybase、Informix、Access 等。

（二）应用软件

应用软件运行在操作系统之上，是为了解决用户的各种实际问题而编制的程序及相关资源的集合。按照其使用广泛性的不同可将其分为通用软件和专用软件。

1. 通用软件

通用软件是为解决某一实际问题而开发的，这类问题是大多数用户都会遇到的，例如：文字处理软件、图像处理软件等。

2. 专用软件

专用软件是针对特殊用户的需求而开发的，如医院病房监控系统等。

二、操作系统概述

（一）操作系统的概念

操作系统是控制和管理计算机系统内各种硬件和软件资源、合理有效地组织计算机系统的工作，为用户提供一个使用方便的工作环境，从而起到连接计算机和用户的作用。它是系统软件的组成核心。

操作系统的类型多种多样，不同机器安装的操作系统可从简单到复杂，可从移动电话的嵌入式系统到超级计算机的大型操作系统。许多操作系统制造者对它涵盖范畴的定义也不尽一致，例如有些操作系统集成了图形用户界面，而有些仅使用命令行界面，将图形用户界面视为一种非必要的应用程序。

（二）操作系统的发展历史

操作系统的发展历史可以追溯到 20 世纪 50 年代，当时的计算机体积庞大，需要多人共同操作。为了方便管理，出现了批处理操作系统，即使用纸带或卡片来传递指令和数据。后来，随着计算机技术的发展，出现了分时复用技术，可以将计算时间分成多个时间片段，依次轮流分配给不同的用户或作业使用，从而提供一种虚拟的交互式处理方式，这就是现代操作系统的雏形。

20 世纪 60 年代，出现了多用户多任务的操作系统，如 Multics 和 UNIX。这些系统采用了微内核架构，将内核分为多个功能模块，从而提升了系统的可靠性和可扩展性。同时，这些系统还提供了多种用户接口，如命令行界面、图形用户界面和 Web 界面等。

20 世纪 90 年代，随着个人电脑的普及，出现了许多面向不同应用领域的操作系统，如 Windows、macOS 和 Linux 等。其中，Linux 是一种开源的操作系统，具有高度的可定制性和可扩展性，因此在企业服务器、嵌入式系统、桌面系统等领域得到了广泛应用。

现在，操作系统已经成为计算机系统的基石和核心，它们提供了许多基本的服务和应用程序，如文件系统、进程管理、网络通信、安全机制等。随着计算机技术的发展，操作系统还将继续发挥重要的作用。

（三）操作系统的作用

无论是什么类型的、应用于什么领域的操作系统其主要的作用都体现在以下三个方面。

1. 操作系统是用户与计算机之间的接口

操作系统的出现屏蔽了计算机复杂的硬件细节，使用户操作计算机变得简单。即使用户进行某一个简单的日常操作，在计算机的内部却要经历相当复杂的过程，需要运算器、控制器、存储器、输入与输出设备以及相关总线、接口的相应运作与配合才能完成。用户感觉操作简单就是因为相应的复杂过程都由操作系统指挥计算机各部件自动完成，所以说操作系统为计算机与用户之间的沟通提供了平台，是计算机与用户之间的接口。

2. 操作系统提供了软件开发与运行的环境

任何软件的开发与运行都是在操作系统的支持下完成的，也就是说相关软件的开发总是与具体的操作系统相对应，操作系统的不断发展与推进同时也带动了相关软件的研发。同样，虽然我们目前所使用的计算机的软硬件的兼容性较好，但所使用的应用软件都是针对某一种或某几种操作系统开发的，例如，某些在 Windows 操作系统下研制的软件就无法在 DOS 环境下运行。

3. 操作系统提高了计算机系统资源的利用率

操作系统对计算机系统的软硬件资源进行直接管理和控制，使之协调一致并高效地完成相关工作，大大地提高了计算机系统资源的利用率。

（四）操作系统的功能

从资源管理的角度来看，操作系统的主要功能包括：处理器管理、存储器管理、设备管理、文件管理和作业管理。

1. 处理器管理

操作系统对处理机的管理是指对中央处理器（CPU）的管理。对处理机的管理主要是对 CPU 资源进行合理分配和使用，以提高 CPU 的资源利用率，使其尽可能地处于工作状态。由于 CPU 是计算机系统的核心部件，因此处理机管理是操作系统管理功能中最重要的。

2. 存储器管理

操作系统对存储器的管理特指对内存的管理，目的是使用户合理高效地使用内存。操作系统对于存储器的管理主要体现在四个方面：一是存储空间的地址转换，即将程序编译所需要的逻辑地址转换成运行时的物理地址；二是存储空间的分配和释放，即根据系统中可用的空间状态和已占用的空间状态来管理内存的分配和释放；三是内存空间的扩充，为了提升大型程序的运行能力，可采用虚拟存储等技术进行存储空间的扩充；四是存储共享及保护，目的是保护系统程序和各用户程序的运行不受干扰。

3. 设备管理

操作系统对设备的管理特指对外部设备的管理。设备管理的目的主要包括三个方面：一是提高 I/O 设备的访问效率，匹配 CPU 和多种不同处理速度的外部设备；二是方便用户使用，对不同类型的设备统一使用方法，并协调设备的并发使用；三是方便操作系统内部对设备的控制，即方便增加和删减设备，以适应新的设备类型。

4. 文件管理

操作系统的文件管理旨在为用户提供方便的文件操作，管理的主要内容包括文件的存储、检索、共享和保护。

5. 作业管理

计算机中的作业管理实质上就是用户交给计算机所做的工作的集合。操作系统作业管理的基本功能是作业控制和作业调度。

（五）操作系统的分类

操作系统的分类方式有很多种，但一般是根据操作系统的功能和使用环境来进行划分，大致可分为以下几类。

1. 单用户或多用户操作系统

计算机系统在单用户操作系统的控制下，一次只能支持一个用户进程的运行，即个人独占计算机的全部资源，CPU 运行效率低，DOS 操作系统属于单用户单任务操作系统。多用户操作系统则支持多个用户同时登录，且能同时运行多个用户的进程，比如 Windows 系统能够允许多个本地或远程的用户同时进行登录，并为用户提供联机交互式的工作环境。

2. 批处理操作系统

批处理操作系统的基本工作方式是用户将作业交给系统操作员，系统操作员在收到作业后，并不立即将作业输入计算机，而是在收到一定数量的用户作业之后，组成一批作业，再把这批作业输入到计算机中。批处理操作系统的特点是成批处理作业，而且作业完成的顺序与它们进入内存的顺序无严格的对应关系，如后进入内存的作业可能先完成。其追求的目标是高系统资源利用率，高作业吞吐率。

依据系统的复杂程度和出现时间的先后，可以把批处理操作系统分为：单道批处理系统和多道批处理系统。

（1）单道批处理系统。在主机和输入机之间增加一个存储设备——磁带机。在监督程序的自动控制下，计算机自动完成任务。具体过程为：成批地把输入机上的用户作业读入磁带；监督程序依次把磁带上的用户作业读入主机内存并执行；执行完成后，把计算结果向输出机输出；完成一批作业后，监督程序再次从输入机读取作业存入磁带机。

按照上面的步骤重复处理任务，监督程序不停地处理各个作业，实现了作业的自动转接，减少了作业的建立时间和手工操作时间，有效地克服了人机矛盾，提高了计算机资源的利用率。

（2）多道批处理系统。在采用单道批处理系统的条件下，每次主机内存中只能存放一道作业。当作业运行期间发出 I/O 请求时，高速的 CPU 需要等待慢速的 I/O 设备完成工作。为了进一步提高计算机资源的利用率，在 20 世纪 60 年代中期，出现了多道批处理系统。该系统允许多个程序同时进入内存并运行，即同时把多个程序放入内存，并允许它们交替在 CPU 中运行，它们共享系统中的各种硬软件资源，当一道程序因 I/O 请求而暂停运行时，CPU 便立即转去运行另一道程序。

多道批处理系统既有优点也有缺点。用户可以独占全机资源并直接控制程序的运行，同时，能够随时了解程序的运行情况。但它缺少人机交互的能力，不便于用户使用，同时用户独占全机资源的工作方式也降低了资源的利用率。

3. 分时操作系统

从操作系统的发展历史看，分时操作系统出现在批处理操作系统之后。它是为了弥补批处理方式不能向用户提供交互式快速服务的缺点而发展起来的。

分时操作系统使多个用户可以同时在各自的终端上联机使用同一台计算机，CPU 按优先级分配各个终端的时间片，轮流为各个终端服务。对用户而言，由于计算机的运行速度很快，用户有"独占"一台计算机的感觉。总体上看，分时操作系统具有多路性、交互性、独占性和及时性的特点。

一般通用操作系统结合了分时操作系统与批处理操作系统两种系统的特点。典型的通用操作系统是 UNIX 操作系统。在通用操作系统中，分时与批处理的处理原则为：分时优先，批处理在后。

4. 实时操作系统

实时操作系统是指能使计算机在规定的时间内，及时响应外部事件的请求，同时完成对该事件的处理，并能够控制所有实时设备和实时任务协调一致地进行工作的操作系统。实时操作系统主要目标是在严格时间范围内，对外部请求作出反应，系统具有高度可靠性。实时操作系统广泛用于工业生产过程的控制和事务数据处理中。

5. 网络操作系统

为计算机网络配置的操作系统称为网络操作系统，是基于计算机网络在各种计算机操作系统之上按网络体系结构协议标准设计开发的软件，一般安装在能够提供网络服务的计算机上，也就是所谓的网络服务器，它负责网络管理、网络通信、资源共享和系统安全等工作。其所提供的最基本的核心功能可包括网络文件系统、内存管理及进程调度等。

6. 分布式操作系统

将大量的计算机通过网络连接在一起，可以获得极高的运算能力及广泛的数据共享。这样的系统称为分布式系统。为分布式系统配置的操作系统称为分布式操作系统。

分布式操作系统是一个统一的操作系统,在系统中的所有主机使用的是同一个操作系统,目标是实现资源的深度共享。而且,其具有很强的透明性,也就是说在网络中,用户能够清晰地感觉到本地主机和非本地主机之间的区别。处于分布式操作系统中的各个主机都处于平等的地位,各个主机之间没有主从关系。

网络操作系统与分布式操作系统在概念上的主要不同之处在于网络操作系统可以构架于不同的操作系统之上,也就是说它可以在不同的本机操作系统上通过网络协议实现网络资源的统一配置。分布式操作系统强调单一操作系统对整个分布式系统的管理、调度。

(六)常见的计算机操作系统

在计算机的发展过程中,出现了许多种类的操作系统,其中常用的有 DOS、Windows、UNIX、Linux、macOS、Android、HarmonyOS、OS/2 等。

1.DOS

DOS(disk operating system)是美国 Microsoft 公司研制的安装在个人计算机上的单用户命令行界面操作系统。从 1981 年到 1995 年,DOS 在 IBM PC(IBM personal computer)兼容机市场中占有举足轻重的地位。DOS 具有简单易学、硬件要求低等特点。

2.Windows 操作系统

Windows 操作系统是 Microsoft 公司研发的图形用户界面操作系统。从 1985 年发布的 Windows 1.0 至今,已有多个版本。具有图形用户界面、操作简单、生动形象等特点。

3.UNIX 操作系统

UNIX 操作系统是一个强大的多用户、多任务操作系统,支持多种处理器架构;按照操作系统的分类,属于分时操作系统;最早由 Ken Thompson、Dennis Ritchie 和 Douglas Mciiroy 于 1969 年在 AT&T 贝尔实验室开发。UNIX 操作系统易读,易修改,易移植,安全性较好。

4.Linux 操作系统

Linux 操作系统是一种基于个人计算机平台的开放式操作系统,是一个基于 POSIX 和 UNIX 的多用户、多任务、支持多线程和多 CPU 的操作系统。它能运行主要的 UNIX 工具软件、应用程序和网络协议。它支持32位和64位硬件。Linux继承了UNIX以网络为核心的设计思想,是一个性能稳定的多用户网络操作系统。

5.macOS

macOS 是一套运行于苹果公司的 Macintosh 系列计算机上的操作系统。macOS 是首个在商用领域成功运用的图形用户界面操作系统。macOS 具有全屏模式、任务控制、快速启动面板和应用商店四大特点。

6.Android 操作系统

Android 是一种基于 Linux 内核(不包含 GNU 组件)的自由及开放源代码的操作系统,主要用于移动设备,如智能手机和平板电脑。它是由美国 Google 公司和开放手机联盟主导开发的。

7.HarmonyOS

HarmonyOS 中文名为鸿蒙系统,是一款面向智能终端、基于微内核面向全场景的分布式操作系统。它是华为公司完全自主研发的，为不同设备的智能化、互联与协同提供了统一的语言，它不是另一个 Android 或另一个 Linux，而是下一代操作系统。

三、Windows 10 操作系统的使用

操作系统本身也是程序，需要被加载到内存中才可以运行。下面以 Windows 10（以下简称 Windows）为例，介绍其基本的操作和使用方法。

（一）创建用户账户

计算机开机进入操作系统需要一系列的准备工作。系统成功引导后，一般会进入登录界面或 Windows 桌面。在登录界面，使用者需要输入账户和密码，登录成功后，即可进入 Windows 桌面。

创建用户账户时，首先通过"开始"菜单打开"Windows 设置"界面，选择"账户"，如图 2-4 所示。单击左侧的"家庭和其他用户"，此时界面如图 2-5 所示，在右侧选择"将其他人添加到这台电脑"。稍等片刻，选择下方的"我没有这个人的登录信息"，如图 2-6 所示。再稍等片刻，选择下方的"添加一个没有 Microsoft 账户的用户"，如图 2-7 所示。此时会出现图 2-8 所示的界面，在其中设置用户名、密码和安全问题，单击"下一步"按钮即可。之后会出现图 2-9 所示的界面，若在右侧"其他用户"下方出现了一个新用户且用户名为之前自己所设置的名字，这说明创建用户账户已完成。

图 2-4　"Windows 设置"界面

图 2-5　选择"家庭和其他用户"

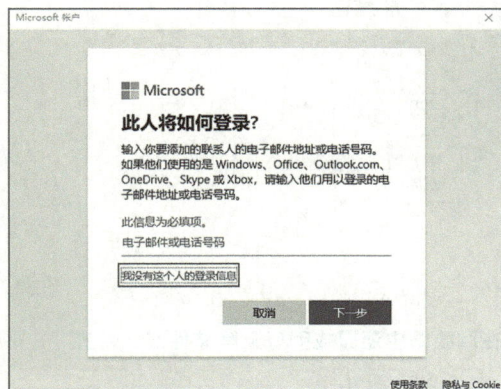

图 2-6　选择"我没有这个人的登录信息"

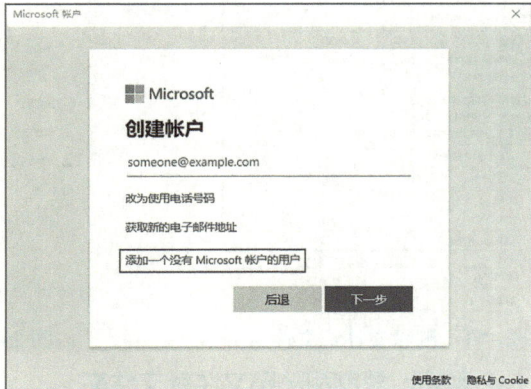

图 2-7　选择"添加一个没有 Microsoft 账户的用户"

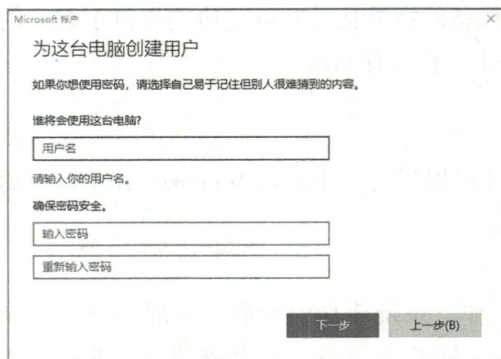

图 2-8　创建用户

图 2-9　完成用户创建

（二）文件和文件夹的相关操作

Windows 操作系统的"文件资源管理器"以树状结构显示文件，用户可以查看磁盘，对文件夹或文件进行创建、删除、剪切、复制、粘贴等操作。

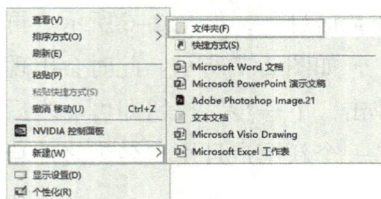

1. 新建文件夹

使用文件夹可以帮助我们高效快捷地处理文件，对文件进行归类，如需新建文件夹，可以在空白处单击鼠标右键，在弹出的快捷菜单中选择"新建"→"文件夹"，如图 2-10 所示。

图 2-10　新建文件夹

2. 删除文件或文件夹

当不需要某文件或文件夹时，可以进行删除操作，选中需要删除的文件或文件夹，单击鼠标右键，在弹出的快捷菜单中选择"删除"即可，如图 2-11 所示。被删除的文件或文件夹会暂时存放在回收站中，如果需要恢复被删除的文件或文件夹，可以进入回收站进行还原操作；若确定此文件或文件夹不再需要，则可以在回收站中将其彻底删除，如图 2-12 所示。

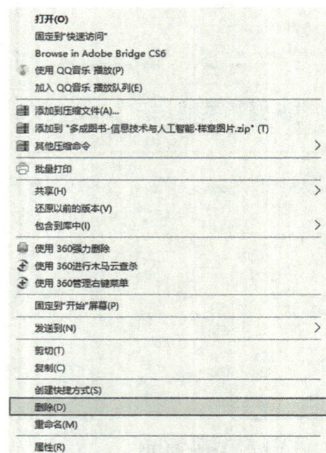

图 2-11　删除文件或文件夹

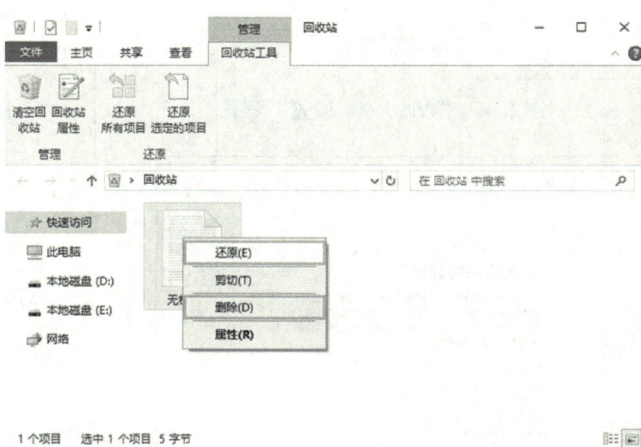

图 2-12　在回收站中还原或彻底删除文件或文件夹

3. 剪切、复制和粘贴文件或文件夹

剪切、复制和粘贴操作可以改变文件或文件夹的存放位置。剪切文件或文件夹时，需要选中该文件或文件夹，单击鼠标右键，在弹出的快捷菜单中选择"剪切"，或选中该文件或

文件夹后，按快捷键"Ctrl+X"，也可完成剪切；复制与剪切的步骤相似，选中该文件或文件夹，单击鼠标右键，在弹出的快捷菜单中选择"复制"，或选中该文件或文件夹后，按快捷键"Ctrl+C"，如图 2-13 所示。剪切和复制的区别在于，剪切后，该文件或文件夹在原地址中消失，复制后，该文件或文件夹在原地址中依然存在。通常剪切或复制后会用到粘贴，在目标位置，单击鼠标右键，在弹出的快捷菜单中选择"粘贴"，如图 2-14 所示，或按快捷键"Ctrl+V"，即可完成文件或文件夹位置的移动，这时剪切或复制的文件或文件夹会出现在目标位置中。

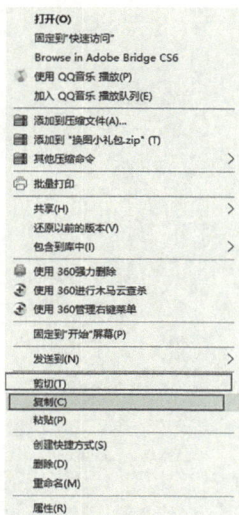

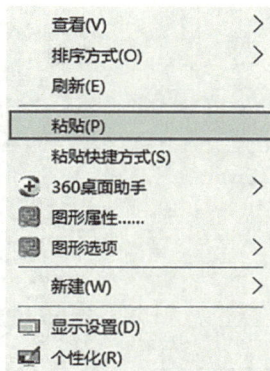

图 2-13　文件或文件夹的剪切与复制　　　　图 2-14　文件或文件夹的粘贴

4. 多选、全选文件或文件夹

当操作多个文件或文件夹时，需要对文件或文件夹进行全选或多选操作时，可以通过简单的按键组合快速完成。

全选快捷键为"Ctrl+A"，可以选择当前窗口的所有文件或文件夹。多选连续文件或文件夹时，可以直接按住鼠标左键进行框选，或按"Shift"键的同时单击文件或文件夹列表第一个和最后一个；当多个文件或文件夹不连续时，可以按"Ctrl"键并依次单选需要选择的文件或文件夹。

5. 命名文件或文件夹

创建文件夹或文件时，用户可以为其命名。鼠标双击已命名的文件夹或文件，即可进行名字的更改。需要注意的是，在同一目录下，文件夹的名称不能重复。

Windows 操作系统中文件或文件夹的命名规则如下。

（1）路径、文件名或文件夹名可以由西文字符或汉字（包括空格）组成，不能多于 255 个字符。

（2）英文字母不区分大小写。

（3）文件名或文件夹名中不能出现 \、/、：、*、？、"、<、>、| 等字符。

（4）文件名和文件夹名可以由字母、数字、汉字或～、！、@、#、$、%、^、&、（ ）、_、{}' 等字符组合而成。

（5）不能使用 coml～com9、lptl～lpt9、aux、con、prn、nul 等作为文件名。

如需重命名文件或文件夹，可以选中该文件或文件夹，单击鼠标右键，在弹出的快捷菜单中选择"重命名"即可，如图 2-15 所示。

6. 搜索文件

Windows 的搜索功能可以帮助我们快速找到所需文件，如图 2-16 所示。在文件名类似、文件格式相同或不确定文件名等情况下，可以使用通配符进行搜索，即星号（*）与问号（?）。星号（*）可以代替零个或多个字符，问号（?）只能代替一个字符。以"*.docx"为例，可以搜索到指定位置所有扩展名为".docx"的文件。

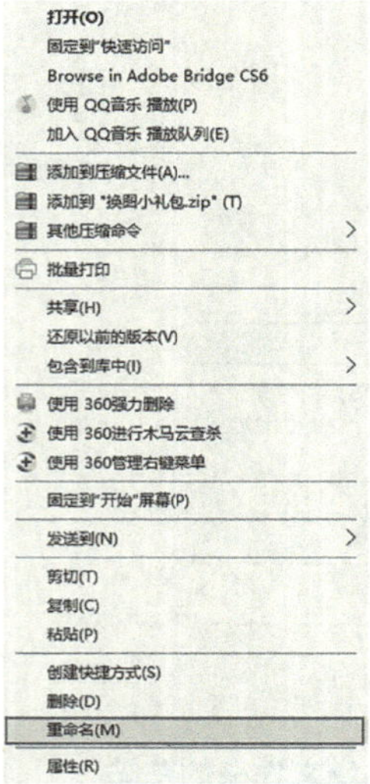

图 2-15　文件或文件夹的重命名 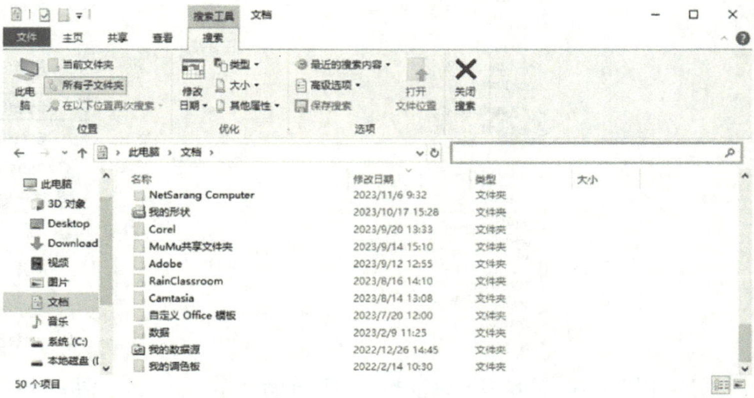　　　　图 2-16　文件的搜索

Windows 操作系统中常见的文件扩展名如表 2-1 所示。

表 2-1　Windows 操作系统常见的文件扩展名

文件类型	扩展名
文档文件	.txt、.docx、.pptx、.pdf、.rtf
视频文件	.avi、.mp4、.mov、.mkv、.flv
音频文件	.wav、.mp3、.aac、.wma、.flac
图形文件	.jpg、.bmp、.png、.gif
压缩文件	.rar、.zip
可执行文件	.exe、.com
批处理文件	.bat

（三）程序的安装和卸载

Windows 操作系统中，应用程序安装包的格式为".exe"。安装程序时，只需双击程序安装包，然后根据提示步骤依次操作，即可完成新程序的安装。通常情况下，程序安装好后，桌面上会出现该程序的快捷方式，双击快捷方式便可运行该程序。当桌面没有快捷方式时，则需自行创建。此处以 PowerPoint 为例，如果当前桌面上并没有 PowerPoint 的快捷方式，可以单击"开始"按钮，找到PowerPoint，单击鼠标右键，在弹出的快捷菜单中选择"更多"→"打开文件位置"，如图2-17所示，系统将自动定位文件位置，复制快捷方式到桌面或者右击该快捷方式选择"发送到"→"桌面快捷方式"，即可在桌面创建快捷方式，如图2-18所示。

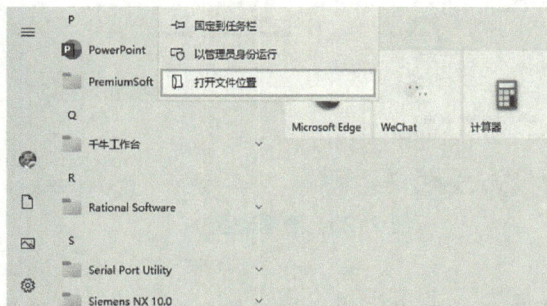

图2-17　打开文件位置

图2-18　创建桌面快捷方式

如果不需要某一应用程序，可以将其卸载，步骤如下。

步骤1： 将鼠标移至桌面左下角的"开始"按钮处，单击鼠标左键，在弹出的快捷菜单中选择"设置"，如图2-19所示。

步骤2： 在"Windows 设置"窗口中单击"应用"，如图2-20所示。

步骤3： 此时打开的窗口中会显示当前计算机已安装的所有应用，单击要卸载的应用，然后单击"卸载"按钮即可，如图2-21所示。

图2-19　选择"设置"

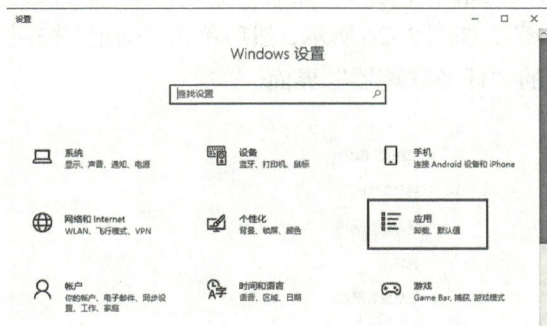

图2-20　选择"应用"

图2-21　卸载应用

（四）查看磁盘属性、清理磁盘

查看磁盘容量、清理磁盘、磁盘共享、碎片整理、访问权限等操作可以通过磁盘属性面板实现。选择需要查看属性的磁盘，单击鼠标右键，在弹出的快捷菜单中选择"属性"即可查看该磁盘的属性。

计算机在使用的过程中会产生许多文件，清除这些文件可以优化计算机的运行速度，例如已下载的程序文件、日志文件、临时文件等。双击"此电脑"，选择想要清理的磁盘，单击鼠标右键，在弹出的快捷菜单中选择"属性"，如图2-22所示。在弹出的对话框中选择"磁盘清理"，选中需要被清理的文件，单击"确定"按钮即可，如图2-23所示。

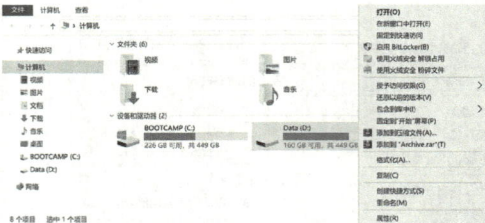

图 2-22　选择"属性"

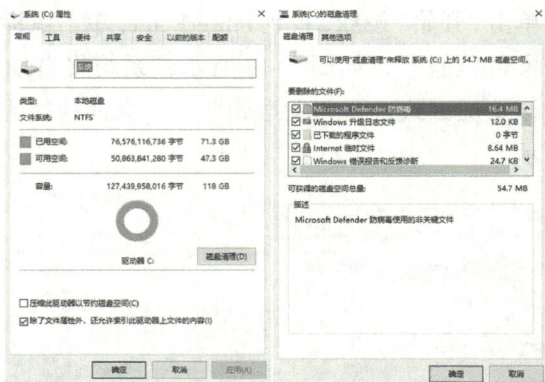

图 2-23　清理磁盘

（五）查看任务管理器

Windows 操作系统的任务管理器可以为用户提供计算机性能的相关信息，并显示计算机上所运行的程序和进程的详细信息；如果已连接网络，还可以查看网络状态并迅速了解网络是如何工作的。其界面提供了文件、选项、查看等菜单，其下还有多个选项卡，界面中间则是状态栏，从这里可以查看当前系统的进程数、CPU 使用比例等数据，默认设置下系统每隔 2 s 会对数据进行 1 次自动更新，也可以单击"查看"→"更新速度"进行重新设置。用户可以通过以下方法打开任务管理器。

方法一：右击桌面"开始"按钮，在弹出的快捷菜单中选择"任务管理器"，即可打开任务管理器，如图 2-24 所示。

方法二：右击桌面"开始"按钮，在弹出的快捷菜单中选择"运行"，如图 2-25 所示。在打开的"运行"对话框中输入命令"taskmgr.exe"，如图 2-26 所示，然后单击"确定"按钮，即可快速打开任务管理器。图 2-27 所示为打开的"任务管理器"界面。

图 2-24　选择"任务管理器"

图 2-25　选择"运行"

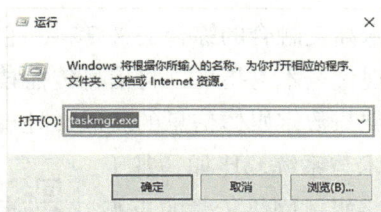

图 2-26　在"运行"对话框中输入命令

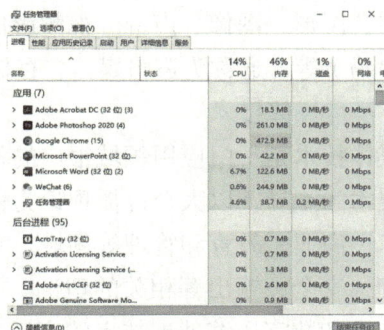

图 2-27　"任务管理器"界面

四、常用工具软件

计算机工具软件就是指在使用计算机进行工作和学习时经常使用的软件。工具软件具有占用空间小、功能单一、可免费使用、使用方便、更新较快等特点。几乎所有的工具软件都可以在网络上直接下载使用。一些实用的工具软件也被称为装机必备软件。

（一）常用的下载工具软件

常用的下载工具软件有 FlashGet、QQ 旋风、迅雷等。其中迅雷采用了"多点连接（分段下载）"技术，充分利用了网络上的闲置带宽，并支持"断点续传"，能够从中断处继续下载，避免重复下载。

（二）压缩与解压缩的工具软件

常见压缩与解压缩的工具软件有 WinRAR、Bandizip 等。WinRAR 是一个强大的压缩文件管理工具。它能备份数据，压缩电子邮件的附件，解压缩从 Internet 上下载的 RAR、ZIP 和其他格式的压缩文件，并能创建 RAR 和 ZIP 格式的压缩文件。WinRAR 是流行的压缩工具，界面友好，使用方便，在压缩率和速度方面都有很好的表现。

任务四　数字媒体技术基础

【任务描述】

本任务要求了解数字媒体和数字媒体技术的概念，了解数字媒体技术的发展趋势及应用，熟悉音频、视频和图像的数字化处理，掌握通过移动终端进行声音、视频的录制、剪辑与发布等操作。

【知识讲解】

一、认识数字媒体与数字媒体技术

（一）数字媒体

数字媒体是指以二进制数的形式获取、记录、处理和传播的信息载体，这些载体包括数字化的文字、图形、图像、声音、视频影像和动画等感觉媒体，以及表示这些感觉媒体的表示媒体（编码）等，通称为逻辑媒体，存储、传输、显示逻辑媒体的实物媒体。

（二）数字媒体技术

数字媒体技术是一门应用领域很广的科学与艺术高度融合的综合交叉学科。它以信息科学和数字技术为主导，以大众传播理论为依据，以现代艺术为指导，将信息传播技术应用到文化、艺术、商业、教育和管理等领域。它主要研究与数字媒体信息的获取、处理、存储、传播、管理、安全、输出等相关的理论、方法、技术与系统。比如，基于数字传输技术和数字压缩处理技术的广泛应用于数字媒体网络传输的流媒体技术，基于计算机图形技术的广泛应用于数字娱乐产业的计算机动画技术，以及基于人机交互、计算机图形和显示等技术的且广泛应用于娱乐、广播、展示与教育等领域的虚拟现实技术等。

数字媒体技术

（三）数字媒体技术特征

数字媒体技术融合了数字技术、网络技术与文化艺术等，主要有以下特征。

1. 数字化

数字媒体技术采用二进制的形式通过计算机来存储、处理和传播文字、图像、声音、动画等信息。不仅能够实现高精度传递信息，而且传播效率也大大地提高。同时信息的重复使用和二次编辑非常容易，信息利用率提高。

2. 交互性

数字媒体技术在应用的过程中，可以实现人机之间的互动。受众从过去被动地接收信息，转变为主动地获取信息，从单方面消费信息转变为既是信息的消费者，也是信息的生产者。这种深度的双向互动，开创了以用户为中心的数字媒体传播新局面。

3. 集成性

数字媒体技术将文字、图像、声音、动画等多种媒体素材有机结合，能够形成集成应用，不仅丰富了媒体的呈现形态，也极大增强了传播效果。

4. 艺术性

在越来越多的行业中，如电影、电视、展览展示、广告、包装等，数字媒体的艺术性逐渐凸显。与传统艺术形式不同，数字媒体艺术打破了不同艺术形式之间的发展壁垒，将不同的艺术元素进行融合，以数字化为工具，呈现出更加综合的技术与艺术相结合的状态。

二、数字媒体技术的应用

目前，数字媒体技术的应用已遍及社会生活的各个领域。给人们的学习、工作和生活带来了日益显著的变化。

（一）教育领域

利用数字媒体技术制作丰富的教学内容，使学习者在一种"真实"的场景中学习，有助于降低学习难度，增强学习趣味，提高学习效率。

（二）娱乐领域

数字媒体技术在娱乐领域的深入应用，给人们带来了更多的娱乐体验和乐趣。微信、QQ等聊天工具拉近了人与人之间的距离，清晰逼真的电影画面带给人们美好的视觉体验，交互式的游戏吸引了更多的玩家。

（三）医疗领域

数字媒体技术在医疗领域的应用广泛。利用数字成像技术，可以清晰地生成各种医学图像。心电图仪、B超仪、CT扫描仪等医疗器械都利用了数字成像技术，将仪器检测到的各项数据以医学图像呈现，便于医学专家进行诊断，如图2-28所示。

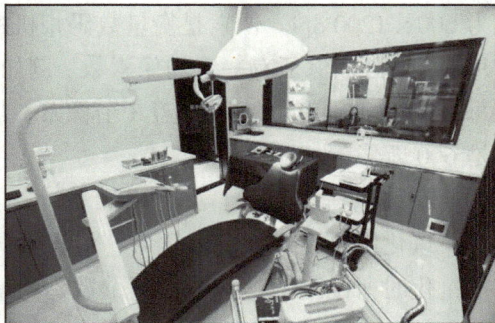

图2-28　数字媒体技术在医疗领域的应用

（四）文化领域

数字媒体在文化领域的应用，也给人们带来了无穷乐趣和极致享受。2021年春晚首次运用"AI+VR裸眼3D"演播室以及交互式摄影控制技术进行节目形式创新，重构了传统的表演舞台，突破了空间和场景限制，创意表演《牛起来》（图2-29）就采用了这项技术，刘德华通过"云端"录制参与节目表演，形式新颖，效果炫酷。

图2-29　《牛起来》

数字媒体技术的应用领域远不止这些，其在商业、军事、出版等领域也发挥着重要的作用。伴随着技术的发展，数字媒体技术的应用将更加广泛和深入。

三、图像、音频和视频的数字化处理

数字化是用二进制编码对多种信息（包括文字、数字、声音、图形、图像、影像等）进行表达、存储、传输和处理，这是数字化的基本过程。其核心思想和技术是用计算机的数字逻辑世界来映射现实物理世界。数字化技术中的"bit"已经成为信息社会人们生存环境和生存基础的核心要素，并不断改变着人类的生活、工作、学习和娱乐方式。离开数字化，信息社会就是空中楼阁。

（一）图像的数字化过程

现实中的图像是一种模拟信号。图像的数字化是指将一幅真实的图像转变成为计算机能够接受的数字形式，这涉及对图像的采样、量化以及编码等。

1. 采样

采样就是将二维空间上连续的图像转换成离散点的过程。采样的实质就是用像素（pixels）点来描述这一幅图像，称为图像的分辨率，用"列数 × 行数"表示，分辨率越高，图像越清晰，存储量也越大。图2-30（b）是将图2-30（a）中的图像用48×48个像素点表示。

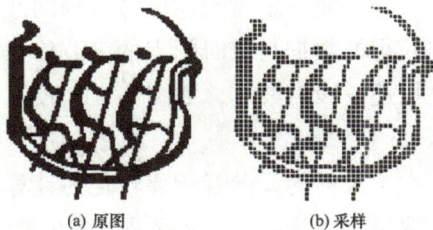

(a) 原图　　(b) 采样

图2-30　图像采样和分辨率示意图

扫描仪和数码相机都是采样设备，也就是将图像资料输入计算机的输入设备。扫描仪一个很重要的指标是分辨率，其单位是dpi（dots per inch），表示在每英寸范围内能够通过扫描得到多少真实的像素数量，一般家庭或办公用户常用的扫描仪分辨率为 600×1200 dpi。像素是衡量数码相机的最重要指标。要想得到分辨率高（也就是细腻的照片），就必须保证有一定的像素数。例如照片的长和宽为 1600×1200，两者的乘积就是点数，每一个点分别有红、绿、蓝 3 个像素，则总像素为 1600×1200×3=5760000 ≈ 6000000，就是 600 万像素。

2. 量化

量化则是在图像离散化后，将表示图像色彩浓淡的连续变化值离散化为整数值的过程。把量化时所确定的整数值取值个数称为量化级数，表示量化的色彩值（或亮度）所需的二进制位数称为量化字长。一般可用 8 位、16 位、24 位、32 位等来表示图像的颜色，24 位可以表示 2^{24}=16777216 种颜色，称为真彩色。

在多媒体计算机中，图像的色彩值称为图像的颜色深度，有以下多种表示色彩的方式。

（1）黑白图。图像的颜色深度为 1，用一个二进制位 1 和 0 表示纯白、纯黑两种情况。

（2）灰度图。图像的颜色深度为 8，占一个字节，灰度级别为 256 级。通过调整黑白两色的程度（称颜色灰度）来有效地显示单色图像。

（3）RGB。24 位真彩色图像显示时，由红、绿、蓝三基色通过不同的强度混合而成，当强度分成 256 级（值为 0 ~ 255）、占 24 位，就构成了 2^{24}=16777216 种颜色的真彩色图像。

3. 编码

将采样和量化后的数字数据转换成用二进制数码 0 和 1 表示的形式。

图像的分辨率和像素位的颜色深度决定了图像文件的大小，计算公式为

$$列数 × 行数 × 颜色深度 ÷8= 图像字节数$$

例如，若要表示一个分辨率为 1280×1024 的"24 位真彩色"图像，则图像大小为

$$1280 × 1024 × 24 ÷ 8 ≈ 4 \text{ MB}$$

由此可见，数字化后的图像数据量庞大，必须采用编码技术来压缩信息。它是图像传输与存储的关键。

（二）音频的数字化过程

数字化音频技术就是把表示声音强弱的模拟信号（电压）用数字来表示。通过采样量化等操作，把模拟量表示的音频信号转换成许多二进制"0"和"1"组成的数字音频文件，从而实现数字化，为计算机处理奠定基础。数字音频技术中实现模数转换（A/D 转换）的关键是将时间上连续变化的模拟信号转变成时间上离散的数字信号，这个过程主要包括采样（sampling）、量化（quantization）和编码（encoding）3 个步骤。

1. 采样

每隔一定时间在模拟音频的波形上获取一个幅度值，这一过程称为采样；而每个采样所获得的数据与该时间点的声波信号相对应，称为采样样本。将一连串样本连接起来，就可以描述一段声波了，如图 2-31 所示。

2. 量化

采样的离散音频要转化为计算机能够表示的数据范围，这个过程称为量化。量化的等级取决于量化精度，也就是用多少位二进制数来表示一个音频数据，一般有 8 位、12 位或 16 位。量化精度越高，声音的保真度越高。量化的过程为：先将整个幅度划分成有限个小幅度（量

化阶距）的集合，把落入某个阶距内的采样值归为一类，并赋予相同的量化值。

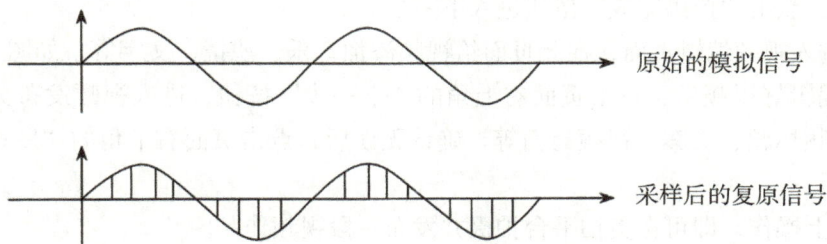

图 2-31　声波波形的采样

3. 编码

编码即编辑数据，就是考虑如何把量化后的数据用计算机二进制的数据格式表示出来。实际上就是设计如何保存和传输音频数据的方法，如 MP3、WAV 等音频文件格式就是采用不同的编码方法得到的数字音频文件。

（三）视频的数字化过程

根据视频信息的处理和存储方式不同，视频可以分为两大类，一是模拟视频（analog video），二是数字视频（digital video）。

视频的数字化过程包括扫描、采样、量化和编码。

1. 扫描

传送电视图像时，将每幅图像分解成很多像素，按照一个一个像素、一行一行的方式按顺序传送或接收，这就是扫描。

2. 采样

采样是将时间和幅度上连续的模拟信号转变为时间离散的信号，即时间离散化。

3. 量化

量化将幅度连续的信号转换为幅度离散的信号，即幅度离散化。

4. 编码

编码按照一定的规律，将时间和幅度上离散的信号用对应的二进制或多进制代码表示。

四、手机制作短视频或音频作品

目前市场上有很多功能强大的手机短视频拍摄 APP，热门的短视频拍摄 APP 有抖音、快手、美拍等。这些短视频拍摄 APP 各有特色，其拍摄视频的方法也有所差异。

美拍主打直播和短视频拍摄，拍摄时有单独的"频道"模块，并且加入了排行榜功能，支持通过标签进行分类。使用美拍 APP 拍摄、发布视频的操作也很简单，其具体的操作步骤如下。

（1）在手机上打开美拍 APP，进入美拍 APP 首页任意一个频道，点击页面下方的"⊕（拍摄及上传）"按钮，如图 2-32 所示。

图 2-32　点击"拍摄及上传"按钮

（2）进入内容创作页面，长按"◯（拍摄）"按钮开始录制视频或音频作品（图2-23），录制完成后，点击"拍摄完成"按钮进入下一步。

（3）进入视频编辑页面，在此页面给视频添加音乐、滤镜、文字等，如图2-34所示。

（4）编辑好视频后，点击页面右上角的"下一步"按钮，进入视频发布页面，在此页面可设置视频标题、文案、视频封面等。确认无误后，点击页面右下角的"发布"按钮，如图2-35所示。

完成以上操作，即可在美拍平台拍摄并发布一段视频作品。

图2-33　长按"拍摄"按钮拍摄视频　　　图2-34　编辑视频　　　图2-35　点击"发布"按钮

知识链接

数字媒体作品设计规范

数字媒体作品设计规范主要包括以下几项。

（1）数字媒体作品题材应遵守国家有关规定，不得出现违反法律、危害社会道德的内容，抵制低俗、庸俗、媚俗之风。

（2）作品中的元素包括但不限于文字、图像、声音、代码等；如有作品元素（如音乐、部分代码）非本人创作，应取得与该元素对应的合法授权并合理标识；作品应具备与知识产权有关的全部信息，包括但不限于作者名称、作品名称和关键字等。

（3）作品画面应清晰完整、连贯流畅，不应出现与内容无关的扭曲、偏色、模糊、变形、穿帮等问题，水印等嵌入性保护措施不应影响画面效果。

（4）作品中出现的文字应规范，应遵循我国《通用规范汉字表》，不应出现乱码、实心字、错字、别字、多字、漏字、倒字等；文字颜色不应与背景颜色相同或相近，应能清晰阅读。

（5）数字媒体作品应熟练运用技术手段，无明显的技术瑕疵，不出现与内容无关的声音、画面及运动的不匹配问题。作品完成度高，风格统一，形式符合行业规范。

（6）注意突出主题信息，界面布局要简明清晰。

课程思政

国产计算机操作系统 14 秒开机

按下开机键，电脑启动，黑色屏幕上渐渐浮现出的图标并非过去的"Windows"，而是"统信 UOS"。"统信 UOS"正是我国研发的新一代国产计算机操作系统。

2023 年初，搭载着统信操作系统的笔记本电脑实现了开机时长 14 秒的飞跃性突破，破解国产系统"开机慢"等痛点。如今，我国正积极布局研发包括计算机操作系统等在内的信息技术应用创新产业，加快建立安全可靠的信息技术自主创新体系。

1. 系统稳定性大幅提升

"Windows 98""XP"……这些不断迭代升级的计算机系统，成为 80 后、90 后的时代记忆。这折射出国内市场被国外计算机系统所占据的现状，也埋下了信息安全的隐忧。

操作系统是计算机的灵魂。2019 年，国内多家长期从事操作系统研发的企业整合而成统信软件技术有限公司，而后推出国产系统"统信 UOS"。

"第一代系统是在 2020 年推出，但现在已经迭代升级到了第五代，一直在努力追赶，与国外一流系统的距离也在不断缩短。"统信软件北京研发中心研发总监邢健说。

但国产系统在性能、用户体验上存在着不可回避的痛点，"开机慢"就是其中之一。以"秒"衡量的开机时长涉及硬件、软件的十几个环节。缩短开机时长，意味着这十几个环节都要逐一优化。从去年底开始，统信软件、同方、龙芯中科、中电科技等多方合力，围绕开机速度、续航时间、整体性能进行深度定制调优和技术攻关，实现了极速开机、超长续航。不仅系统开机时长从 30 多秒缩减到 14 秒，国产操作系统的稳定性也有大幅提升。

2. 已在企业多个场景中应用

好用只是国产操作系统走进寻常百姓家的第一步。系统之上还得有大量软件应用来满足用户需求。这就相当于一部新启用的智能手机，需要安装不同类型的 APP。但已有的大量软件基本上是基于 Windows 等系统开发的，国产操作系统也需要有适配的软件。

软件开发提速，让国产操作系统的生态圈不断形成。"办公、即时通信、多媒体播放等常用软件都可以用上了，尤其是一些游戏软件。"邢健说。游戏软件对 CPU 资源要求更高，运转起来也更考验系统的稳定性。此前，有工程师专门用 CS 等游戏软件对国产系统进行了测试发现，过去的卡顿感已明显改进。

装进笔记本电脑的是桌面操作系统，而统信研发的国产服务器操作系统也已应用在企业的多个场景中。服务器操作系统是除了处理器、内存、硬盘等一系列硬件参数以外最为重要的组成部分，是连接服务器硬件和软件的"中枢桥梁"。这款服务器操作系统具备强安全、高可靠、易维护、高性能、生态丰富的优势，已实现在金融、电信运营商、教育、能源、电力等多领域的应用。

（来源：《北京日报》有改动）

思考练习

一、选择题

1. 一个完整的计算机系统应当包括（　　　）。

A. 计算机与外部设备　　　　　　　　　　B. 硬件系统与软件系统

C. 主机、键盘与显示器　　　　　　　　　D. 系统硬件与系统软件

2. 计算机字长取决于下列哪种总线的宽度（　　　）。

A. 数据总线　　　　　B. 地址总线　　　　　C. 控制总线　　　　　D. 通信总线

3. 下列选项中不属于输入设备的有（　　　）。

A. 扫描仪　　　　　B. 键盘　　　　　C. 打印机　　　　　D. 鼠标

4. 决定计算机性能的主要因素是（　　　）。

A.CPU　　　　　B. 耗电量　　　　　C. 质量　　　　　D. 价格

5. 一台计算机的硬盘容量标为 800 GB，那么其存储容量为（　　　）。

A.800×2^{10} B　　　　B.800×2^{20} B　　　　C.800×2^{30} B　　　　D.800×2^{40} B

6.ROM 是指（　　　）。

A. 内存储器　　　　　　　　　　B. 随机存储器

C. 只读存储器　　　　　　　　　D. 只读型光盘存储器

7.RAM 是指（　　　）。

A. 内存储器　　　　　　　　　　B. 随机存储器

C. 只读存储器　　　　　　　　　D. 只读型光盘存储器

8. 计算机软件是指（　　　）。

A. 计算机程序　　　　　　　　　B. 源程序和目标程序

C. 源程序　　　　　　　　　　　D. 计算机程序及有关文档

9. 计算机的软件系统一般分为（　　　）两大部分。

A. 系统软件和应用软件　　　　　B. 操作系统和计算机语言

C. 程序和数据　　　　　　　　　D. DOS 和 Windows

10. 下列各组软件中，全部属于应用软件的是（　　　）。

A. 程序语言处理程序、操作系统、数据库管理系统

B. 文字处理程序、编辑程序、UNIX

C. 视频播放软件、图像处理软件、Windows 10

D. 财务处理软件、金融软件、办公自动化软件

11. 下列软件中，属于系统软件的是（　　　）。

A. 航天信息系统　　　　　　　　B. Office 2016

C. Windows 10　　　　　　　　　D. 决策支持系统

12. 在计算机系统中，操作系统属于（　　　）。

A. 系统软件　　　　　B. 应用软件　　　　　C. 字表处理软件　　　　　D. 数据库软件

13. 操作系统的管理功能不包括（　　　）。

A. 存储管理　　　　　B. 文件管理　　　　　C. 信息管理　　　　　D. 作业管理

14. 在计算机系统中，操作系统的主要功能是（　　　）。

A. 把源程序转换为目标程序　　　　　B. 管理系统中的所有软件和硬件资源

C. 进行数据处理和分析　　　　　D. 编写程序

15. 数字媒体技术的（　　　）特点可以提高信息的传播效率和信息利用率。

A. 数字化　　　　　B. 交互性　　　　　C. 集成性　　　　　D. 艺术性

二、填空题

1. 英文缩写 ROM 的中文译名是＿＿＿＿＿＿＿。

2. 使用流水线技术来提高计算机运行速度的思想，是由科学家＿＿＿＿＿＿提出的。

3. 计算机系统中的总线，按连接部件可划分为＿＿＿＿＿、＿＿＿＿＿和片外通信总线三类。

4. ＿＿＿＿＿＿提供各部件的连接接口及信息传输总线和控制电路。

5. 存储器可分为＿＿＿＿＿与＿＿＿＿＿。

6. WinZip 是一个＿＿＿＿＿软件。

7. 数字媒体是指以＿＿＿＿＿的形式记录、处理、传播、获取信息的载体。

8. 声音文件中，具有较好的压缩效果并保持较好音质的是＿＿＿＿＿文件。

9. 受众从过去被动地接收信息，转变为主动地获取信息，体现了数字媒体的＿＿＿＿＿。

三、简答题

1. 简述计算机的五大部件。

2. 操作系统的作用有哪些？

3. 举例说明数字媒体技术在生活中的应用。

四、操作题

1. 亲自动手为计算机安装 Windows 10 操作系统。

2. 利用"美图秀秀"将个人证件照的底版颜色由蓝色修改成红色。

项目三

办公自动化

项目概述

　　办公自动化是将现代化办公和计算机技术结合起来的一种新型的办公方式。Word、Excel 和 PowerPoint 等办公软件作为办公自动化整体中不可分割的一环，在日常办公中起着十分重要的作用，学习好办公软件技术有助于提高办公的效率。本书以 Microsoft Office 2016 为基础，介绍 Word、Excel 和 PowerPoint 的基本概念、操作和使用方法。

学习目标

◆ **知识目标**

1. 了解 Word、Excel、PowerPoint 的基本概念。
2. 熟悉 Word、Excel、PowerPoint 的基本功能。

◆ **能力目标**

1. 掌握 Word、Excel、PowerPoint 的相关操作。
2. 能熟练使用 Word、Excel、PowerPoint 进行学习及办公。

◆ **素质目标**

1. 学会创意设计，培养创新能力。
2. 通过小组协作的方式完成任务，体验团队合作力量的强大。

任务一　文字处理软件

【任务描述】

本任务要求掌握文字处理软件的基本概念和基本功能，掌握文档、表格、图片、图形的相关操作，熟悉目录制作与邮件合并功能，掌握文档的共享、保护和打印等功能。

【知识讲解】

Microsoft Word 2016 是 Microsoft Office 2016 的重要组件之一，是一款文字处理和文档编排工具。Microsoft Word 2016（简称 Word 2016）利用了 Windows 友好的界面和集成的操作环境，结合全新的自动排版概念和技术上的创新，并采用"所见即所得"的设计方式，将文字处理功能提升到了一个崭新的境界。

一、Word 2016 的基本操作

（一）创建新的 Word 文档

使用 Word 建立一个新文档，可以通过以下三种途径来实现。

1. 利用默认模板建立新文档

Word 2016 界面简介

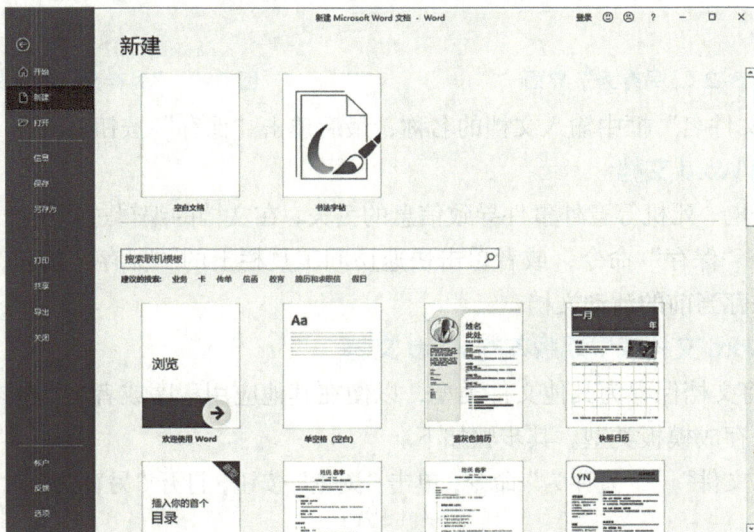

选择"文件"→"新建"命令，在右侧出现的模板预览效果图列表中选择"空白文档"，如图 3-1 所示，系统即会依据默认模板迅速建立一个新文档。

图 3-1　"新建"界面

2. 利用特定模板建立新文档

Word 2016 本身自带了多个预设的模板，如传真、简历和报告等。选择"文件"→"新建"命令，在右侧出现的如图 3-1 所示窗口中选择用户所需要的模板，在弹出的对话框中单击"创建"按钮即可创建对应模板的 Word 文档。

3. 利用专用模板建立新文档

现成的模板有时不能满足用户的需要，如撰写正式出版的书、论文等，用户可以创建自己专用的模板。新建模板时，在选择"文件"→"新建"命令后，用户可以创建自己的模板文件。

（二）保存 Word 文档

1. 保存新建、未命名的 Word 文档

（1）选择"文件"→"保存"命令，或者单击快速访问工具栏上的"保存"按钮，或者按 Ctrl+S 快捷键，都会进入"另存为"界面，如图 3-2 所示。

（2）在如图 3-2 所示的界面中，单击"浏览"按钮或双击"这台电脑"按钮打开"另存为"对话框，如图 3-3 所示。如果用户要保存文档的位置与对话框中地址栏处显示的当前位置不同，则在"导航窗格"（左窗格）中选择合适的文件夹，或者在地址栏中通过下拉列表选择或直接输入用户所需的保存位置；如果要在一个新的文件夹中保存文档，请单击"新建文件夹"按钮。

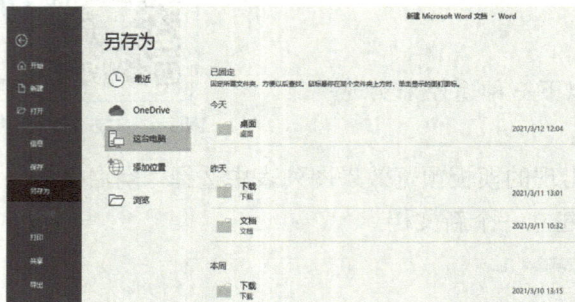

图 3-2 "另存为"界面

图 3-3 "另存为"对话框

（3）在"文件名"框中输入文档的名称，最后单击"保存"按钮。

2. 保存已有 Word 文档

为了防止停电、死机等意外事件导致信息的丢失，在文档的编辑过程中经常要保存文档。选择"文件"→"保存"命令，或者单击快速访问工具栏上的"保存"按钮，或者按 Ctrl+S 快捷键都可以保存当前的活动文档。

3. 保存非 Word 文档或早期版本的 Word 文档

Word 允许将文档保存为其他文件类型，以便在其他应用程序或者早期版本的 Word 软件中使用，例如保存成模板类型。其步骤如下。

（1）选择"文件"→"另存为"命令，单击"浏览"按钮，打开"另存为"对话框，如图 3-3 所示。

（2）选择"保存类型"框中的其他类型。

（3）在"文件名"框中输入文档的名称。

（4）单击"保存"按钮。

（三）打开文档

编辑一篇已存在的文档，必须先打开文档。Word 提供了多种打开文档的方法，这些方法大致可以分为两种。一种为：双击文档图标，在启动 Word 应用程序时同时打开文档。另一种为：先打开 Word 应用程序，再打开文档，这时可以用以下方法打开一个文档。

方法一：选择"文件"→"打开"命令，在打开的窗口中单击"浏览"按钮，会弹出图 3-4 所示的"打开"对话框，在对话框中选择文档所在的磁盘、文件夹及文件名，并单击"打开"按钮。

图 3-4　"打开"对话框

方法二：要打开最近使用过的文档，选择"文件"→"打开"命令，在打开的窗口中单击"最近"按钮，然后在右侧列出的最近使用过的文档列表中选择用户需要打开的文档。

（四）关闭文档

以下方法都可以关闭当前文档窗口：①选择"文件"→"关闭"命令。②单击窗口右上角的"关闭"按钮。③在 Word 窗口为当前窗口的前提下按 Alt+F4 快捷键，双击 Word 窗口左上角的控制按钮。④单击窗口左上角，打开控制按钮单击"关闭"。

二、Word 文本编辑

（一）文本的输入

启动 Word 后，就可以直接在空文档中输入文本。英文字符可直接从键盘输入，中文字符的输入方法与 Windows 中的输入方法相同。

当输入到行尾时，不要按 Enter 键，系统会自动换行。输入到段落结尾时，应按 Enter 键，表示段落结束。如果在某段落中需要强行换行，可以使用 Shift+Enter 快捷键。

1. 编辑定位

如果要在文档中进行编辑，用户可以使用鼠标或键盘找到文本的需要修改处，若文本较长，可以先使用滚动条将要编辑的区域显示出来，然后将鼠标指针移到插入点处单击，这时插入点将移到指定位置。

拓 展 阅 读

键盘定位快捷键

用键盘定位插入点有时更加方便，常用键盘定位快捷键及其功能如表 3-1 所示。

表 3-1　键盘定位快捷键

按键	功能	按键	功能
→	向右移动一个字符	Home	移动到当前行首
←	向左移动一个字符	End	移动到当前行尾
↑	向上移动一行	PageUp	移动到上一屏
↓	向下移动一行	PageDown	移动到下一屏
Ctrl+ →	向右移动一个单词	Ctrl+PageUp	移动到屏幕的顶部
Ctrl+ ←	向左移动一个单词	Ctrl+PageDown	移动到屏幕的底部
Ctrl+ ↑	向上移动一个段落	Ctrl+Home	移动到文档的开头
Ctrl+ ↓	向下移动一个段落	Ctrl+End	移动到文档的末尾

2. 插入符号或特殊字符

用户在处理文档时可能需要输入一些特殊字符，如希腊字母、俄文字母和数字序号等。这些符号不能直接从键盘输入，用户可以使用"插入"选项卡"符号"功能区中的"符号"命令。

插入"符号"的操作步骤如下。

（1）将插入点移到要插入符号的位置。

（2）选择"插入"选项卡"符号"功能区中的"符号"命令，如图 3-5 所示，并在下拉列表中选择"其他符号"，弹出"符号"对话框，如图 3-6 所示。如果所需符号已经出现在下拉列表中，可以直接选择而不需要之后的步骤。

图 3-5　"符号"下拉列表

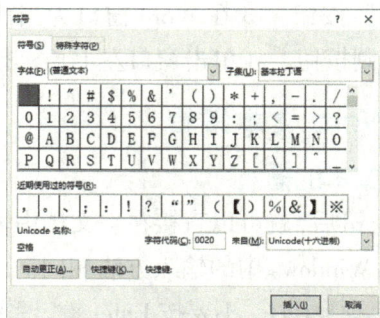

图 3-6　"符号"对话框

（3）在"符号"对话框中选择"符号"选项卡，将出现不同的符号集。

（4）选择要插入的符号或字符，再单击"插入"按钮（或双击要插入的符号或字符）。

（5）最后，单击"关闭"按钮，关闭对话框。

（二）文本的选定

用户如果需要对某段文本进行移动、复制、删除等操作时，必须先选定这段文本，然后再进行相应的处理。当文本被选定后，所选文本有阴影显示。如果想要取消选择，可以将鼠标移至选定文本外的任何区域单击即可。选定文本的方式有以下几种。

1. 用鼠标选定文本

要用鼠标拖曳的方法选定文本，可以将鼠标指针移到要选定文本的首部，按下鼠标左键并拖曳到所选文本的末端，然后松开鼠标。所选文本可以是一个字符、一个句子、一行文字、一个段落、多行文字甚至是整篇文档。

2. 用键盘选定文本

先将光标移到要选定的文本之前，然后用键盘快捷键选择文本。常用快捷键及功能如表 3-2 所示。

表 3-2　键盘选定文本快捷键

按键	功能	按键	功能
Shift+ →	向右选取一个字符	Shift+ ←	向左选取一个字符
Shift+ ↑	选取上一行	Shift+ ↓	选取下一行
Shift+Home	选取到当前行首	Shift+End	选取到当前行尾
Shift+PageUp	选取上一屏	Shift+PageDown	选取下一屏
Shift+Ctrl+ →	向右选取一个字或单词	Shift+Ctrl+ ←	向左选取一个字或单词
Shift+Ctrl+Home	选取到文档开头	Shift+Ctrl+End	选取到文档末尾

（三）删除、复制和移动

1. 删除

删除是将字符或对象从文档中去掉。删除插入点左侧的一个字符用 Backspace 键；删除插入点右侧的一个字符用 Delete 键。删除较多连续的字符或成段的文字，用 Backspace 键和 Delete 键显然很烦琐，可以用如下方法。

方法一：选定要删除的文本块后，按 Delete 键。

方法二：选定要删除的文本块后，选择"开始"选项卡"剪贴板"功能区中的"剪切"命令。

知识链接

删除和剪切操作都能将选定的文本从文档中去掉，但功能不完全相同。它们的区别为：使用剪切操作时，删除的内容会保存到剪贴板上；使用删除操作时，删除的内容则不会保存到剪贴板上。

2. 复制

在编辑过程中，当文档出现重复内容或段落时，使用复制命令进行编辑是提高工作效率的有效方法。用户不仅可以在同一篇文档内，也可以在不同文档之间复制内容，甚至可以将内容复制到其他应用程序的文档中，在 Word 中，通过相关命令进行复制的操作步骤如下。

（1）选定要复制的文本块。

（2）选择"开始"选项卡"剪贴板"功能区中的"复制"命令，此时选定的文本块被放入剪贴板中。

（3）将插入点移到新位置，选择"开始"选项卡"剪贴板"功能区中的"粘贴"命令，此时剪贴板中的内容就复制到了新位置。

另外，还可以通过配合使用键盘和鼠标实现文本块的复制操作：首先选定要复制的文本块，按下 Ctrl 键并用鼠标拖曳选定的文本块到新位置，然后同时放开 Ctrl 键和鼠标左键，使用这种方法复制的文本块不会被放入剪贴板中。

3. 移动

移动是将字符或对象从原来的位置删除，插入到另一个新位置的操作。常用的方法是通过鼠标拖曳移动文本，具体操作为：首先选定要移动的文本，然后把鼠标指针移到选定的文本块中，按下鼠标的左键将文本拖曳到新位置，然后放开鼠标左键。这种操作方法适合较短距离的移动，例如移动的范围在一屏之内；而文本远距离移动通常使用剪切和粘贴命令来完成，操作步骤如下。

（1）选定要移动的文本。

（2）选择"开始"选项卡"剪贴板"功能区中的"剪切"命令。

（3）将插入点移到要插入的新位置。

（4）单击"开始"选项卡"剪贴板"功能区中的"粘贴"按钮。

注：对于复制和移动，也可以使用键盘快捷键来完成相关操作。复制命令的快捷键为 Ctrl+C，粘贴命令的快捷键为 Ctrl+V，剪切命令的快捷键为 Ctrl+X。

当执行剪切或复制命令后，所剪切或复制的内容都会被放到剪贴板中。

（四）查找和替换

Word 的查找和替换功能可以帮助用户快速定位和修改文本。具体操作如下。

1. 查找文本

（1）选择"开始"选项卡"编辑"功能区的"查找"命令，或使用快捷键"Ctrl+F"调出查找对话框打开"导航"窗格，如图 3-7 所示。

（2）在"导航"窗格文本框中输入要查找的内容。

图 3-7 "导航"窗格

（3）在"导航"窗格中将以浏览方式显示所有包含查找到的内容的片段，同时查找到的匹配文字会在文章中以黄色底纹标示。

2. 高级查找

（1）单击"开始"选项卡"编辑"功能区的"查找"命令旁的小三角，在下拉列表中选择"高级查找"命令，弹出"查找和替换"对话框，如图 3-8 所示。

（2）在"查找和替换"对话框中，"查找内容"框内输入要搜索的文本，例如"计算机"。

（3）单击"查找下一处"按钮，就会开始在文档中查找。

此时，Word 自动从当前光标处开始向下搜索文档，查找字符串"计算机"。若直到文档结尾都没有找到字符串"计算机"，Word 则会继续从文档开始处查找，直到当前光标处。查找到字符串"计算机"后，光标会停在找出的文本位置，并使其置于选中状态，这时在"查找"对话框外单击，就可以对该文本进行编辑。

3. 查找特殊格式的文本

（1）单击"开始"选项卡"编辑"功能区的"查找"命令旁的小三角，在下拉列表中选择"高级查找"命令，弹出"查找和替换"对话框。

（2）在图3-8所示的对话框中单击"更多"按钮，出现搜索选项。

（3）在"查找内容"框内输入要查的文字，例如"计算机"。

（4）单击"格式"按钮，在弹出式菜单中选择"字体"命令，在"查找字体"对话框中设置所要查找文本的格式，例如"隶书，四号"，最后单击"确定"按钮。

（5）单击"查找下一处"按钮，则会开始在文档中查找格式是"隶书，四号"的"计算机"三个字。

4. 替换文本

选择"开始"选项卡"编辑"功能区的"替换"命令或使用快捷键"Ctrl+H"打开"替换"对话框，出现"查找和替换"对话框。

（1）在"查找内容"框内输入文字，例如"中国"。

（2）在"替换为"框内输入要替换的文字，例如"中华人民共和国"，如图3-9所示。如果在文本中，确定要将查找到的所有字符串进行替换，单击"全部替换"按钮，就会将查找到的字符串全部自动进行替换。

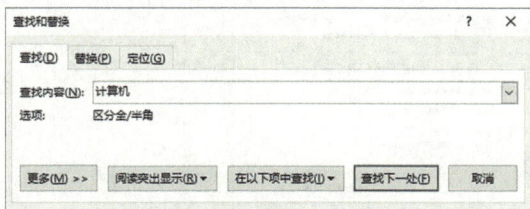

图3-8　"查找和替换"对话框　　　　　　图3-9　"替换"对话框

三、字体格式设置

对字符进行格式设置时，必须先选择操作对象。对象可以是几个字符、一句话、一段文字或整篇文章。通常使用"开始"选项卡"字体"功能区来完成一般字符的排版，对格式要求较高的文档，可以单击"字体"功能区右下角带有 ↘ 标记的按钮，打开"字体"对话框进行设置。

（一）用"字体"功能区设置字符格式

通过"字体"功能区可以设置字符的字体、字形、字号和颜色等。

1. 设置字体

常用的中文字体有宋体、楷体、黑体和隶书等。首先选定要设置或改变字体的字符，单击"字体"功能区的"字体"下拉按钮，从列表中选择所需的字体名称。

文字的样式

2. 设置字号

汉字的大小用字号表示，字号从初号、小初号……直到八号字，对应的文字越来越小。

英文的大小用"磅"来表示，1磅等于1/12英寸。数值越小表示英文字符越小。要设置字号，先选定要设置或改变字号的字符，单击"字体"功能区的"字号"下拉按钮，从列表中选择所需的字号，也可以在"字号"框中直接输入数字。

3. 设置字符的其他格式

利用"字体"功能区还可以设置字符的加粗、斜体、下划线、删除线和字体颜色等格式。其中下划线和字体颜色等具有下拉框，可以从中选择一项。

（二）用"字体"对话框设置字符格式

单击"字体"功能区右下角带有"、"标记的按钮，打开"字体"对话框，该对话框中有"字体"和"高级"两个选项卡。

（1）在"字体"选项卡中可设置字体、字形、字号、颜色及是否加下划线、着重号和效果等，如图3-10所示。

（2）在"高级"选项卡中可以设置字符间距等，如图3-11所示。单击该选项卡下方的"文字效果"按钮，还可以在弹出的"设置文本效果格式"对话框中进一步设置字符的轮廓、映像等高级效果。

图3-10 "字体"选项卡　　　　图3-11 "高级"选项卡

（三）用浮动工具栏设置字体格式

选中需要修改字体的文本后，在其上面稍微向上移动一下鼠标，会弹出浮动工具栏，如图3-12所示。可以单击该浮动工具栏上的相应按钮来设置字体格式。

四、段落格式编辑

（一）段落的对齐

图3-12 浮动工具栏

段落的对齐方式有左对齐、居中对齐、右对齐、两端对齐和分散对齐5种。用户可以在"段落"对话框"缩进和间距"选项卡的"对齐方式"列表框中进行选择，也可单击"段落"功能区中对应的按钮进行设置。

（二）段落的缩进

1. 使用标尺设置

标尺是用来设置段落格式的快捷工具，如图3-13所示，它上面有4种缩进标记。

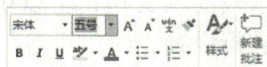

段落格式编辑

图 3-13   标尺

注意：Word 2016 标尺默认是关闭的，用户可以通过选择"视图"选项卡"显示"功能区中的"标尺"复选框来显示或关闭标尺。

2. 用对话框设置

用户可以在"段落"对话框"缩进和间距"选项卡的"缩进"栏中设置左缩进、右缩进、首行缩进和悬挂缩进的尺寸。

（三）段落间距

段落间距的设置有如下两种方法。

（1）单击"开始"选项卡"段落"功能区上的"行和段落间距"按钮，在下拉列表中选择用户需要采用的行距，如图 3-14 所示，也可以在下拉列表中选择增加段前间距或段后间距。

（2）用"段落"对话框设置段落与段落的间距以及段落中各行的间距：单击"开始"选项卡"段落"功能区右下角带有 ↘ 标记的按钮，打开"段落"对话框。在"段落"对话框"缩进和间距"选项卡的"间距"栏中设置段前、段后以及段落中各行的间距。

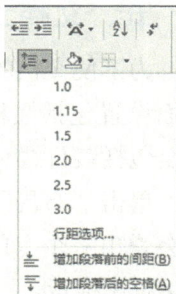

图 3-14   行和段落间距下拉列表

（四）分栏排版

使用分栏排版可以使页面看上去更加生动丰富，设置分栏排版的方法如下所述。

选定要分栏的内容，选择"布局"选项卡"页面设置"功能区中的"分栏"命令，在下拉列表中选择合适的内容。如果找不到合适的分栏情况，或者用户想要对分栏的情况做更详细的设定，可以选择下拉列表中的"更多分栏"命令，弹出"栏"对话框，如图 3-15 所示。在该对话框中用户可以设置栏数、栏宽度、栏间距以及是否在两栏之间加分隔线等，最后在"应用于"下拉列表框中选择应用范围，设置完成单击"确定"按钮。

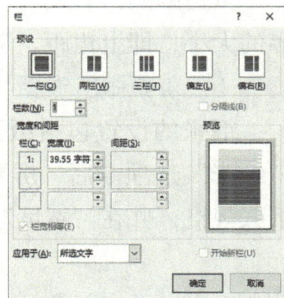

图 3-15   "栏"对话框

（五）边框和底纹

Word 可以为所选择的文字、段落和全部文档加边框和底纹。方法如下。

（1）单击"开始"选项卡"段落"功能区上"边框"按钮右侧的三角，在下拉列表中选择"边框和底纹"命令，弹出如图 3-16 所示"边框和底纹"对话框。

（2）"边框"选项卡可为选定的段落或文字添加不同样式的边框。

（3）"底纹"选项卡可为选定的段落或文字添加底纹，如图 3-17 所示，可在对话框中设置背景的颜色和图案。

（4）"页面边框"选项卡可以为所选节或全部文档添加页面边框，如图 3-18 所示。

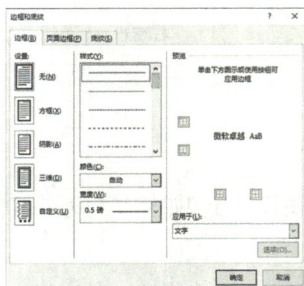

图 3-16 "边框和底纹"对话框   图 3-17 "底纹"选项卡   图 3-18 "页面边框"选项卡

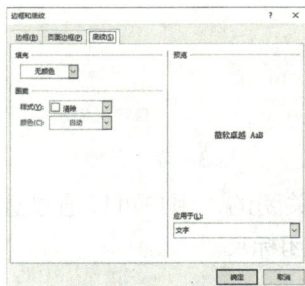

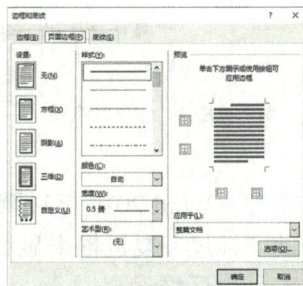

五、文档页面设置

为了使文档的整体布局合理、美观，可以通过对页面进行设置来实现。页面设置包括文档的纸张大小、纸张方向、页边距、页眉和页脚等设置；甚至包括装订线、奇偶页等特殊设置。

单击"布局"选项卡"页面设置"功能区右下角带有 ↘ 标记的按钮，就会弹出一个专门用于页面设置的对话框，如图 3-19 所示。有关页面的设置均可以在这个对话框中完成。

（一）页边距的设置

页边距的设置实际上是版心的设置，它需要指明文本正文距离纸张的上、下、左、右边界的大小，即上边距、下边距、左边距和右边距。

（二）纸张的设置

纸张的设置包括纸张大小的设置和纸张来源的设置。在"页面设置"对话框中，选中"纸张"选项卡后，屏幕将显示如图 3-20 所示内容。在"纸张大小"列表框中选择合适的纸张规格，并在"宽度"和"高度"框中分别设置精确的数值。

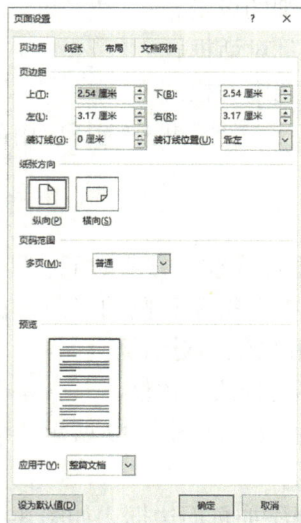

图 3-19 "页面设置"对话框   图 3-20 "纸张"选项卡

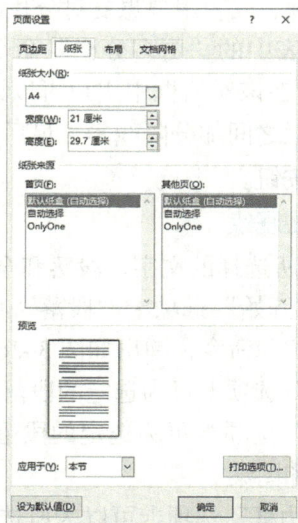

需要注意的是，在设置纸张大小的对话框中，有一个"应用于"选项，它用于指定当前设置的纸张大小的应用范围，包括整篇文档、所选取的文本或者是插入点之后的部分。这就

使得一个文档可以由不同大小的纸张构成。

（三）版式的设置

版式是指整个文档的页面格局。它主要根据对页眉、页脚的不同要求来形成不同的版式。通常，页眉是用文档的标题来制作的，页脚则主要是当前页的页码。在"页面设置"对话框中，打开"版式"选项卡后，就可以设置版式了。

【教学案例 1：制作自荐信】

【案例情境】

市场营销专业毕业的大学生沈××要写一封求职自荐信，他使用 Word 2016 制作该自荐信，并进行了文本格式与段落格式的设置，结果如图 3-21 所示。

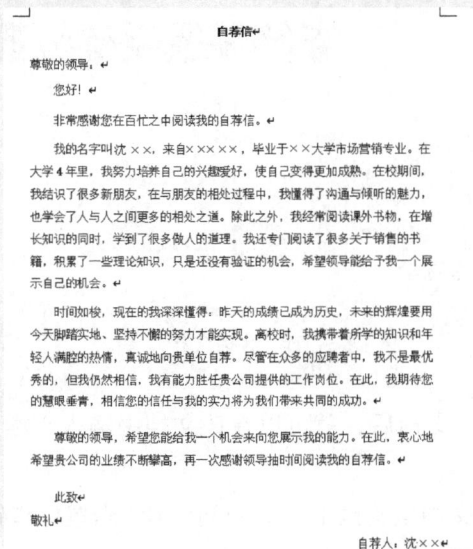

图 3-21　自荐信最终效果

【案例实施】

1. 创建并保存"自荐信"文档

先启动 Word 2016 并新建文档，然后以"自荐信"为名对文档进行保存，其具体操作如下。

（1）单击"开始"按钮，选择"开始"→"Word 2016"命令，启动 Word 2016。

（2）选择 Word 2016 启动界面中的"空白文档"选项，新建一个空白文档，如图 3-22 所示。

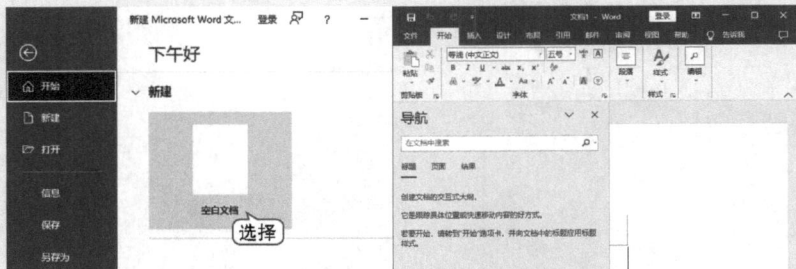

图 3-22　新建文档

小贴士

打开 Word 2016 后，选择"文件"→"新建"命令，或按"Ctrl+N"快捷键也可新建文档。或者在启动界面右侧选择一个模板选项，在打开的提示对话框中单击"创建"按钮，Word 2016 将自动从网上下载所选的模板，然后根据所选模板创建一个新的 Word 文档，文档中包含了已设置好的内容和样式。

（3）选择"文件"→"保存"命令，打开"另存为"窗口，"另存为"列表中提供了"OneDrive""这台电脑""添加位置"和"浏览"4 种保存方式，选择"浏览"选项，打开"另存为"对话框。

（4）在地址栏中选择文档的保存路径，在"文件名"文本框中输入文档的保存名称"自荐信"，单击"保存（S）"按钮完成保存，如图 3-23 所示。

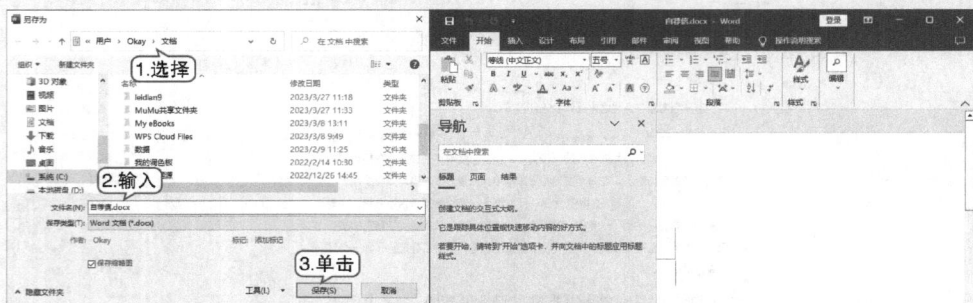

图 3-23　保存文档

2. 输入文本

新建并保存"自荐信"文档后，就可以在该文档中输入文本，丰富"自荐信"文档的内容，其具体操作如下。

（1）将鼠标指针移至文档编辑区上方的中间位置，当鼠标指针变成"I"形状时双击，将文本插入点定位到此处。

（2）将输入法切换至中文输入法，输入文档标题"自荐信"。

（3）将鼠标指针移至文档标题下方左侧需要输入文本的位置，当鼠标指针变成"I"形状时双击，将文本插入点定位到此处，如图 3-24 所示。

图 3-24　定位文本插入点

（4）输入正文文本，按"Enter"键换行，使用相同的方法输入其他正文文本，效果如图 3-25 所示。

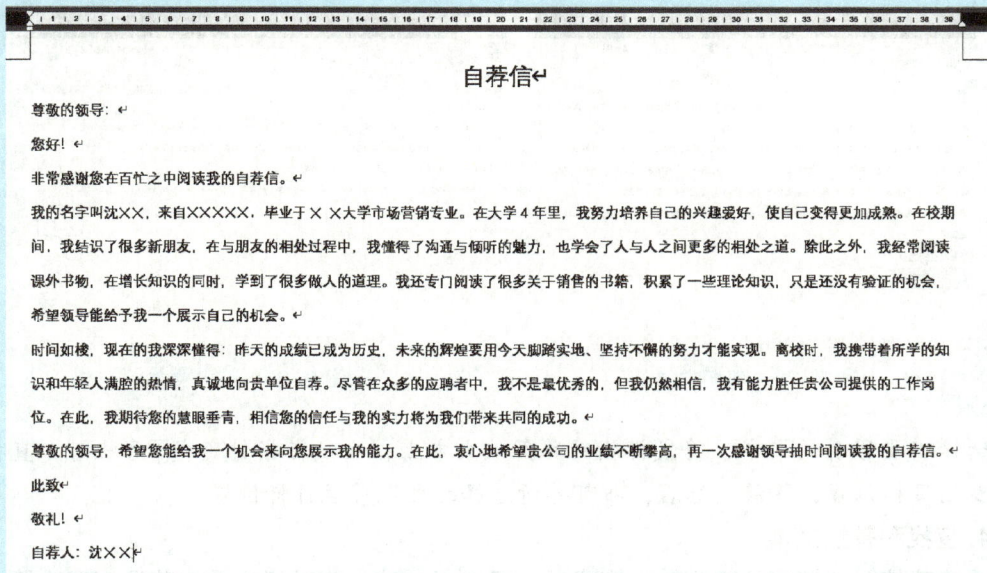

图 3-25　输入正文部分

3. 复制和移动文本

在输入"自荐信"文档正文文本的过程中，可以灵活应用复制文本功能实现快速输入文本，或者使用移动文本功能将文本从一个位置移动到另一个位置，其具体操作如下。

（1）选择第 2 行文本"尊敬的领导："，在"开始"→"剪贴板"组中单击"复制"按钮或按"Ctrl+C"快捷键，如图 3-26 所示。

（2）将文本插入点定位到正文倒数第四行开头，单击鼠标右键，在弹出的快捷菜单中选择"粘贴选项"→"只保留文本"命令，然后将复制的文本中的"："修改为"，"，如图 3-27 所示。

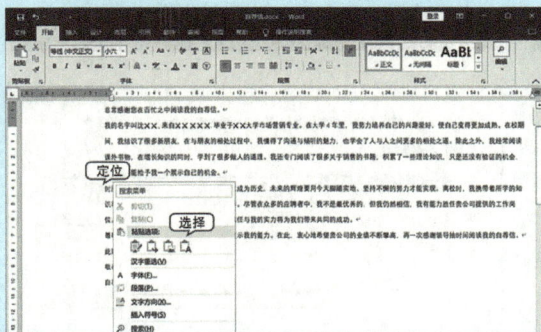

图 3-26　复制文本

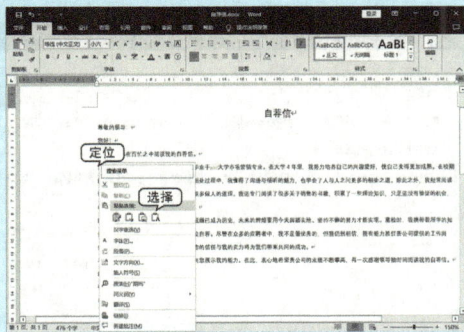

图 3-27　粘贴文本

（3）选择正文最后一段文本"自荐人：沈××"，在"开始"→"剪贴板"组中单击"剪切"按钮或按"Ctrl+X"快捷键，如图 3-28 所示。

（4）双击文档右下角，将文本插入点定位到此处，在"开始"→"剪贴板"组中单击"粘贴"按钮或按"Ctrl+V"快捷键粘贴文本，如图3-29所示。

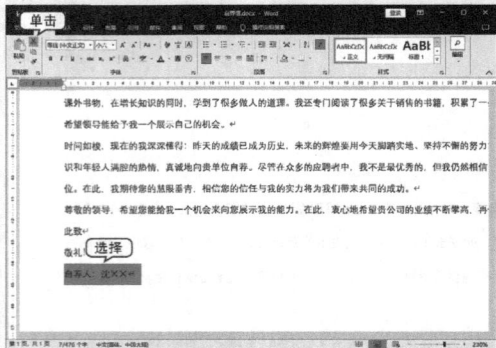

图3-28　剪切文本

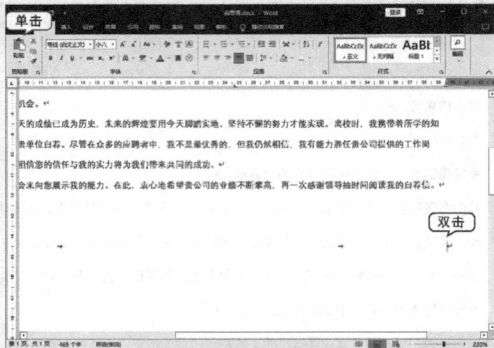

图3-29　粘贴文本

小贴士

选择需要移动的文本，将鼠标指针移至该文本上，当鼠标指针变成▓形状时，直接将其拖曳到目标位置，释放鼠标后，即可将所选择的文本移至目标位置。

4. 查找和替换文本

"自荐信"文档中的内容输入完成后，可以对文档内容进行检查。若发现多次输入了相同的错误文本或短句，则可使用查找与替换功能来修改错误部分，以节省时间并避免遗漏，其具体操作如下。

（1）在"开始"→"编辑"组中单击"替换"按钮或按"Ctrl+H"快捷键，如图3-30所示。

（2）打开"查找和替换"对话框，分别在"查找内容"和"替换为"框中输入"自已"和"自己"文本，如图3-31所示。

（3）单击"查找下一处"按钮，可在文档中看到查找到的第一个"自已"文本处于选择状态。

图3-30　单击"替换"按钮

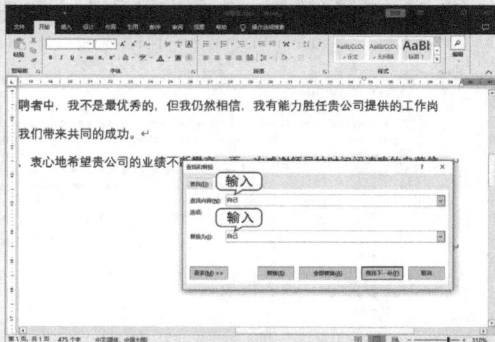

图3-31　查找错误文本

（4）继续单击"查找下一处"按钮，直至出现提示"已完成对文档的搜索"的对话框。单击"确定"按钮，返回"查找和替换"对话框，单击"全部替换"按钮，如图3-32所示。

（5）替换完成后将打开提示完成替换的对话框，单击"确定"按钮完成替换，如图 3-33 所示。

图 3-32　提示完成对文档的搜索

图 3-33　提示完成替换

（6）单击"关闭"按钮，关闭"查找和替换"对话框，此时在文档中可看到"自已"已全部替换为"自己"。

5. 设置文本和段落格式

完成文本的输入与编辑操作后，还需要对"自荐信"文档的格式进行设置，包括文本格式、段落样式等，从而使文档格式规范、布局美观，其具体操作如下。

图 3-34　设置文本格式

（1）选择第 1 行文本"自荐信"，在"开始"→"字体"组中设置其字体为"黑体"，字号为"三号"，如图 3-34 所示。

（2）保持第 1 行文本处于选择状态，单击鼠标右键，在弹出的快捷菜单中选择"段落"命令，打开"段落"对话框。在"间距"栏中设置"段前"为"0.5 行"，段后为"1 行"，单击"确定"按钮，如图 3-35 所示。

（3）选择剩余的所有文本，在弹出的快捷工具栏中设置文本字体为"宋体"，字号为"小四"，如图 3-36 所示。

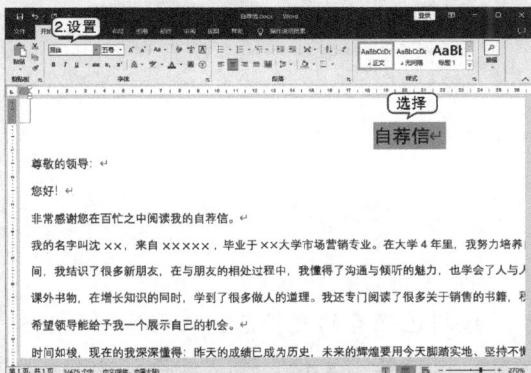

图 3-35　设置段落间距

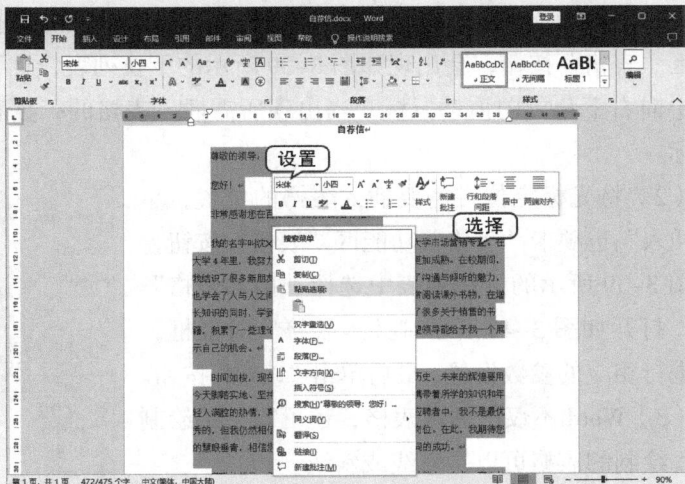

图 3-36　设置文本格式

（4）保持文本处于选择状态，在"开始"→"段落"组中单击右下角的"展开"按钮，打开"段落"对话框。在"缩进"栏中设置"特殊"为"首行"，"缩进值"为"2字符"；在"间距"栏中设置"行距"为"1.5倍行距"，完成后单击"确定"按钮，如图3-37所示。

（5）取消第2行和倒数第2行的首行缩进，效果如图3-38所示。按"Ctrl+S"快捷键保存文档。

图 3-37 设置段落格式   图 3-38 自荐信最终效果

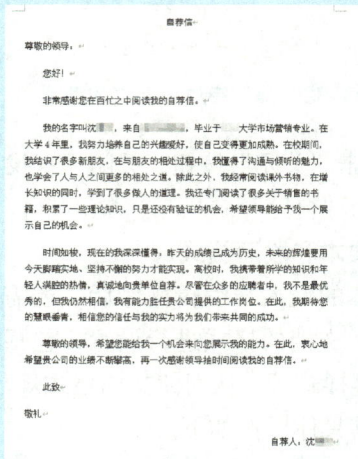

小贴士

编辑已保存的文档后，只需按"Ctrl+S"快捷键，或单击快速访问工具栏上的"保存"按钮，或选择"文件"→"保存"命令，即可直接保存编辑后的文档。

六、表格的创建与编辑

在 Word 中，除了能够录入、编辑文本外，还能够创建、编辑表格。

（一）表格的创建

创建表格的方法有以下三种。

（1）将光标定位在需要插入表格的位置，单击"插入"选项卡"表格"功能区"表格"按钮，会出现如图3-39所示的下拉列表，在下拉列表表格区域中向右下角方向拖动鼠标，当出现所需插入表格的行数和列数时，释放鼠标。

扫一扫

表格的创建

（2）将光标定位在需要插入表格的位置，单击"插入"选项卡"表格"功能区"表格"按钮，在如图3-39所示的下拉列表中选择"插入表格"命令，打开如图3-40所示"插入表格"对话框，在此进行相应的参数设置，最后单击"确定"按钮。

（3）Word 不仅能插入表格，还可以手工绘制表格，绘制的表格可以是直线或斜线。

图 3-39 插入表格下拉列表   图 3-40 "插入表格"对话框

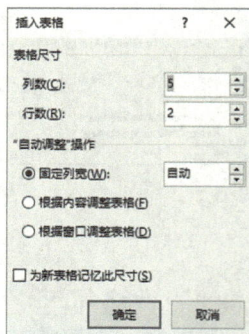

创建好表格后，在表格中的每个框即单元格中会出现一个段落标记，将光标定位到单元格中，即可输入文本信息。

（二）编辑表格

若对插入的表格及内容不满意，可以进行编辑操作，例如插入单元格、合并单元格、拆分单元格及编辑文本等。

1. 表格中的插入和删除操作

（1）插入单元格、行、列。如果想插入单元格，可以单击"表格工具布局"选项卡"行和列"功能区右下角带有➘标记的按钮，在弹出的如图3-41所示的"插入单元格"对话框中进行选择。如果想插入行或列，可以直接选择"行和列"功能区上的命令。

（2）删除单元格、行、列。单击"表格工具布局"选项卡"行和列"功能区"删除"按钮，在下拉列表中选择对应命令。如果要删除单元格，可以在弹出的如图3-42所示的"删除单元格"对话框中进行选择。

2. 单元格合并

选定要合并的单元格，单击"表格工具布局"选项卡"合并"功能区"合并单元格"按钮，或在右击后所弹出的快捷菜单中选择"合并单元格"命令。

3. 拆分单元格

选定要拆分的单元格，单击"表格工具布局"选项卡"合并"功能区"拆分单元格"按钮，打开"拆分单元格"对话框，如图3-43所示，输入拆分的列数和行数，单击"确定"按钮。

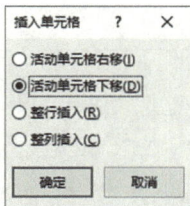

图 3-41 "插入单元格"对话框

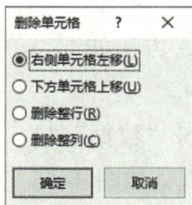

图 3-42 "删除单元格"对话框

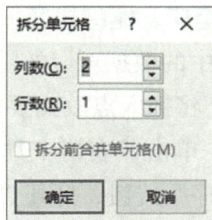

图 3-43 "拆分单元格"对话框

4. 自动套用格式

选择"表格工具设计"选项卡"表格样式"功能区中的样式，如果没有合适的样式，可以单击右侧滚动条下的三角符号展开显示其他的样式；或者选择展开的下拉列表中的"修改表格样式"命令，打开"修改样式"对话框，如图3-44所示，在对话框内"样式基准"列表框中选择表格自动套用的格式。

5. 文字对齐

设置表格中内容的对齐方式，先选择需要对齐内容的单元格，选择"表格工具布局"选项卡"对齐方式"功能区中的相应命令。

6. 格式化表格

选定表格，右击鼠标，在弹出的快捷菜单中选择"表格属性"命令，打开"表格属性"对话框，如图3-45所示。

（1）在"表格"选项卡中可进行表格"对齐方式""文字环绕"的设置，单击"边框和底纹"按钮，可以对选择的表格进行边框和底纹设置。

（2）在"行"选项卡中可进行表格行高的设置。

（3）在"列"选项卡中可进行表格列宽的设置。

（4）在"单元格"选项卡中可进行单元格内容垂直对齐格式等的设置。

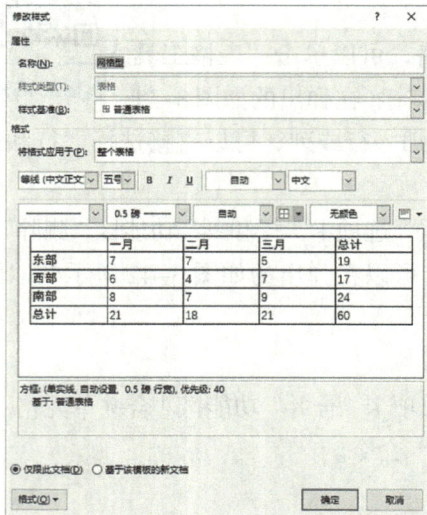

图 3-44 "修改样式"对话框

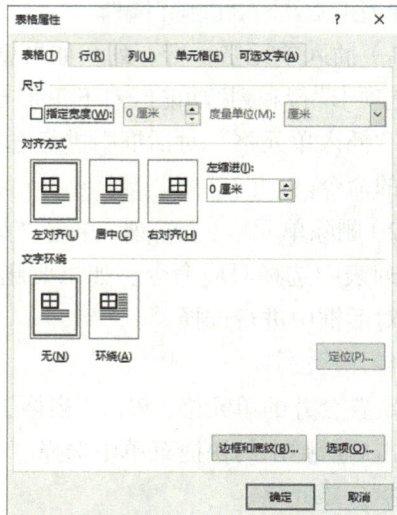

图 3-45 "表格属性"对话框

（三）表格中数据的排序与计算

1. 表格中数据的排序

表格中的数据可以按需要进行排序，方法如下。

（1）将插入点放到要排序的表格中。

（2）单击"表格工具布局"选项卡"数据"功能区"排序"按钮，打开"排序"对话框，如图 3-46 所示。

（3）在"主要关键字"栏下先选择要排序的列名。

（4）在"类型"下拉列表中选择按笔画、数字、日期或拼音排序。

（5）选定"升序"或"降序"单选按钮，最后单击"确定"按钮。

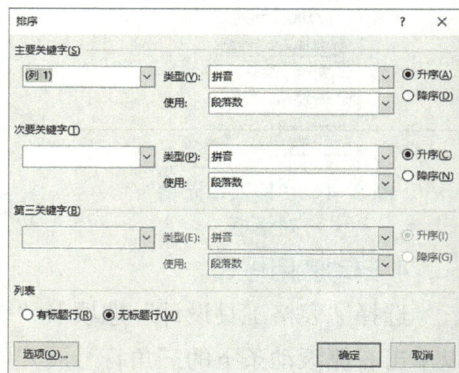

图 3-46 "排序"对话框

如果需要按多个关键字排序，还可以设置"次要关键字"和"第三关键字"排序参数。另外，可根据所选数据区域有无标题选择"有标题行"或"无标题行"单选按钮。

2. 表格中数据的计算

在 Word 中，可对表格中的数据进行求和、求平均值等数据统计，具体操作如下。

（1）将插入点放在要放置计算结果的单元格。

（2）单击"表格工具布局"选项卡"数据"功能区"f_x 公式"按钮，弹出"公式"对话框，如图 3-47 所示。

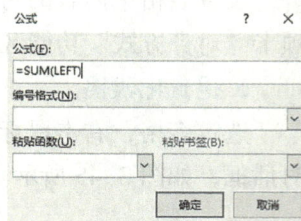

图 3-47 "公式"对话框

（3）在"编号格式"框中输入数字的格式，例如，要以带小数点的百分比显示数据，请单击 0.00%。

（4）单击"确定"按钮，即可在当前单元格中显示出计算结果，这实际上是在此单元格中插入了一个计算公式，要显示此单元格中的公式，可以先单击计算结果，然后右击鼠标，在弹出的快捷菜单中选择"切换域代码"命令，这样就可在此单元格中显示出计算公式。在有些情况下，也可以把此公式复制到其他的单元格中，然后右击鼠标，在弹出的快捷菜单中选择"更新域"命令，就会自动调整公式中单元格的地址并在新单元格中显示出对应的计算结果。

七、图文混排

利用 Word 提供的图文混排功能，用户可以在文档中插入图片、图形、艺术字甚至 Windows 系统中的很多元素。利用这些多媒体元素，不仅可以表达具体的信息，还能丰富和美化文档，使文档更加赏心悦目。

（一）插入与编辑图片

1. 插入图片

有时候需要在文档中插入图片。将图片插入 Word 文档中的具体操作方法如下。

（1）单击"插入"选项卡"插图"功能区"图片"按钮。

（2）在弹出的如图 3-48 所示的"插入图片"对话框中，选择要插入的图片，单击"插入"按钮，即可将该图片将插入到文档中。

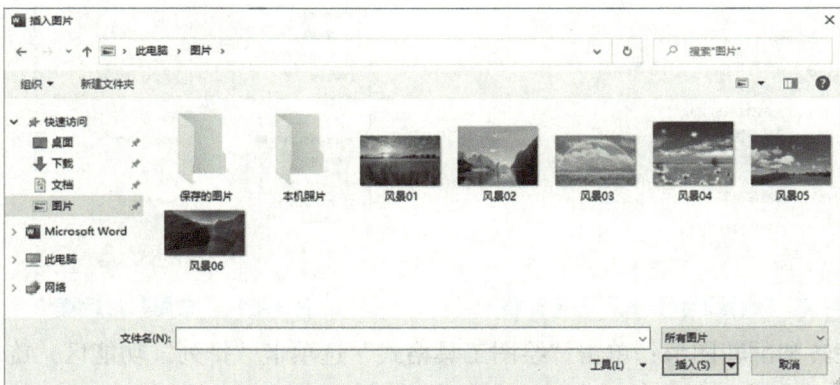

图 3-48　"插入图片"对话框

2. 编辑图片

选定要编辑的图片，这时会出现"图片工具格式"选项卡，如图 3-49 所示，选择选项卡上合适的选项可对图片进行编辑。

图 3-49　"图片工具格式"选项卡

（二）插入艺术字

在 Word 中可以插入装饰性的文字，如带阴影的、扭曲的、旋转的和拉伸的文字。插入艺术字的步骤如下。

（1）将插入点定位于想插入艺术字的位置，或者选中要转换成艺术字的文本。

（2）单击"插入"选项卡"文本"功能区"艺术字"按钮，在下拉列表中选择合适的艺术字样式。

如果之前选中过该文本，其将出现在艺术字框内；如果没有选中过该文本，艺术字框内将自动显示"请在此放置你的文字"，用户可以直接在艺术字框内如同编辑普通文本一样直接编辑文字的内容和格式。

形状的插入

（三）编辑自选图形

1. 绘制自选图形

单击"插入"选项卡"插图"功能区"形状"按钮，可以在下拉列表中选择合适的图形来绘制正方形、矩形、多边形、直线、曲线、圆和椭圆等各种图形对象。

2. 图形元素的基本操作

（1）设置图形内部填充色和边框线颜色：选中图形，右击鼠标，在弹出的快捷菜单中选择"设置形状格式"命令，打开如图 3-50 所示的任务窗格，可在此设置自选图形颜色和线条、填充效果、阴影效果、三维格式等。

（2）设置图形大小和位置：选中图形，右击鼠标，在弹出的快捷菜单中选择"其他布局选项"命令，打开如图 3-51 所示的对话框，可在此设置图形的大小、位置和文字环绕方式等。

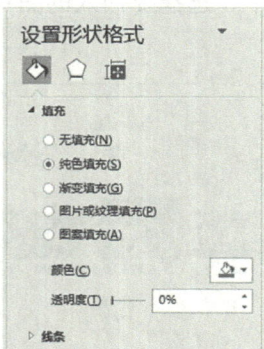

图 3-50 "设置形状格式"任务窗格

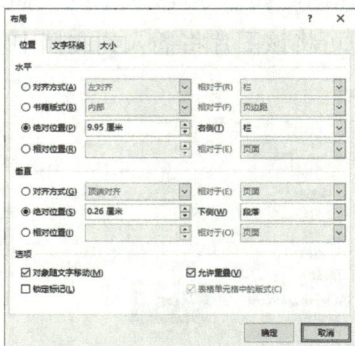

图 3-51 "布局"对话框

（3）旋转和翻转图形：单击"绘图工具格式"选项卡"排列"功能区"旋转"按钮，在下拉列表中选择合适的旋转或翻转命令。

（4）叠放图形对象：插入文档中的图形对象可以叠放在一起，但上层的图形会挡住下层的，用户可以根据需要调整图形对象的叠放次序。方法是选择图形对象，单击"绘图工具格式"选项卡"排列"功能区"上移一层"或"下移一层"右侧三角，在下拉列表中选择合适的命令，如图 3-52 所示。

（四）文本框

文本框可以看作是特殊的图形对象，主要用来在文档中建立特殊文本。使用文本框可以制作特殊的标题样式，如文中标题、栏间标题、边标题和局部竖排文本效果。

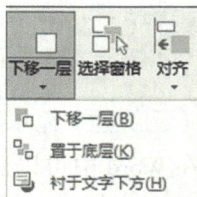

图 3-52 下移一层下拉列表

1. 插入文本框

单击"插入"选项卡"文本"功能区"文本框"按钮，在下拉列表中选择合适的文本框样式；或者选择"绘制文本框"或"绘制竖排文本框"命令，此时鼠标指针变成 ╬ 形状，然后在需要添加文本框的位置处按下鼠标左键并拖动，就可插入一个空文本框。

2. 文本框的文本编辑

对文本框中的内容，同样可以进行插入、删除、修改、剪切和复制等操作，处理方法与普通文本一样。

3. 文本框大小的调整

选定文本框，鼠标移动到文本框边框的控制点，当鼠标图形变成双向箭头时，按下鼠标左键并拖动，即可调整文本框的大小。

4. 文本框位置的移动

鼠标移动到文本框上变成 ╬ 形状后，按下鼠标左键并拖动文本框到目的地后释放鼠标，即可完成文本框的移动。

5. 设置文本框的内部填充色和边框线颜色

鼠标移动到文本框上光标变成 ╬ 形状后，右击鼠标，在弹出的快捷菜单中选择"设置形状格式"命令即会弹出"设置形状格式"窗格，通过该窗格，可以设置文本框的颜色和线条的宽度等。

6. 设置文本框的位置和大小

鼠标移动到文本框上光标变成 ╬ 形状时，右击鼠标，在弹出的快捷菜单中选择"其他布局选项"命令，通过弹出的对话框，可以设置文本框的位置、大小和环绕方式等。

（五）插入 SmartArt 图形

SmartArt 提供了一些模板，例如列表、流程图、层次结构图和关系图，使用户可以轻松创建复杂的形状。使用 SmartArt 的方法如下。

（1）将插入点定位于想插入 SmartArt 图形的位置，单击"插入"选项卡"插图"功能区 SmartArt 按钮，弹出如图 3-53 所示"选择 SmartArt 图形"对话框。

SmartArt 的设置

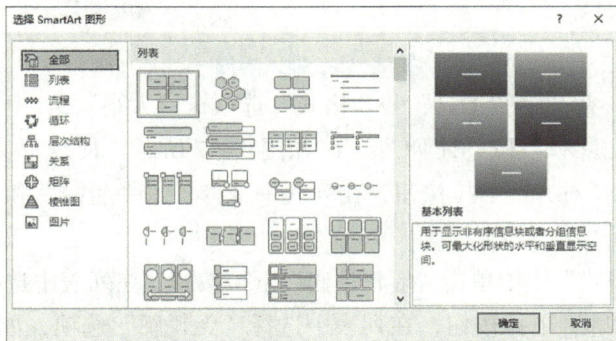

图 3-53 "选择 SmartArt 图形"对话框

（2）单击对话框左侧用户所需要的选项，中间列表窗口将显示所有该类型的 SmartArt 图形，用户可以选择需要的图形，此时右侧会出现用户所选 SmartArt 图形的预览和介绍。

（3）单击"确定"按钮，插入此图形。

（4）用户可以在图形中输入文字、调整各元素位置大小等。

【教学案例2：制作求职简历】

【案例情境】

A大学毕业生李××，要利用Word办公软件制作一版图文并茂的求职简历。她要在文档中插入形状、文本框、艺术字、图片、SmartArt图形等对象，并设置这些对象的格式以丰富文档内容，使文档更加精彩。完成后的个人简历如图3-54所示。

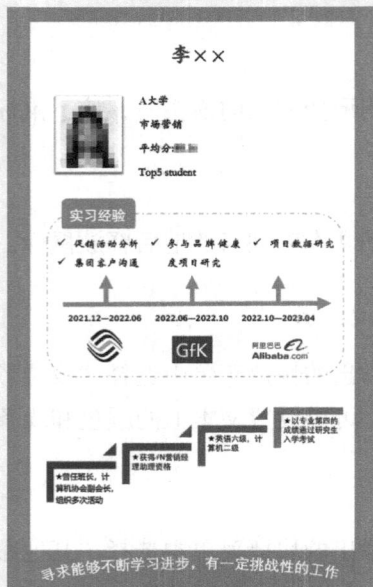

图3-54 个人简历效果图

【案例实施】

1. 设置简历版式

根据页面布局需要，插入填充色为橙色和白色的两个矩形，其中橙色矩形占满A4幅面。作为简历的背景，文字环绕方式设为浮于文字上方，操作步骤如下。

（1）新建一个空白文档，在"插入"选项卡"插图"组中单击"形状"下拉按钮，在列表中选择"矩形"形状，如图3-55所示，在文档中拖动鼠标绘制一个矩形。

（2）选中矩形，单击矩形右上角的"布局选项"按钮，在"文字环绕"组中选择"浮于文字上方"样式，如图3-56所示。

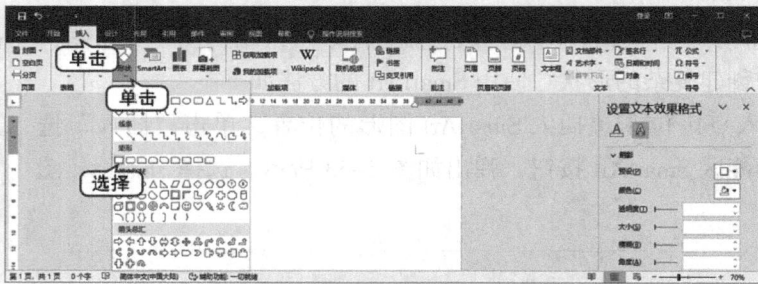

图3-55 插入矩形

（3）选中矩形，在"绘图工具"→"格式"选项卡"大小"组，"高度"和"宽度"框中分别输入"29.7厘米"和"21厘米"，如图3-57所示，使矩形大小与A4纸相同。单击"排列"组中的"对齐"下拉按钮，在列表中选择"水平居中"和"垂直居中"命令，使矩形覆盖页面。

（4）在"形状格式"组中单击"形状填充"下拉按钮，在列表中选择"标准色–橙色"选项。单击"形状轮廓"下拉按钮，在列表中选择"无轮廓"选项，如图3-58所示。

（5）再次插入一个矩形，在"绘图工具"→"格式"选项卡"形状格式"组中，单击"形状填充"下拉按钮，在列表中选择"标准色–白色"选项。单击"形状轮廓"下拉按钮，在列表中选择"无轮廓"命令。最后，将矩形拖动到合适的位置。

图 3-56　设置形状布局　　　图 3-57　设置形状大小　　　图 3-58　设置形状填充和轮廓

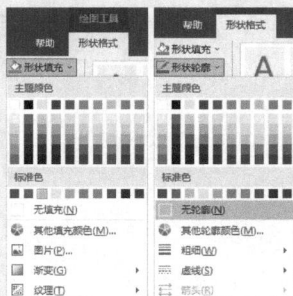

小贴士

在拖动形状过程中，当移到页面的水平或垂直居中位置时，页面会显示位置参考线，如图 3-59 所示，此时松开鼠标将会使图形水平或垂直居中。

2. 插入和编辑艺术字

将"李××"和"寻求能够不断学习进步，有一定挑战性的工作"设置为橙色、艺术字，其中"寻求能够不断学习进步，有一定挑战性的工作"的文本效果为跟随"路径-拱形"，操作步骤如下。

（1）在"插入"选项卡"文本"组中单击"艺术字"下拉按钮，在列表中选择"填充-橙色-主题色2"样式，如图 3-60 所示。在艺术字文本框中输入"李××"，然后将艺术字拖动到合适位置。

（2）选中艺术字，在"开始"选项卡"字体"组中选择字体格式为"楷体"。切换到"绘图工具"→"格式"选项卡，在"艺术字样式"组中单击"文本填充"下拉按钮，在列表中选择合适颜色，如图 3-61 所示。

图 3-59　移动形状时显示位置参考线　　　图 3-60　插入艺术字　　　图 3-61　设置艺术字文本填充色

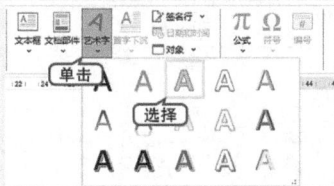

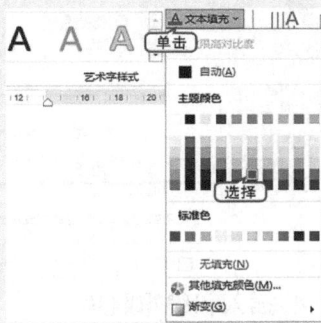

（3）插入艺术字"寻求能够不断学习进步，有一定挑战性的工作"并设置文本填充颜色。在"绘图工具"→"形状格式"选项卡"艺术字样式"组中单击"文本效果"下拉按钮，从列表中选择"转换"→"跟随路径"中的"拱形"选项，如图 3-62 所示。根据需要调整艺术字位置和大小。

图 3-62　设置艺术字文本效果

3. 插入和编辑个人信息

为了方便调整文字在文档中的位置，可将基本信息置于文本框中，操作步骤如下。

（1）在"插入"选项卡"文本"组中单击"文本框"下拉按钮，在列表中选择"绘制横排文本框"选项，绘制两个文本框，并在文本框中输入文字。

（2）选中文本框，在"开始"选项卡中，设置字体格式为"华文楷体、加粗、14 磅"。单击"段落"组中的"对话框启动器"按钮，在打开的"段落"对话框中设置段落左右缩进为"0"，特殊缩进为"无"，如图 3-63 所示。

（3）在"绘图工具"→"格式"选项卡"形状格式"组中单击"形状填充"下拉按钮，在列表中选择"白色，背景 1"选项。单击"形状轮廓"下拉按钮，在列表中选择"无轮廓"选项，如图 3-64 所示。

（4）调整文本框的大小和位置。

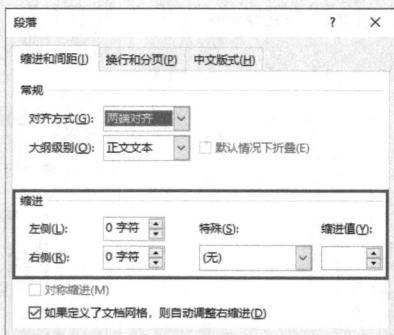

图 3-63　设置文本框段落格式

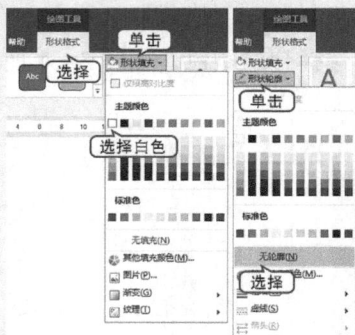

图 3-64　设置文本框的填充和轮廓格式

4. 插入和编辑照片

插入素材文件中的照片 1.png，并进行裁剪和编辑，操作步骤如下。

（1）在"插入"选项卡"插图"组中单击"图片"按钮，在打开的"插入图片"对话框中，选择照片 1.png，单击"插入"按钮，如图 3-65 所示。

（2）在"图片工具"→"图片格式"选项卡"排列"组中单击"环绕文字"下拉按钮，在列表中选择"四周型"选项。

（3）在"大小"组中单击"裁剪"按钮，图片四周显示黑色加粗裁剪线，拖动黑色裁剪线到所需的位置。按"Enter"键即可完成剪裁。

（4）在"图片格式"组中选择"简单框架，白色"样式，如图 3-66 所示。

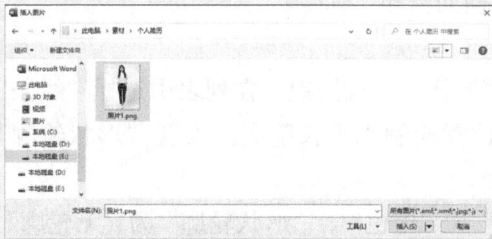

图 3-65　在个人简历中插入图片

图 3-66　设置图片格式

5. 制作实习经验标题和边框

插入一个填充色为橙色的圆角矩形，并添加文字"实习经验"，插入 1 个轮廓为短划线虚线的圆角矩形框，操作步骤如下。

（1）绘制一个圆角矩形，设置形状填充颜色为"标准色 – 橙色"，形状轮廓为"无轮廓"。

（2）右击圆角矩形，在快捷菜单中选择"添加文字"命令，然后在圆角矩形中输入"实习经验"。设置字体格式为"18 磅、黑体、加粗"。段落对齐方式为"居中"，左右缩进为"0"，特殊缩进为"无"。

（3）插入一个圆角矩形，设置形状填充为无填充；形状轮廓粗细为"1.5 磅"，线形为"虚线 – 短划线"，轮廓颜色为"金色，个性色 4，淡色 40%"。

（4）右击虚线圆角矩形，在快捷菜单中选择"置于底层"→"下移一层"命令，使其不遮挡"实习经验"形状。根据需要调整形状的大小和位置。

6. 制作实习内容文本

（1）在"插入"选项卡"文本"组中单击"文本框"下拉按钮，在列表中选择"绘制横排文本框"命令，在虚线矩形框中合适的位置插入一个文本框，并输入文字"促销活动分析，集团客户沟通，参与品牌健康度项目研究，项目数据研究"。

（2）选中文本框，在"开始"选项卡中设置字体格式为"华文新魏、14 磅"。

（3）在"段落"组中单击"项目符号"下拉按钮，从"项目符号库"中选择。单击"段落"组中的"对话框启动器"按钮，在打开的"段落"对话框中设置段落的左右缩进为"0"，行距为"25 磅"，如图 3-67 所示。

（4）选中文本框，在"绘图工具"→"图片格式"选项卡"形状格式"组中，单击"形状轮廓"下拉按钮，在列表中选择"无轮廓"选项。单击"形状填充"下拉按钮，在列表中选择"白色，背景 1"样式。

（5）选中文本框，按 Ctrl+D 快捷键两次，复制出两个相同的文本框。

（6）拖动其中一个文本框至页面右侧，按

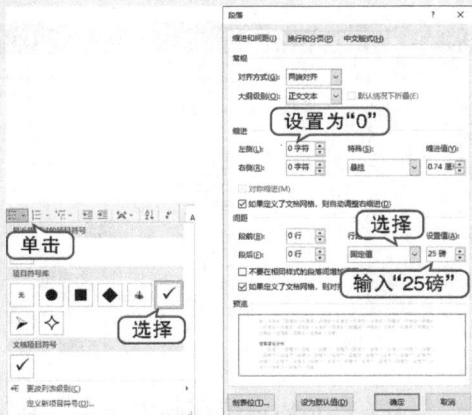

图 3-67　设置项目符号和段落格式

住 Shift 键，同时选中 3 个文本框。在"绘图工具"→"格式"选项卡"排列"组中，单击"对齐"下拉按钮，在列表中选择"垂直居中"和"横向分布"命令。

7. 制作实习时间轴

（1）在"插入"选项卡"插图"组中单击"形状"下拉按钮，在列表中选择"线条"组中的"箭头"选项，按住 Shift 键，在合适的位置绘制水平长箭头。设置"形状轮廓"颜色为"橙色"，粗细为"6 磅"。

（2）绘制一个"上箭头"，设置"形状填充"为"橙色"，"形状轮廓"为"无轮廓"。

（3）选中上箭头，按 Ctrl+D 快捷键两次，复制出两个相同的上箭头。

（4）设置 3 个上箭头的对齐方式为"垂直居中"和"横向分布"。

（5）插入 3 个实习时间段文本框，设置文本框的字体格式为"宋体、10 磅、加粗"。段落对齐方式为"居中"，段落左右缩进为"0"，特殊缩进为"无"。调整文本框大小和位置。

（6）插入实习单位 logo 图片，选择素材文件 2.jpg、3.jpg 和 4.jpg，设置图片文字环绕方式为"四周型"，调整图片大小和位置。

8. 制作个人风采

利用 SmartArt 图形制作个人风采，操作步骤如下。

（1）在"插入"选项卡"插图"组中单击"SmartArt"按钮，在"选择 SmartArt 图形"对话框中，选择"流程"选项卡中的"步骤上移流程"选项，单击"确定"按钮，如图 3-68 所示。

（2）在"SmartArt 工具"→"格式"选项卡"排列"组中单击"环绕文字"下拉按钮，在列表中选择"四周型"选项。

（3）在"SmartArt 工具"→"设计"选项卡"创建图形"组中单击"添加形状"下拉按钮，为 SmartArt 图形添加一个形状。

（4）在"SmartArt 样式"组中单击"更改颜色"下拉按钮，在列表的"个性色 2"组中选择"渐变范围 – 个性色 2"颜色，如图 3-69 所示。

（5）在 SmartArt 图形各文本框中输入文字，设置字体为"微软雅黑"，字号为"12 磅"。

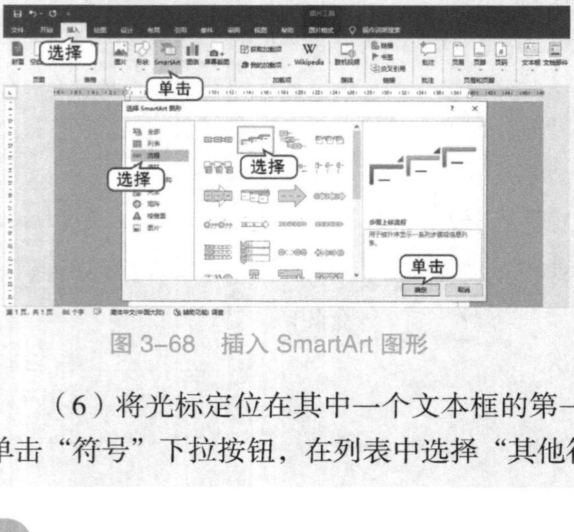

图 3-68　插入 SmartArt 图形

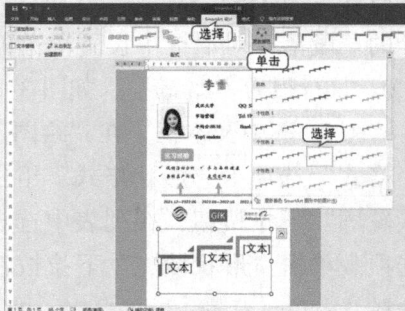

图 3-69　更改 SmartArt 图形颜色

（6）将光标定位在其中一个文本框的第一个字前，在"插入"选项卡"符号"组中单击"符号"下拉按钮，在列表中选择"其他符号"命令，打开"符号"对话框，在"子集"列表中选择"其他符号"选项,在符号栏中选择★,单击"插入"按钮,如图3-70所示。

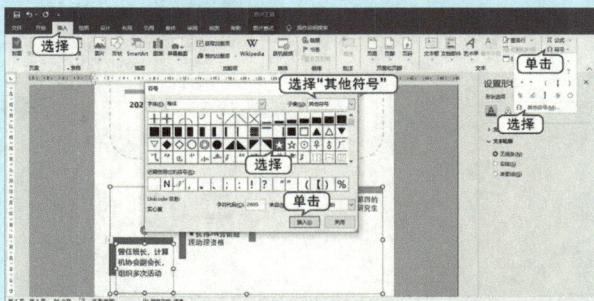

图3-70　插入符号

（7）选中插入的★,在"开始"选项卡"字体"组中设置字体颜色为"标准色－红色"。然后将★复制到其余文本框的第一个字符位置。

（8）根据需要调整图形的大小和位置。

八、目录制作与邮件合并功能

（一）目录制作

用户可以根据设置了级别的标题内容自动生成目录。但是,在生成目录之前需要设置各级标题的样式,具体步骤如下。

（1）选中需要生成目录的文字,在"开始"→"样式"组中选择所需的标题样式。

（2）单击"引用"→"目录"组中的目录按钮,在弹出的下拉列表中可以设置"手动目录""自动目录"和"自定义目录"等,如图3-71所示。

（3）如果采用的是内置"自动目录",目录会按内容的标题级别自动生成。如果选择"自定义目录",则弹出"目录"对话框,用户需要设置在目录中显示的级别、页码和前导符样式等,如图3-72所示。

（4）单击"目录选项"按钮,设置目录中要显示的样式,如图3-73所示。设置之后的"目录"对话框如图3-74所示。

图3-71　目录列表框

图3-72　自定义目录

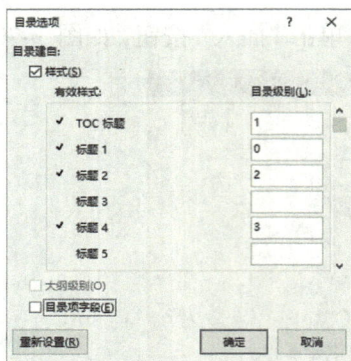

图 3–73　设置目录选项

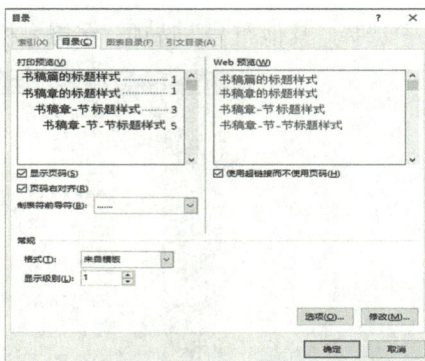

图 3–74　设置目录选项之后的"目录"对话框

（5）单击"修改"按钮，弹出"样式"对话框，如图 3–75 所示。设置各级目录文本的样式，例如，一级目录 TOC1 为宋体、小四号、红色；二级目录 TOC2 为宋体、小四号、蓝色；三级目录 TOC3 为宋体、小四号、绿色；设置目录文本样式之后的"目录"对话框如图 3–76 所示。

（6）单击"确定"按钮，生成的目录效果如图 3–77 所示。

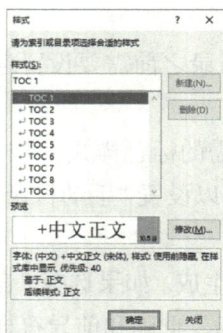

图 3–75　设置各级目录文本样式

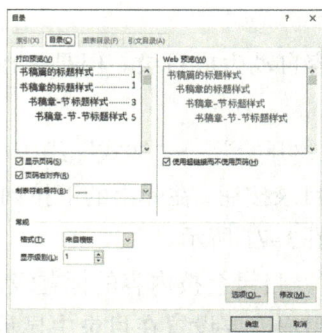

图 3–76　设置目录文本样式之后的"目录"对话框

图 3–77　自定义的目录效果

（二）邮件合并

在实际工作中，经常会遇到这种情况：需要处理的多份文件的主要内容和格式相同，只是具体数据有变化，如学生的成绩报告单、客户订单、会议通知、会员通信录等。如果一份一份地编辑打印，虽然每份文件只需修改个别数据，但文件较多故实际的效率就很低，此时利用邮件合并功能可以高效率地完成上述工作。

邮件合并能够使用成批的数据，自动产生新文档。通常它需要综合使用 Word、Excel 和 Outlook 这几个组件。具体使用见【教学案例 3】。

九、文档的共享、保护与打印

（一）文档的共享

Word 2016 有一个新功能，叫作"实时协作"，该功能可以让你在不同的电脑上处理同一个文件，也可以实现文档的多人共享。具体操作方法如下。

（1）运行 Word 2016，并将要共享的文档打开。单击右上角的"共享"，然后再单击"保存到云"，如图 3–78 所示。

（2）在新窗口下选择"OneDrive"，并单击下面的"登录"按钮，如图3-79所示。

图3-78　单击"保存到云"

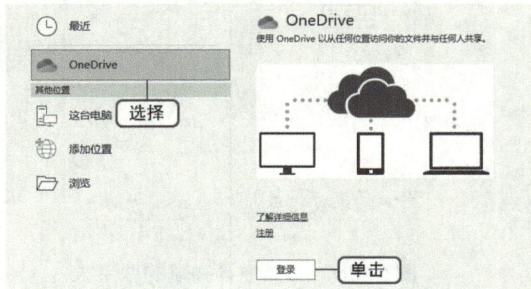

图3-79　单击"登录"按钮

（3）输入要用于Word账户的电子邮件、电话号码或Skype，然后单击"下一步"，如图3-80所示。

（4）输入你的微软账号，点击"登录"，如图3-81所示。

（5）登录成功后，我们会看到一个"OneDrive—个人"的文件夹。单击"OneDrive—个人"的文件夹，如图3-82所示，这时候会出现一个正在获取服务器信息的窗口，我们只要等待就可以了。

图3-80　单击"下一步"按钮

图3-81　点击"登录"按钮

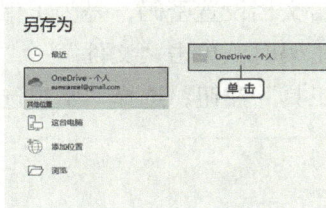

图3-82　单击"OneDrive–个人"的文件夹

（6）在新弹出的窗口中，我们可以设置文件名，并单击"保存"，如图3-83所示。这时文件就保存在OneDrive上了。

（7）保存好后，界面又回到了刚才的页面，我们可以看到共享功能已经可以使用了。单击"邀请人员"后面的按钮，如图3-84所示。在弹出的窗口中，选择你要共享的联系人。然后单击"确定"，如图3-85所示。

（8）单击"获取共享链接"，在弹出的新窗口中，可以选择"编辑链接"或者"仅供查看的链接"如图3-86所示。然后将生成的链接发给你的联系人，他就可以查看或者编辑了。

图3-83　单击"保存"

图3-84　单击"邀请成人员"后面的按钮

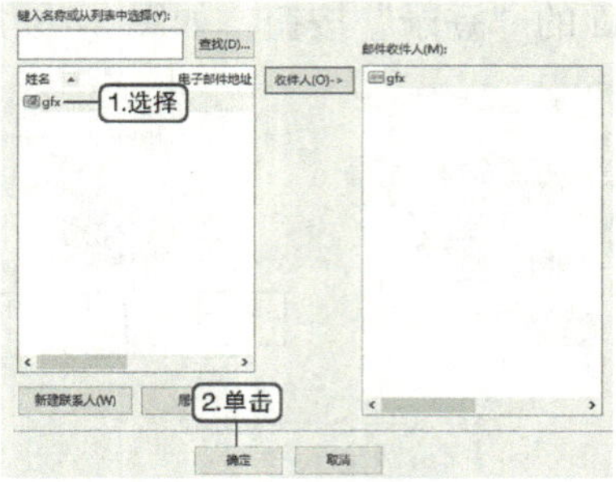

图 3-85　选择你要共享的联系人

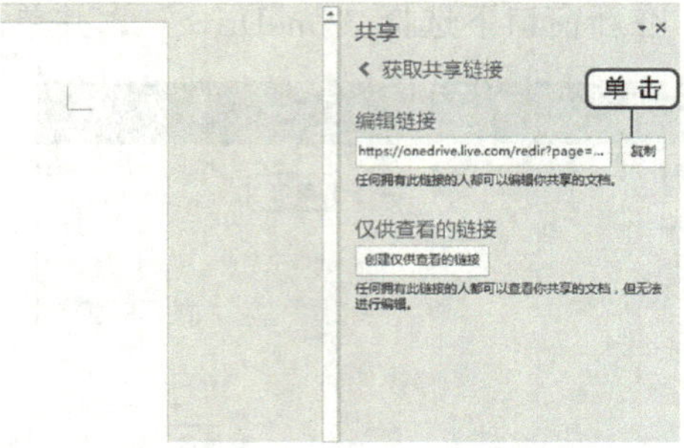

图 3-86　"获取共享链接"

（二）文档的保护

在日常工作中，很多文档只需要供他人浏览，而不希望别人修改文档的内容，这就需要对文档进行保护设置，限制对文档内容的编辑和修改。

1. 限制编辑文档

限制编辑包括设置格式化限制和编辑限制。格式化限制就是不允许对文档的应用样式进行格式设置；编辑限制包括是否允许对文档进行修订、批注，还是不允许进行任何更改。

2. 设置文档密码

给文档设置密码，是为了保护文档，只有知道密码的人才有权限打开和阅读文档。设置文档密码时，单击"文件"→"另存为"命令，选择存储位置后打开"另存为"对话框，单击"工具"按钮，选择"常规选项"命令，打开"常规选项"对话框，如图 3-87 所示。

图 3-87　"常规选项"对话框

在"打开文件时的密码"文本框中输入密码，密码需要区分大小写，输入的密码在文本框中会显示为 *。

设置密码并保存后，再次打开该文档时，会弹出"密码"对话框，此时要求输入正确的密码。

若要删除文档的打开密码，进入"常规选项"对话框，在"打开文件时的密码"输入框中清空原有密码，然后点击"确定"保存更改。

知识链接

如果文档允许其他人浏览查看，而不允许对文档内容进行修改，可以设置文档修改时的密码，只要在如图 3-87 所示的"常规选项"对话框中的"修改文件时的密码"文本框中输入密码即可。

设置修改文件的密码后，用户不需要密码同样能打开该文档，但若要对该文档进行修改并保存，则须输入正确的密码。这样既能保证原始文档不被修改，又能使其他用户阅读、复制原始文件。

（三）文档的打印

编辑文档后，如果用户要在纸上打印出来。先要在计算机上安装好打印机，然后用户再将编排好的文档打印出来。

打印文档时，可以打印全部的文档，也可以打印文档的一部分。

用户单击窗口上方"文件"按钮，选择"打印"选项。这时，窗口出现"打印"窗格。

在"打印"窗格中选择"打印所有页"右侧下拉按钮，在下拉列表中可以选择"文档"选项组中"打印所有页""打印所选内容""打印当前页面""打印自定义范围"4个选项。

打印文档的方法是选择"文件"选项卡，单击"打印"按钮。这时，右侧将出现"打印"窗格。在"打印"窗格中，用户可以设置打印机，预览文档打印效果，设置打印份数，设置纸张的横向或纵向，自定义页边距，设置双面打印等。最后单击"打印"按钮。

【教学案例3：批量制作录用通知书】

【案例情境】

某公司 HR 要利用邮件合并功能"批量制作录用通知书"，为每位面试合格者生成一份录用通知书，录用通知书的效果图如图 3-88 所示。

【案例实施】

1. 邮件合并

要求：使用邮件合并功能，将录用通知书主文档和面试成绩数据源建立关联。

（1）打开素材"项目三/录用通知书（主文档）.docx"。

（2）选择"邮件"选项卡，单击"开始邮件合并"功能组中的"开始邮件合并"下拉按钮，在弹出的下拉列表中选择"普通 Word 文档"命令，如图 3-89 所示。

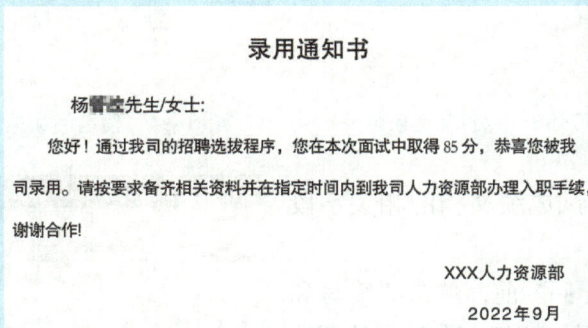

图 3-88　录用通知书的效果图

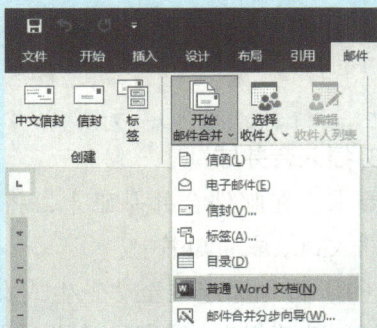

图 3-89　开始邮件合并

（3）单击"开始邮件合并"功能组中的"选择收件人"下拉按钮，在弹出的下拉列表选择"使用现有列表"命令，如图 3-90 所示。

（4）在打开的"选取数据源"对话框中，选择数据源存放的位置，选择素材"面试成绩（数据源）.docx"文档，单击"打开"按钮，如图 3-91 所示。

图 3-90　选择"使用现有列表"命令　　　　图 3-91　"选取数据源"对话框

2. 筛选数据

要求：将面试成绩在 85 分及以上的记录生成录取通知书。

（1）单击"开始邮件合并"功能组中的"编辑收件人列表"按钮，在打开的"邮件合并收件人"对话框中，单击"筛选"按钮，如图 3-92 所示。

（2）在打开的"查询选项"对话框中选择"筛选记录"选项卡，在"域"下拉列表中选择"面试成绩"，在"比较关系"下拉列表选择"大于等于"，在"比较对象"文本框输入"85"，单击"确定"按钮，如图 3-93 所示。

（3）返回"邮件合并收件人"对话框，可以看到筛选结果只保留了面试成绩大于或等于 85 分的记录，如图 3-94 所示。单击"确认"按钮关闭该对话框，Word 将使用筛选后的数据来完成文档的合并。

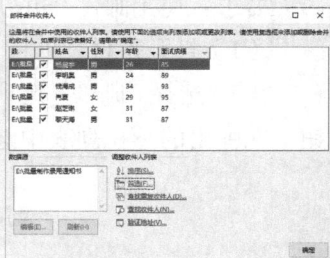

图 3-92　"邮件合并收件人"对话框　　图 3-93　设置筛选条件　　图 3-94　筛选后数据

3. 插入合并域

要求：在邮件合并基础上，将面试成绩文档的相关字段——插入到录取通知书中。

（1）将光标定位至"先生或女士："前，单击"编写和插入域"功能组中的"插入合并域"下拉按钮，在弹出的下拉列表中选择"姓名"选项，如图 3-95 所示，便可将"姓名"域插入到光标所在位置。

图 3-95　插入合并域

（2）使用同样方法，将光标定位至"分"前，单击"编写和插入域"功能组中的"插入合并域"下拉按钮，在弹出的下拉列表中选择"面试成绩"选项，便可将"面试成绩"域插入到光标所在位置。

（3）单击"编写和插入域"功能组中的"突出显示合并域"按钮，即可将文档中插入的域用灰色底纹突出显示，“姓名”“面试成绩”域如图 3–96 所示。

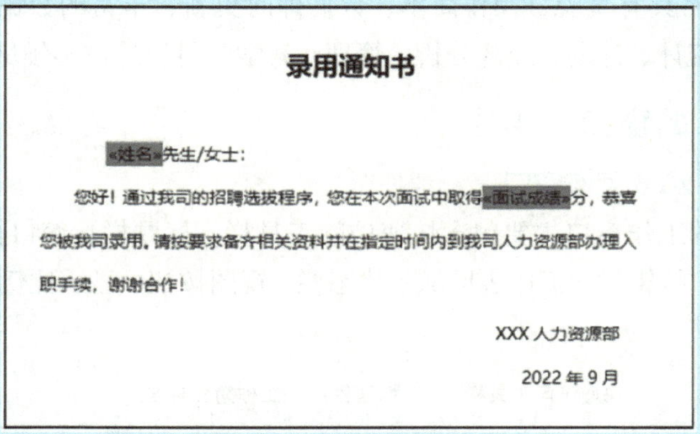
录用通知书

«姓名»先生/女士：

您好！通过我司的招聘选拔程序，您在本次面试中取得«面试成绩»分，恭喜您被我司录用。请按要求备齐相关资料并在指定时间内到我司人力资源部办理入职手续，谢谢合作！

XXX 人力资源部

2022 年 9 月

图 3–96　突出显示合并域

4. 完成合并

要求：将数据源中筛选出的 6 条面试成绩记录，生成 6 张录用通知书。

（1）插入合并域后，选择“邮件”选项卡，单击“完成”功能组中“完成并合并”下拉按钮，在弹出的下拉列表中选择相应选项，此时可编辑文档，或打印文档，或发送电子邮件。如图 3–97 所示，在弹出的下拉列表中选择“编辑单个文档”选项。

（2）在打开的“合并到新文档”对话框中，选中“全部”单选项，并单击“确定”按钮，如图 3–98 所示。此时系统将生成文件名为“信函 1”的 Word 文档，包含 6 份录取通知书，即表示完成录取通知书的批量制作。

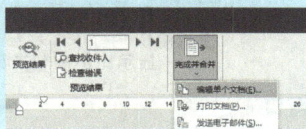

图 3–97　完成并合并

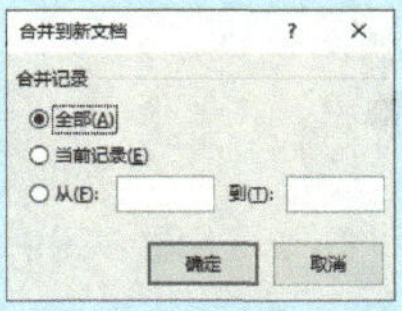

图 3–98　“合并到新文档”对话框

任务二　电子表格软件

【任务描述】

本任务要求了解电子表格软件的基本概念和基本功能，掌握工作簿和工作表相关操作，熟悉数据录入的技巧、常用函数的使用，熟悉图表和数据清单相关操作以及工作表共享、保护和打印功能等。

【知识讲解】

电子表格软件，是一种数据处理系统和报表制作工具软件，只要将数据输入到按规律排列的单元格中，便可依据数据所在单元格的位置，利用多种公式进行算术运算和逻辑运算，分析汇总各单元格中的数据信息，并且可以把相关数据用各种统计图的形式直观地表示出来。

由于电子表格具有直观、操作简单、数据即时更新、丰富的数据分析函数等特点，因此在财务、税务、统计、计划、经济分析、管理、教学和科研等许多领域都得到了广泛的应用。

一、Excel 的窗口与组成

（一）Excel 2016 工作窗口

Excel 2016 的工作窗口主要包含快速访问工具栏、标题栏、窗口控制按钮、功能选项卡、功能区、名称框、编辑栏、工作表区域、状态栏、视图按钮、显示比例控制工具等，如图 3-99 所示。

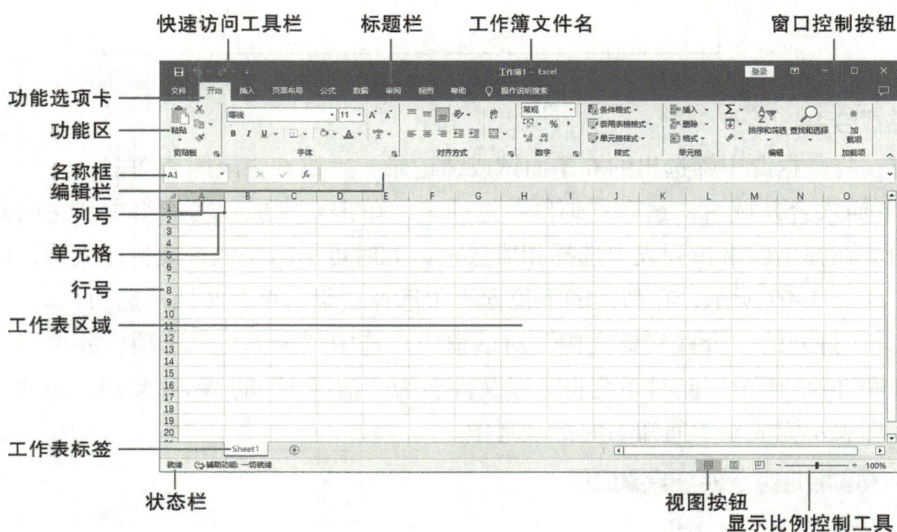

图 3-99　Excel 2016 的工作窗口

1. 名称框

名称框用于显示（或定义）活动单元格或区域的名称（地址）。单击名称框旁边的下拉按钮可弹出一个下拉列表框，其列出了所有已自定义的名称。

2. 编辑栏

编辑栏用于显示当前活动单元格中的数据或公式，可在编辑栏中输入、删除或修改单元格的内容，编辑栏中显示的内容与当前活动单元格的内容相同，点击编辑栏右侧的下拉按钮可以显示多行信息。

（二）工作簿、工作表、单元格和单元格区域

工作簿、工作表和单元格是构成 Excel 的三大主要元素，也是 Excel 主要的操作对象。在 Excel 中，工作表是处理数据的主要场所，工作表由多个单元格组成，一个或多个工作表组成工作簿。工作簿、工作表和单元格的关系如图 3-100 所示。

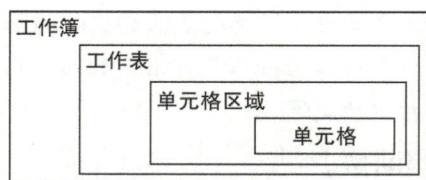

图 3-100　工作簿、工作表和单元格的关系

1. 工作簿

工作簿是 Excel 用来储存并处理工作数据的文件，一个工作簿就是一个 Excel 文件，

Excel 2016 工作簿使用".xlsx"作为文件扩展名。启动 Excel 2016 并建立一个空白的工作簿后，系统将自动将该工作簿命名为"工作簿 1"。

2. 工作表

工作簿由若干张工作表组成，默认情况下 Excel 2016 工作簿有一个以"Sheet1"命名的工作表，单击工作表标签右侧的"新工作表"按钮可以新建工作表，单击工作簿窗口底部的工作表标签即可进行各工作表的切换。

3. 单元格和单元格区域

单元格是组成 Excel 表格的最小单位，单元格中可以存放数值、公式或文本，通过对应的行号和列标进行命名和引用，多个连续的单元格称为单元格区域。

二、工作簿的基本操作

用户要使用 Excel 电子表格，需要新建一个工作簿，在完成对表格等的编辑后，应保存工作簿以备下次使用，同时，为保护数据安全，还需对工作簿进行保护设置。下面简要介绍工作簿的有关操作。

（一）新建工作簿

启动 Excel 2016 程序即新建一个工作簿，除此之外，还可以根据需要使用模板或已有文档建立专业的工作簿。

（二）保存工作簿

创建新工作簿以后，就可以编辑表格、进行数据计算和数据分析。在完成有关操作后，可以将工作簿保存起来，以便下次查看与使用。保存工作簿可以分为保存新建的工作簿、保存已有的工作簿和自动保存工作簿 3 种情况。

（三）保护工作簿

为保护数据安全，可以对工作簿设置密码进行保护。具体来说，可以对工作簿的结构和窗口设置密码，也可以对工作簿的打开和修改设置密码。

1. 保护工作簿的结构和窗口

（1）在 Excel 主界面中切换到"审阅"选项卡，单击"保护"选项组中的"保护工作簿"按钮。

（2）在弹出的"保护结构和窗口"对话框中勾选"结构"复选框，然后在"密码"文本框中输入密码，单击"确定"按钮。

（3）在弹出的"确认密码"对话框的"重新输入密码"文本框中再次输入刚才的密码，单击"确定"按钮，即可完成对工作簿结构和窗口的保护。

2. 设置工作簿的打开密码和修改密码

设置工作簿的打开和修改密码的方法与 Word 中设置文档的打开和修改密码的方法一致，此处不再赘述。

3. 撤销保护工作簿

如果不再需要对工作簿进行保护，可以撤销之前设置的密码。

三、工作表的基本操作

工作表是 Excel 完成工作的基本单位，用户可以对工作表进行插入或删除、隐藏或显示、移动或复制、重命名、设置工作表标签颜色以及保护工作表等基本操作。

（一）插入或删除工作表

默认情况下，Excel 会自动创建 1 个工作表，但在实际操作过程中可能需要不同数量的工作表，用户可以根据需要在工作簿中插入或者删除工作表。

1. 插入工作表

（1）在主界面下方的工作表标签上单击鼠标右键，在弹出的快捷菜单中单击"插入"选项。

（2）在"常用"选项卡中选择"工作表"选项，然后单击"确定"按钮，即可插入工作表。还可以单击工作表标签右侧的"新工作表"按钮或按 Shift+F11 快捷键，来直接插入空白工作表。

2. 删除工作表

在工作簿的工作表标签上单击鼠标右键，在弹出的快捷菜单中单击"删除"选项，即可将当前的工作表从工作簿中删除。

（二）隐藏或显示工作表

如果用户不希望被他人看到工作表中的数据，可以将工作表隐藏起来。

1. 隐藏工作表

选择需要隐藏的工作表标签，单击鼠标右键，在快捷菜单中单击"隐藏"选项，选中的工作表即会被隐藏。

2. 显示工作表

当工作簿中存在隐藏的工作表时，快捷菜单中的"取消隐藏"选项可用。具体操作作为，单击"取消隐藏"选项，在弹出的"取消隐藏"对话框中选择要显示的已隐藏工作表即可。

（三）移动或复制工作表

移动或复制工作表是日常工作中常用的操作。用户可以在同一工作簿中移动或复制工作表，也可以在不同工作簿中移动或复制工作表。

1. 移动工作表

要移动工作表的位置，可以使用命令，也可以直接用鼠标进行拖曳。具体操作如下。

方法一：使用命令移动工作表。

在要移动的工作表标签上单击鼠标右键，在弹出的快捷菜单中单击"移动或复制"选项。打开"移动或复制工作表"对话框，在"下列选定工作表之前"列表中选择要将工作表移动到的位置，单击"确定"按钮，工作表将移动到指定的位置上。

如果想将工作表移动到其他工作簿中，则需要把目标工作簿打开，在"移动或复制工作表"对话框的"工作簿"下拉菜单中选择目标工作簿，然后再在"下列选定工作表之前"列表中选择工作表移动的目标位置。

方法二：使用鼠标拖曳移动工作表。

使用鼠标拖曳的方法移动工作表具有方便快捷的优点。在要移动的工作表标签上单击鼠标左键，然后按住鼠标左键将工作表拖曳到目标位置，然后释放鼠标即可。

2. 复制工作表

要复制工作表，可以使用命令，也可以直接用鼠标进行拖动。具体操作如下。

方法一：使用命令复制工作表。

在要移动的工作表标签上单击鼠标右键，在弹出的快捷菜单中单击"移动或复制"选项。打开"移动或复制工作表"对话框，在"下列选定工作表之前"列表中选择要将工作表移动到的位置，然后勾选"建立副本"复选框，单击"确定"按钮，工作表即可被复制到指定的位置。

如果想将工作表复制到其他工作簿中，则应打开目标工作簿，在"移动或复制工作表"对话框的"工作簿"下拉菜单中选择要复制到的工作簿，然后在"下列选定工作表之前"列表中选择要将工作表复制到的目标位置。

方法二：使用鼠标拖动复制工作表。

在要复制的工作表标签上单击鼠标左键，然后按住 Ctrl 键不放，再按住鼠标左键拖曳到希望其显示的位置上即可。

（四）重命名工作表

（1）在需要重命名的工作表标签"Sheet1"上单击鼠标右键，在弹出的快捷菜单中单击"重命名"命令；或者在工作表标签上双击鼠标，进入文字编辑状态。

（2）从工作表默认的"Sheet1"标签进入文字编辑状态后，输入新名称，按 Enter 键即可完成对该工作表的重命名。

（五）工作表窗口的拆分与冻结

如果一个工作表中数据很多，则文档窗口不能将工作表数据全部显示出来，就需要滚动屏幕查看工作表的其余部分。这时工作表的行标题或列标题就可能会滚动到窗口区域以外看不见了。如果希望在滚动工作表的同时，仍然能够看到行或列的标题，则可以将工作表拆分为几个区域，从而可以在一个区域滚动工作表，在另一个区域显示标题。

Excel 的冻结窗格

操作方法为在"视图"选项卡上的"窗口"区中单击"拆分"按钮，就可以将当前窗口一分为四，每个窗口都可以显示同一表格的任意部分。用鼠标拖动水平和垂直分隔线，可以改变分隔尺寸。

若不希望某个窗口滚动，可单击"窗口"区中的"冻结窗格"下拉按钮，在列表中选择"冻结拆分窗口"命令即可。例如要查看一个大表的数据，通常只要固定标题不动，就可以选择冻结首行或首列命令。

单击"窗口"区中的"窗口冻结"下拉按钮，选择"取消窗口冻结"命令，可取消窗口的冻结；再次单击"窗口"区中的"拆分"按钮，可取消窗口的拆分。

四、单元格的基本操作

单元格是组成工作表的基本元素，对工作表的操作实际上就是对单元格的操作。单元格的基本操作主要包括单元格插入与删除、合并与拆分等。

（一）选取单元格、行或列

1. 选取单元格

用鼠标单击某个单元格即可选取该单元格，在名称框中会显示当前选中的单元格或单元格区域名称。

2. 选择行、列

将鼠标移动至要选取的目标行的左侧行号上，当光标变成黑色三角形状后，单击鼠标左键，即可选定该行。

将鼠标移动至要选取的目标列的上方列号上，当光标变成黑色三角形状后，单击鼠标左键，即可选定该列。

（二）插入单元格

Excel 报表在编辑过程中需要不断更改，例如规划好框架后突然发现还缺少了一些元素，就需要插入单元格，具体操作如下。

选中要在其前面或上面插入单元格的单元格，在"开始"选项卡的"单元格"选项组中单击"插入"按钮右侧的下拉按钮，展开下拉菜单，单击"插入单元格"。

或者右击选中的单元格，在弹出的快捷菜单中选择"插入"，弹出"插入"对话框，选择插入的单元格格式，此处选择"整列"，单击"确定"按钮完成插入，此时可以看到在该单元格左侧插入了一列单元格。

（三）删除单元格、行或列

选中要删除的单元格，切换至"开始"选项卡，在"单元格"功能区中单击"删除"下拉按钮，展开下拉菜单，单击"删除单元格"。

或者右击选中的单元格，在弹出的快捷菜单中选择"删除"命令，然后在弹出的"删除"对话框中选择删除的方式，最后单击"确定"按钮。

（四）合并单元格

在表格的编辑过程中经常需要将多个单元格进行合并，可以将多行合并为一个单元格、多列合并为一个单元格、多行多列合并为一个单元格。选中要合并的多个单元格，在"开始"选项卡的"对齐方式"选项组中单击"合并后居中"按钮右侧的下拉按钮，展开下拉菜单，单击"合并后居中"。

五、格式化工作表

（一）调整行高和列宽

对表格的编辑经常需要调整特定行的行高或列的列宽，例如当单元格中输入的数据超出该单元格宽度时，需要调整单元格的列宽。可以使用鼠标拖动的方法调整行高列宽，也可以使用命令调整行高和列宽。

1. 调整行高

在需要调整行高的行标上单击鼠标右键，在弹出的快捷菜单中选择"行高"选项，弹出"行高"对话框，在"行高"文本框中输入需要设置的行高值，单击"确定"按钮。

扫一扫

调整行高和列宽

2. 调整列宽

在需要调整列宽的列标上单击鼠标右键，在弹出的快捷菜单中选择"列宽"选项。打开"列宽"对话框，在"列宽"文本框中输入要设置的列宽值，单击"确定"按钮。

若想一次性调整多行的行高或多列的列宽，在设置前应选中多行或多列，在选中的区域上单击鼠标右键，然后选择"行高"命令或"列宽"命令，打开相应对话框进行设置即可。

扫一扫

结构化表格

（二）表格的边框与底纹

1. 设置表格的边框

Excel 默认显示的网格线只用于辅助单元格编辑，如果想为单元格添加边框效果，就需要另外设置。具体操作如下。

方法一：在工作表中，选中要设置表格边框的单元格区域，单击"开始"选项卡的"数字"选项组右下角的"对话框启动器"按钮，打开"设置单元格格式"对话框，切换到"边框"选项卡，在"样式"中，先选择外边框的样式，接着在"颜色"中选择外边框的颜色，在"预置"中单击"外边框"按钮，即可将设置的样式和颜色应用到表格外边框中，在预览草图中可以看到应用后的效果，设置完成后，单击"确定"按钮。

方法二：直接在"开始"选项卡的"字体"选项组中，单击"边框"下拉按钮，在展开的下拉菜单中选中要设置的边框样式。

2. 设置表格的底纹

方法一：通过"字体"选项组中的"填充颜色"按钮快速设置。

方法二：打开"设置单元格格式"对话框，在"填充"选项卡下设置。

（三）套用样式美化单元格与表格

可以套用"单元格样式"快速地美化单元格，提高工作效率。

1. 套用单元格样式

选中要套用单元格样式的单元格区域，在"开始"选项卡的"样式"选项组中，单击"单元格样式"按钮，在下拉菜单提供的默认方案中单击选择，即可将该方案应用到选中的单元格区域中，如在"标题"分类下选中"标题1"方案。

Excel 提供了5种不同类型的样式方案，分别是"好、差和适中""数据和模型""标题""主题单元格样式"和"数字格式"。报表标题单元格的效果设置，也可以直接使用"标题"中的标题样式。

2. 新建自定义单元格样式

在办公中经常需要按照特定的格式来修饰表格，可以新建自定义单元格的样式以符合设置要求，当需要使用时直接套用即可。

3. 套用表格格式

Excel 自带了大量常见的表格格式，如"会计统计格式"和"三维效果格式"等。这些表格格式可以直接套用到表格中，不需要进行复杂的设置。利用"套用表格格式"可以直接套用现成的样式，并且能够自动对数据进行筛选。

4. 新建自定义表格样式

在工作中常常会遇到一些格式固定并且需要经常使用的表格，因此用户可以根据需要对表格样式进行自定义，然后保存下来作为套用的表格格式来使用。

【教学案例 4：制作职业技能培训登记表】

【案例情境】

人力资源管理专业的大学生杨 ×× 利用暑期在某公司实习，这天她接到 HR 主管的新任务——使用 Excel 2016 制作一个职业技能培训登记表，要求输入相关数据，设置单元格格式，包括合并单元格、设置单元格中字体的格式、设置底纹和边框等，以美化工作表，并对工作表和工作簿进行保护设置。

【案例实施】

1. 新建并保存工作簿

制作职业技能培训登记表时，需要先启动 Excel 2016，新建一个空白工作簿并保存，便于后续在工作表中进行编辑操作，其具体操作如下。

（1）单击"开始"按钮，选择"开始"→"Excel 2016"命令，启动 Excel 2016。在打开的启动界面中直接选择"空白工作簿"选项，如图 3-101 所示。

（2）系统将新建一个名为"工作簿 1"的空白工作簿，且该工作簿中仅有"Sheet1"一张工作表，如图 3-102 所示。

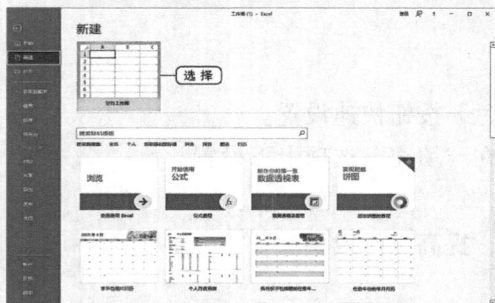

图 3-101　选择"空白工作簿"选项　　　图 3-102　查看新建的空白工作簿

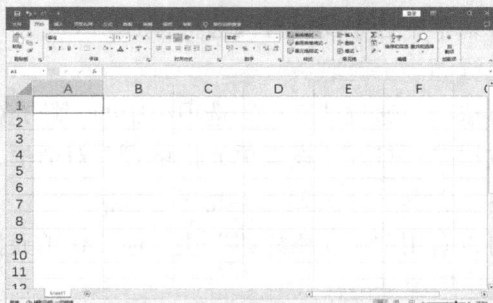

小贴士

按"Ctrl+N"快捷键可快速新建工作簿；在桌面或文件夹的空白处单击鼠标右键，在弹出的快捷菜单中选择"新建"→"Microsoft Excel 工作表"命令也可以新建工作簿。

（3）单击快速访问工具栏中的"保存"按钮，或选择"文件"→"保存"命令，在打开的"另存为"窗口中选择"浏览"选项，如图 3-103 所示。

（4）在打开的"另存为"对话框中选择文件保存路径，在"文件名"文本框中输入"职业技能培训登记表"文本，然后单击"保存"按钮，如图 3-104 所示。

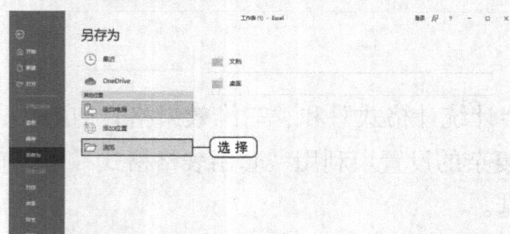

图 3-103　选择"浏览"选项　　　图 3-104　设置工作簿的保存路径和名称

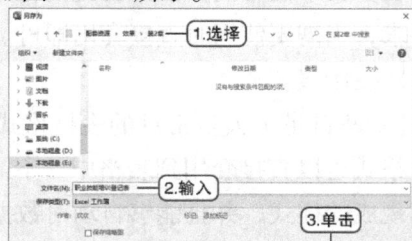

小贴士

第一次保存工作簿时，执行任意保存命令，都将打开"另存为"对话框。选择"文件"→"另存为"命令也将打开"另存为"对话框，在其中可对工作簿的保存名称和路径进行重新设置。

2. 输入工作表数据

完成职业技能培训登记表的新建与保存操作后，需要在工作表中输入数据，搭建工作表的内容框架。Excel 2016 支持各种类型数据的输入，如文本和数字等，其具体操作如下。

（1）选择 A1 单元格，在其中输入"职业技能培训登记表"文本，按"Enter"键切换到 A2 单元格，在其中输入"序号"文本。

（2）按"Tab"键或"→"键切换到 B2 单元格，在其中输入"部门"文本。使用相同的方法依次在 C2:H2 单元格区域中输入"性别""身份证号码""联系电话""学历""入职日期""报名项目"等文本。

（3）在 A3 单元格中输入"1"，选择 A3 单元格，将鼠标指针移动到 A3 单元格右下角，当出现＋形状的控制柄时，按住"Ctrl"键与鼠标左键拖曳控制柄至 A12 单元格，此时 A4:A12 单元格区域中将自动生成序号，如图 3-105 所示。

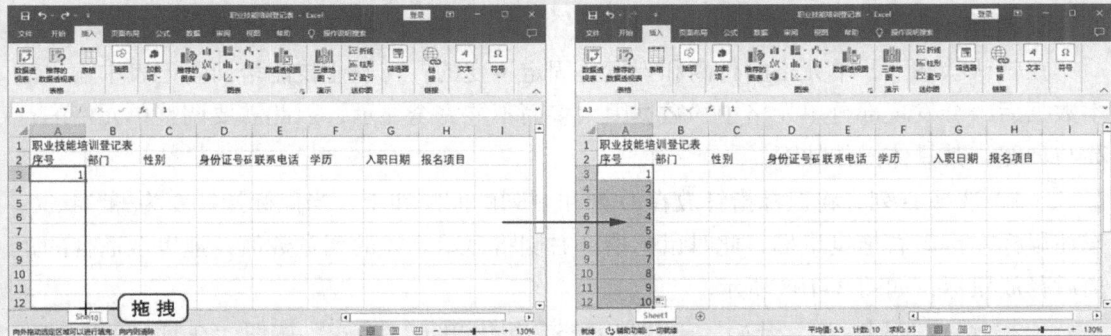

图 3-105　自动填充数据

小贴士

在 Excel 中输入一些有规律的数据时，除了要注意输入规则外，还可以使用一些快速输入数据的技巧，以提高我们输入数据的效率。比如，使用填充柄可以将当前单元格中的数据或公式快速地按某种规律填充至同一行（或同一列）的其他单元格中。选中单元格，其右下角会显示黑色方形点，即填充柄，当鼠标指针移动到上面时，会变成＋，拖曳鼠标可完成多个单元格的数据、格式或公式的填充。

（4）选择 D3:D12 单元格区域，单击鼠标右键，在弹出的快捷菜单中选择"设置单元格格式"命令。打开"设置单元格格式"对话框，在"数字"选项卡下的"分类"列表框中选择"文本"选项，然后单击"确定"按钮，如图 3-106 所示。

（5）返回工作表，在 D3:D12 单元格区域中输入身份证号码，在 E3:E12 单元格区域中输入联系电话，在 G3:G12 单元格区域中输入入职日期。

（6）选择 G3:G12 单元格区域，在"开始"→"数字"组中的"数字"下拉列表框中选择"长日期"选项，如图 3-107 所示。完成工作表数据的初步输入。

图 3-106　设置文本显示格式

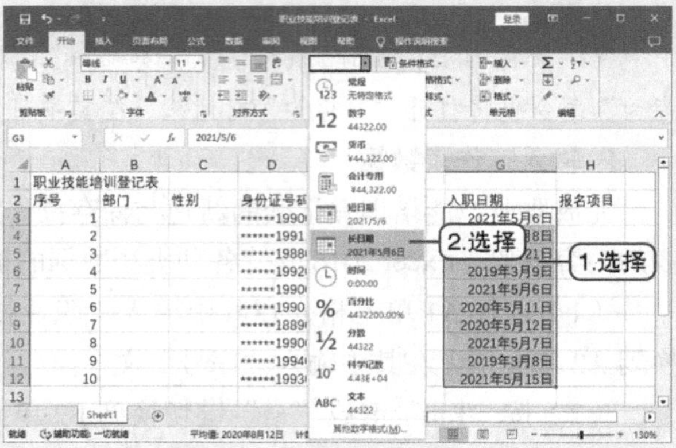

图 3-107　设置日期显示格式

小贴士

身份证号码一般为 18 位数字，在 Excel 2016 中默认以数值格式显示。但超过 15 位的数值在 Excel 2016 中会以科学计数格式显示，不符合身份证号码的显示要求，因此需要将身份证号码的显示格式设置为文本格式，使其完整显示。

3. 调整行高与列宽

在默认状态下，单元格的行高和列宽是固定不变的，在职业技能培训登记表中输入基本数据后，会发现部分单元格中的数据因太多而不能完全显示，因此需要调整单元格的行高与列宽，其具体操作如下。

（1）选择 D 列，将鼠标指针放在 D 列和 E 列的间隔线上，当鼠标指针变为田形状时，按住鼠标左键向右拖曳鼠标，此时鼠标指针右侧将显示具体的列宽数值，拖曳至适合的距离后释放鼠标，如图 3-108 所示。

（2）选择 E 列，在"开始"→"单元格"组中单击"格式"按钮，在打开的下拉列表框中选择"自动调整列宽"选项，如图 3-109 所示，返回工作表后可看到所选列自动变宽。

图 3-108　手动调整列宽

图 3-109　自动调整列宽

（3）使用相同的方法调整 F 列、G 列、H 列的宽度。然后将鼠标指针移动到第 1 行和第 2 行的间隔线上，当鼠标指针变为田形状时，按住鼠标左键向下拖曳鼠标，将第 1 行的高度调整为"29.25"，如图 3-110 所示。

（4）选择第 2～12 行，在"开始"→"单元格"组中单击"格式"按钮，在打开的下拉列表框中选择"行高"选项，打开"行高"对话框，在"行高"数值框中输入"20"，最后单击"确定"按钮，如图3-111所示。

图3-110　手动调整行高

图3-111　自动调整行高

4. 设置数据验证

为了避免职业技能培训登记表中部门、性别、学历、报名项目的内容输入错误，可以为这些单元格区域设置数据验证，其具体操作如下。

（1）选择B3:B12单元格区域，在"数据"→"数据工具"组中单击"数据验证"按钮，打开"数据验证"对话框，默认打开"设置"选项卡，在"允许"下拉列表框中选择"序列"选项，在"来源"文本框中输入"财务部,人事部,销售部,技术部"文本。注意，其中的逗号需输入英文符号，如图3-112所示。

（2）单击"输入信息"选项卡，在"标题"文本框中输入"注意"文本，在"输入信息"文本框中输入"只能输入财务部、人事部、销售部、技术部中的某一个部门"文本，如图3-113所示。

（3）单击"出错警告"选项卡，在"标题"文本框中输入"警告"文本，在"错误信息"文本框中输入"输入的数据不正确，请重新输入"文本，单击"确定"按钮，如图3-114所示。

图3-112　设置数据来源

图3-113　设置输入信息

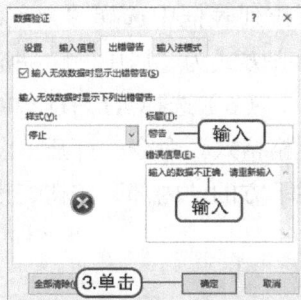

图3-114　设置出错警告

小贴士

"允许"下拉列表框中有多种选项，"序列"主要用于设置文本数据，还可选择"整数""小数""日期""时间""文本长度""自定义"等选项。

（4）在B3:B12单元格区域中依次输入对应的部门信息。然后使用相同的方法，设置C3:C12单元格区域的数据验证为"男,女"，设置F3:F12单元格区域的数据验证为"专科,本科，研究生，博士”，设置 H3:H12 单元格区域的数据验证为“技术培训，人力资源培训，销售话术培训，会计考试培训”，设置完成后依次在对应的单元格中输入数据，输入数据后的效果如图 3–115 所示。

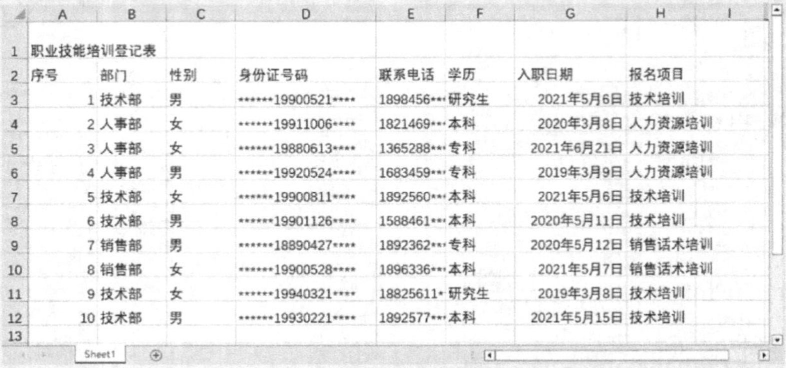

	A	B	C	D	E	F	G	H
1	职业技能培训登记表							
2	序号	部门	性别	身份证号码	联系电话	学历	入职日期	报名项目
3	1	技术部	男	******19900521****	1898456•••	研究生	2021年5月6日	技术培训
4	2	人事部	女	******19911006****	1821469•••	本科	2020年3月8日	人力资源培训
5	3	人事部	女	******19880613****	1365288•••	专科	2021年6月21日	人力资源培训
6	4	人事部	男	******19920524****	1683459•••	专科	2019年3月9日	人力资源培训
7	5	技术部	女	******19900811****	1892560•••	本科	2021年5月6日	技术培训
8	6	技术部	男	******19901126****	1588461•••	本科	2020年5月11日	技术培训
9	7	销售部	男	******18890427****	1892362•••	专科	2020年5月12日	销售话术培训
10	8	销售部	女	******19900528****	1896336•••	本科	2021年5月7日	销售话术培训
11	9	技术部	女	******19940321****	18825611•	研究生	2019年3月8日	技术培训
12	10	技术部	男	******19930221****	1892577•••	本科	2021年5月15日	技术培训
13								

图 3–115　输入数据后的效果

5. 设置单元格格式

完成所有数据的输入后，还需设置职业技能培训登记表的单元格格式，包括合并单元格、设置单元格中字体的格式、设置底纹和边框等，以美化工作表，其具体操作如下。

（1）选择 A1 : H1 单元格区域，在“开始”→“对齐方式”组中单击“合并后居中”按钮，或者单击该按钮右侧的下拉按钮，在打开的下拉列表框中选择“合并后居中”选项。

（2）返回工作表，可以看到所选择的单元格区域合并为一个单元格，且单元格中的数据自动居中显示。

（3）保持单元格处于选择状态，在“开始”→“字体”组中的“字体”下拉列表框中选择“方正兰亭粗黑简体”选项，在“字号”下拉列表框中选择“18”选项。

（4）选择 A2 : H2 单元格区域，设置字体为“方正中等线简体”，字号为“12”，然后在“开始”→“对齐方式”组中单击“居中”按钮。

（5）在“开始”→“字体”组中单击“填充颜色”按钮右侧的下拉按钮，在打开的下拉列表框中选择“金色，个性色 4，淡色 60%”选项。选择 A3:H12 单元格区域，设置对齐方式为“居中”，完成后的效果如图 3–116 所示。

（6）选择 A1 : H12 单元格区域，单击鼠标右键，在弹出的快捷菜单中选择“设置单元格格式”命令。打开“设置单元格格式”对话框，单击“边框”选项卡，再单击“预置”栏下方的“内部”按钮，设置内边框样式，如图 3–117 所示。

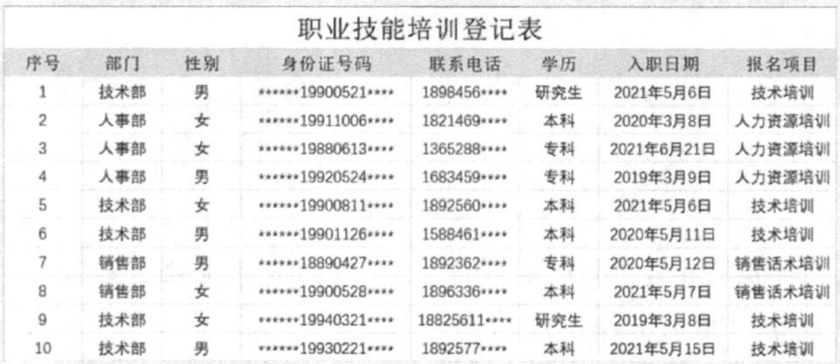

职业技能培训登记表							
序号	部门	性别	身份证号码	联系电话	学历	入职日期	报名项目
1	技术部	男	******19900521****	1898456••••	研究生	2021年5月6日	技术培训
2	人事部	女	******19911006****	1821469••••	本科	2020年3月8日	人力资源培训
3	人事部	女	******19880613****	1365288••••	专科	2021年6月21日	人力资源培训
4	人事部	男	******19920524****	1683459••••	专科	2019年3月9日	人力资源培训
5	技术部	女	******19900811****	1892560••••	本科	2021年5月6日	技术培训
6	技术部	男	******19901126****	1588461••••	本科	2020年5月11日	技术培训
7	销售部	男	******18890427****	1892362••••	专科	2020年5月12日	销售话术培训
8	销售部	女	******19900528****	1896336••••	本科	2021年5月7日	销售话术培训
9	技术部	女	******19940321****	18825611••••	研究生	2019年3月8日	技术培训
10	技术部	男	******19930221****	1892577••••	本科	2021年5月15日	技术培训

图 3–116　设置单元格格式

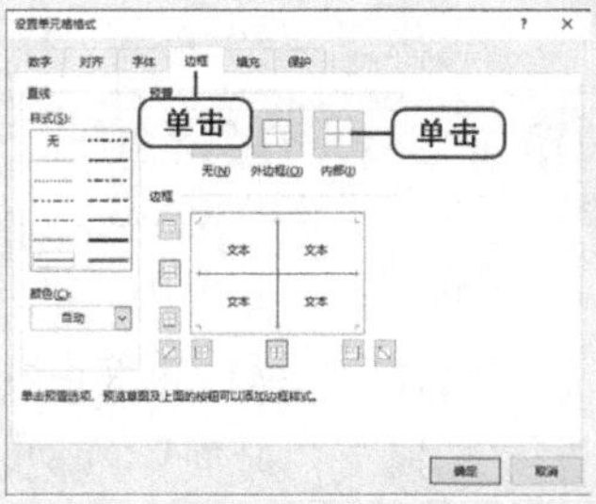

图 3–117　设置内边框样式

（7）在"样式"列表框中选择第 5 排第 2 个选项，再单击"预置"栏下方的"外边框"按钮，设置外边框样式，完成后单击"确定"按钮，如图 3-118 所示。

（8）返回工作表中即可看到设置边框后的效果，如图 3-119 所示。

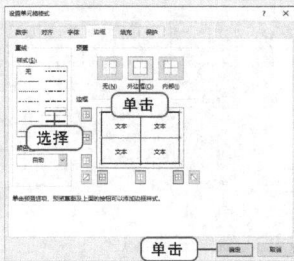

图 3-118　设置外边框样式

图 3-119　最终效果

6. 编辑工作表

完成职业技能培训登记表样式的设置后，为了便于辨认，还可以设置工作表的名称。若需要制作不同的工作表，则可插入新工作表；若需要制作格式类似的工作表，则可通过复制和移动工作表的方法快速得到新工作表。本例将按一年 4 个季度的形式制作工作表，其具体操作如下。

（1）在工作表标签上单击鼠标右键，在弹出的快捷菜单中选择"重命名"命令，工作表名称将以灰底显示，然后输入新的名称"第 1 季度"，按"Enter"键确认。按"Ctrl+A"快捷键全选，按"Ctrl+C"快捷键复制"第 1 季度"工作表中的所有内容，然后单击工作表标签右侧的"新工作表"按钮，如图 3-120 所示。

图 3-120　重命名工作表并复制原工作表

（2）此时将新建一个名为"Sheet1"的工作表，将该工作表重命名为"第 2 季度"，按"Ctrl+V"快捷键粘贴"第 1 季度"工作表中的内容，效果如图 3-121 所示。

（3）在"第 2 季度"工作表标签上单击鼠标右键，在弹出的快捷菜单中选择"移动或复制"命令，打开"移动或复制工作表"对话框。在"下列选定工作表之前"列表框中选择"（移至最后）"选项，单击选中"建立副本"复选框，然后单击"确定"按钮，如图 3-122 所示。

（4）将复制的工作表重命名为"第 3 季度"，然后使用相同的方法制作"第 4 季度"工作表。

图 3-121　为新工作表命名并粘贴内容

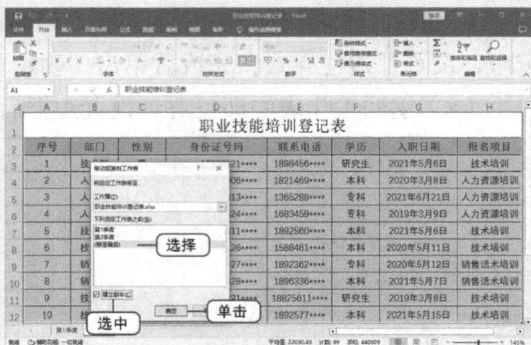

图 3-122　移动或复制工作表

（5）在"第1季度"工作表标签上单击鼠标右键，在弹出的快捷菜单中选择"工作表标签颜色"命令，在弹出的"主题颜色"面板中选择"深红"选项，如图3-123所示。

（6）使用相同的方法，将"第2季度""第3季度""第4季度"工作表标签的颜色分别设置为"橙色""浅绿""浅蓝"。

7. 保护工作表和工作簿

制作完职业技能培训登记表后，还可

图 3-123　设置工作表标签颜色

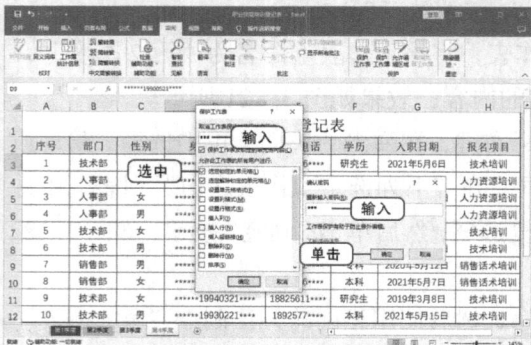

以对工作表和工作簿进行保护设置，防止他人篡改表格中的数据，其具体操作如下。

（1）在"审阅"→"更改"组中单击"保护工作表"按钮，打开"保护工作表"对话框，在"取消工作表保护时使用的密码"文本框中输入密码，在"允许此工作表的所有用户进行"列表框中单击选中需要的选项，然后单击"确认"按钮；打开"确认密码"对话框，再次输入相同密码后单击"确认"按钮，如图3-124所示。

（2）在"审阅"→"更改"组中单击"保护工作簿"按钮，打开"保护结构和窗口"对话框，在"密码（可选）"文本框中输入密码，单击"确认"按钮打开"确认密码"对话框，再次输入相同密码后单击"确认"按钮，如图3-125所示。

（3）按"Ctrl+S"快捷键保存工作簿，完成职业技能培训登记表的制作。

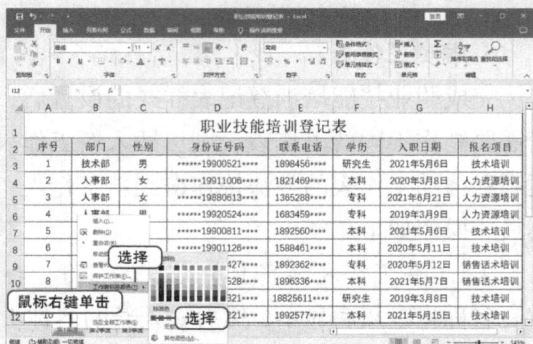

图 3-124　保护工作表

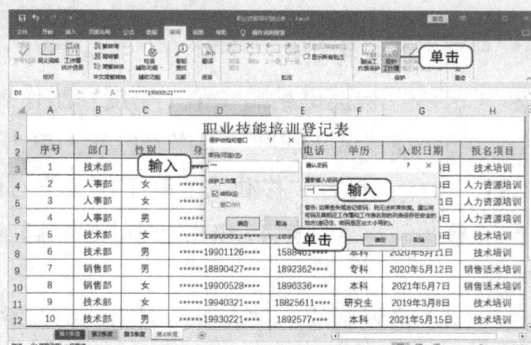

图 3-125　保护工作簿

六、公式与函数

（一）Excel 公式

Excel 中的公式就是对单元格中数据进行计算的数学式子，利用公式可以完成数学运算、比较运算和文本运算等操作。

Excel 公式的特征是以 = 开头，其右侧是由一些操作数和运算符组合而成的运算式子。操作数可以是单元格地址、区域地址、数值、字符、数组或函数等，运算符可以是算术运算符、比较运算符或文本运算符。

Excel 公式与函数

1. 公式运算符

（1）算术运算符：用以完成基本的数学运算，如加法、减法和乘法。算术运算符有 +（加）、–（减）、*（乘）、/（除）、%（百分号）和 ^（乘方）等，例如，=（A5+B6）*C7/4。

（2）比较运算符：用以比较两个操作数并产生逻辑值真或假。比较运算符有 =（等于）、>（大于）、<（小于）、>=（大于等于）、<=（小于等于）、< >（不等于），例如，=B9< >1350。

（3）文本运算符：文本运算符只有一个连接运算符 &，它可以将一个或多个文本连接为一个组合文本。

2. 运算符的优先级

Excel 对运算符的优先级作了严格规定，当多个运算符同时出现在公式中时，其各运算符的运算优先级顺序为：（ ），%，^，乘除（*，/），加减（+，–），&，比较运算符（=、>、<、>=、<=、< >）。如果运算优先级相同，则按从左到右的顺序计算。

3. 公式的输入

公式可以像输入文本和数值一样直接进行输入。其一般的操作方法为：选中要输入公式的单元格后，先输入 =，然后输入公式内容，最后按 Enter 键或通过鼠标单击编辑栏中的按钮确定。公式输入结束后，其计算结果显示在单元格中，而公式本身显示在编辑栏中。也可以在编辑栏中进行输入，其操作方法同上。

（二）Excel 函数

函数是 Excel 自带的一些已经定义好的公式，它们给数据进行运算和分析带来了极大的方便。

1.Excel 函数的分类

（1）数学与三角函数：用于处理简单或复杂的数学计算，如计算某个区域的数值总和、对数字进行取整处理等。

（2）统计函数：完成对数据区域的统计分析，如可使用 COUNTIF 函数统计出满足特定条件的数据个数。

（3）逻辑函数：使用逻辑函数进行真假值判断等。

（4）财务函数：可进行一般的财务计算，如用以确定贷款的支付额、投资的未来值或净现值，以及债券价值等。

（5）日期和时间函数：用以在公式中分析和处理日期值和时间值，如使用 TODAY 函数可获得基于计算机系统时钟的当前日期。

（6）数据库函数：使用此类函数，可完成数据清单中数值是否符合某特定条件的分析工作，如使用 DCOUNT 函数计算某门课程考试成绩的各个分数段情况。

（7）查找与引用函数：如果需要在数据清单或表格中查找特定数值，可以使用这类函数。

（8）文本函数：利用它们可以在公式中处理文字信息。

（9）信息函数：用于确定存储在单元格中的数据的类型。

Excel 函数的语法形式为：函数名（参数 1，参数 2，…）。

其中，函数名代表了该函数具有的功能，参数则用于指定函数计算所需的数据。例如，函数 SUM（A1：A8）可实现对区域 A1：A8 中的数值进行求和；函数 MAX（A1：A8）用于找出区域 A1：A8 中的最大数值。

不同类型的函数要求给定不同类型的参数，它们可以是数字、文本、逻辑值（真或假）、数组或单元格地址等，给定的参数必须能产生有效数值。例如：SUM（A1：A8）要求区域 A1：A8 存放的是数值数据；ROUND（8.676，2）要求指定两位数值型参数，并且第二个参数为整数，该函数根据这个整数指定的小数位数将前一个数字进行四舍五入，其结果值为 8.68；LEN 函数的功能是求参数中字符的个数，所以要求参数必须是一个文本数据，LEN（"这句话由几个字组成？"）的结果值为 10。

2. 函数输入的方法

通常，函数输入的方法有直接输入法和粘贴函数法两种。

（1）直接输入法：若用户对所输入的函数比较了解，可直接在单元格中输入函数。例如，在图 3-126 中的 F3 单元格中直接输入"=SUM（B3：E3）"，函数输入后，按 Enter 键结束，就可以在 F3 单元格中计算出南京分公司的全年销量合计。

图 3-126　直接输入函数

（2）粘贴函数法：如果记不住那么多的函数名，则可以使用粘贴函数的方法选择所需要的函数。

将光标定位到 F3 单元格，单击编辑栏左侧的图标，或在"开始"选项卡上的"编辑"区中单击"自动求和"右边的下拉按钮，选择"其他函数"命令，则弹出如图 3-127 所示的"插入函数"对话框，在"或选择类别"下拉列表中选择某一类函数，然后在"选择函数"区域选中一个函数名。单击图 3-127 下端的"有关该函数的帮助"，则屏幕上就会显示该函数的使用说明。选择好函数后，单击"确定"按钮或双击，此时函数就会被粘贴到编辑栏中。接着出现如图 3-128 所示的"函数参数"对话框，单击 Number1 右端的图标，在工作表中选择函数参数区域，然后单击"确定"按钮即可完成函数的输入。

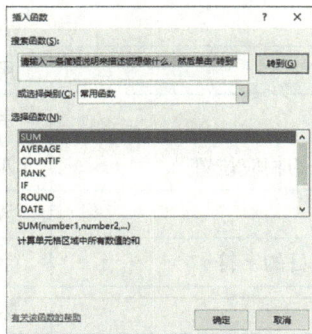

图 3-127 "插入函数"对话框

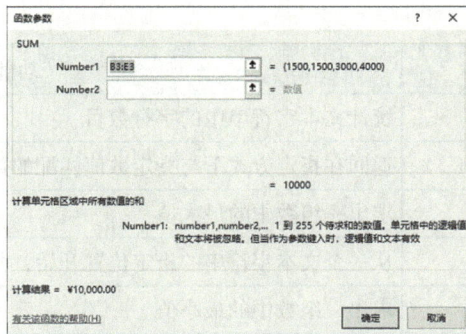

图 3-128 "函数参数"对话框

知识链接

Excel 常用函数（表 3-3）

表 3-3 Excel 常用函数

函数名	功能	用途示例
ABS	求出参数的绝对值	数据计算
AND	仅当所有参数的逻辑为真（TRUE）时返回逻辑真（TRUE），反之返回逻辑假（FALSE）	条件判断
AVERAGE	求出所有参数的算术平均值	数据计算
COLUMN	返回所引用单元格的列标号值	显示位置
CONCATENATE	将多个字符文本或单元格中的数据连接在一起，显示在一个单元格中	字符合并
COUNT	统计某个单元格区域中包含数值的单元格数目	统计
COUNTIF	统计某个单元格区域中符合指定条件的单元格数目	条件统计
DATE	返回代表特定日期的序列号	显示日期
DATEDIF	计算两个日期参数的差值	计算天数
DAY	计算参数中指定日期或引用单元格中的日期天数	计算天数
DCOUNT	返回数据库或列表的列中满足指定条件并包含数字的单元格数目	条件统计
FREQUENCY	以一列垂直数组返回某个区域中数据的频率分布	概率计算
IF	根据对指定条件的逻辑判断的真假结果，返回相对应条件触发的计算结果	条件计算
INDEX	返回列表或数组中的元素值，此元素由行序号和列序号的索引值进行确定	数据定位
INT	将数值向下取整为最接近的整数	数据计算
ISERROR	用于测试函数式返回的数值是否有错。如果有错，该函数返回 TRUE，反之返回 FALSE	逻辑判断
LEFT	从一个文本字符串的第一个字符开始，截取指定数目的字符	截取数据

函数名	功能	用途示例
LEN	统计文本字符串中的字符数目	字符统计
MATCH	返回在指定方式下与指定数值匹配的数组中元素的相应位置	匹配位置
MAX	求出一组数中的最大值	数据计算
MID	从一个文本字符串的指定位置开始，截取指定数目的字符	字符截取
MIN	求出一组数中的最小值	数据计算
MOD	求出两数相除的余数	数据计算
MONTH	返回指定日期或引用单元格中日期的月份	日期计算
NOW	给出当前系统日期和时间	显示日期时间
OR	仅当所有参数值均为逻辑 FALSE 时返回结果逻辑 FALSE，否则都返回逻辑 TRUE	逻辑判断
RANK	返回某一数值在一列数值中的相对于其他数值的排序	数据排序
RIGHT	从一个文本字符串的最后一个字符开始，截取指定数目的字符	字符截取
SUBTOTAL	返回列表或数据库中的分类汇总	分类汇总
SUM	求出一组数值的和	数据计算
SUMIF	计算符合指定条件的单元格区域内的数值和	条件数据计算
TEXT	根据指定的数值格式将相应的数字转换为文本形式	数值文本转换
TODAY	返回系统日期	显示日期
VALUE	将一个代表数值的文本型字符串转换为数值型	文本数值转换
VLOOKUP	在数据表的首列查找指定的数值，并由此返回数据表当前行中指定列处的数值	条件定位
WEEKDAY	返回指定日期所对应的星期数	星期计算
YEAR	返回指定日期或引用单元格中的日期的年份	年份计算

（三）公式的复制和单元格地址的引用

1. 公式的复制

公式的复制可以避免大量重复输入公式的工作。当复制公式时，若在公式中使用了单元格或区域，则在复制的过程中根据不同的单元格引用可得到不同的计算结果。

2. 单元格地址的引用

引用的目的在于标识工作表中的单元格或区域，并指明公式中所使用的数据的位置。当创建一个包括引用的公式时，公式就会与被引用的单元格联系在一起，公式的值也依赖于被引用的单元格的值。如果该单元格的值发生变化，公式的值也随之变化。单元格引用分为相对引用、绝对引用和混合引用 3 种。

扫一扫

Excel 的绝对引用

（1）相对引用：这是 Excel 中默认的单元格引用方式，如 A3、C6 等。当复制包含相对引用的公式到其他区域时，行号和列号都会发生改变，新公式中将不再是对原单元格或区域进行的引用。

相对引用是用单元格之间的行、列距离来描述位置的，即公式移动的行数也就是该引用变化的行数，公式移动的列数也就是该引用变化的列数。例如，在工作表的 A1：A3 和 B1：B3 区域中已输入如图 3-129 所示的数据，当在单元格 B5 中输入公式“=A1+A2”，然后将该公式复制到单元格 C6 中时，会发现 C6 中的公式自动调整为“= B2+B3”，这是由于公式从 B5 复制到 C6，行数、列数均增加 1，所以公式中引用的单元格也增加相应的行数和列数，即由 A1、A2 变为 B2、B3。

（2）绝对引用：绝对引用描述了特定单元格的绝对地址，在行号和列号前均增加 $ 符号来表示，如 $A$1。在复制公式时，公式中的绝对引用将不随公式位置变化而改变。例如，在图 3-129 所示的单元格 B6 中输入公式“=$A$1+$A$2”，再将公式复制到单元格 C7，会发现 C7 中的公式仍为“=$A$1+$A$2”。

	A	B	C	D	E
1	50	88			
2	100	68			
3	60	76			
4					
5		150			
6		150	144		
7		150	150		
8			168		
9					
10					
11					

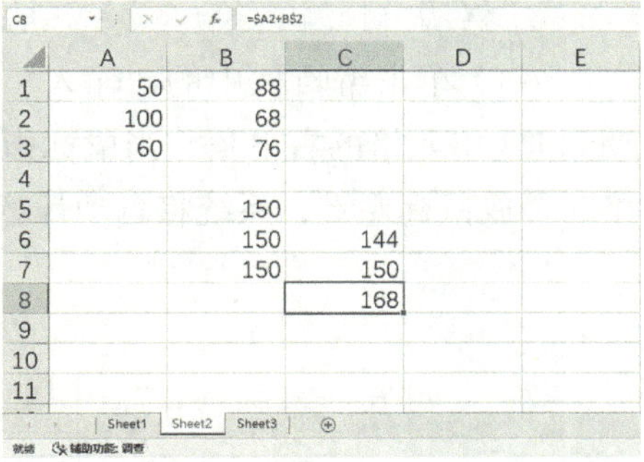

图 3-129　3 种单元格地址的引用方式示例

（3）混合引用：如果单元格引用地址一部分为绝对引用地址，另一部分为相对引用地址，例如 $A1 或 A$1，这类引用方式称为混合引用，这类地址称为混合地址。当公式因为复制或插入而引起行列变化时，公式中的相对引用部分会随位置变化，而绝对引用部分不会变化。例如，在图 3-129 所示的单元格 B7 中输入公式“=$A1+A$2”，然后将公式复制到单元格 C8，会发现 C8 中的公式变成“=$A2+B$2”。

3 种引用在输入时可以互相转换，方法是在公式中先选中要转换引用的单元格，然后反复按 F4 键即可在 3 种引用地址之间不断切换。用户可以通过以上 3 种类型的单元格地址表示法，创建出灵活多变的公式来。

【教学案例 5：编辑工作考核表】

【案例情境】

某人事部经理要使用 Excel 公式与函数来编辑员工工作考核表。工作考核表中包含很多数据，这些数据需要经过统一核算后才能体现个人的实际成绩，使用函数可以较为方便地对数据进行处理和分析。

【案例实施】

1. 用求和函数 SUM 计算总分

（1）打开“工作考核表 .xlsx”工作簿，选择 H3 单元格，在“公式”或“函数库”组中单击“自动求和”按钮。

（2）此时，H3 单元格中将插入求和函数“SUM”，同时 Excel 2016 将自动识别函数参数“C3:G3”，如图 3-130 所示。

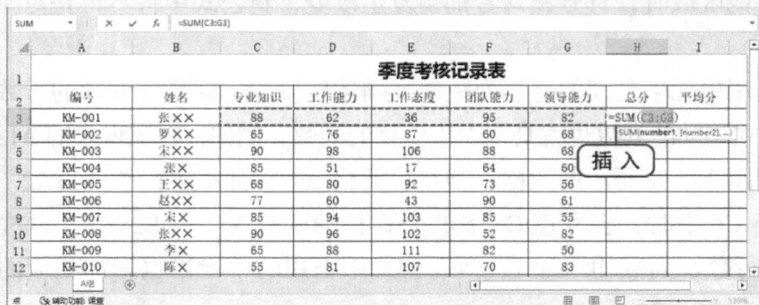

图 3-130　插入求和函数

（3）单击编辑栏中的"输入"按钮，完成 H3 单元格中的求和计算。将鼠标指针移动到 H3 单元格的右下角，当鼠标指针变为形状时，按住鼠标左键向下拖曳，至 H14 单元格时释放鼠标左键，系统将自动计算出每一位员工的考核总分，如图 3-131 所示。

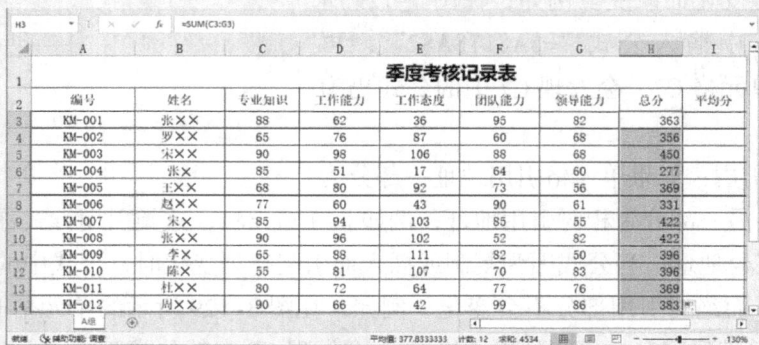

图 3-131　自动填充总分

2. 用平均值函数 AVERAGE 计算平均分

AVERAGE 函数用来计算某一单元格区域中的数据平均值，即先将单元格区域中的数据相加再除以单元格个数。在工作考核表中可以通过该函数查看员工考核的平均成绩，其具体操作如下。

（1）选择 I3 单元格，在"公式"或"函数库"组中单击"自动求和"按钮下方的下拉按钮，在打开的下拉列表框中选择"平均值"选项。

（2）此时，I3 单元格中将插入平均值函数 AVERAGE，同时 Excel 2016 将自动识别函数参数 C3:H3，手动将其更改为 C3:G3，如图 3-132 所示。

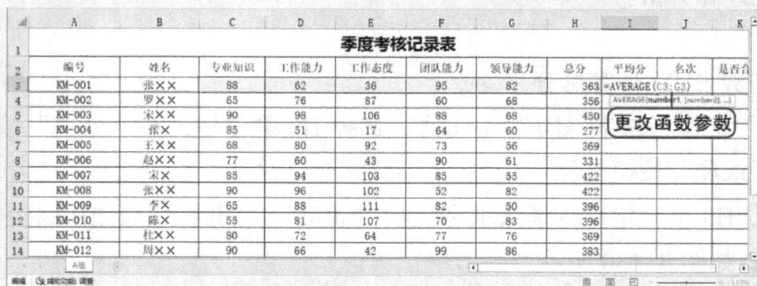

图 3-132　更改函数参数

（3）单击编辑栏中的"输入"按钮，完成 I3 单元格中的平均值计算。

（4）将鼠标指针移动到 I3 单元格右下角，当鼠标指针变为“✚”形状时，按住鼠标左键向下拖曳，至 I14 单元格时释放鼠标左键，系统将自动计算出每一位员工的考核平均分。

3. 用最大值函数 MAX 和最小值函数 MIN 计算考核成绩

MAX 函数和 MIN 函数用于显示一组数据中的最大值或最小值，在工作考核表中可以通过这两个函数查看最大值和最小值之间的对比情况，其具体操作如下。

（1）选择 C15 单元格，在“公式”或“函数库”组中单击“自动求和”按钮下方的下拉按钮，在打开的下拉列表框中选择“最大值”选项。

（2）此时，C15 单元格中将插入最大值函数 MAX，同时 Excel 2016 将自动识别函数参数“C3:C14”，如图 3–133 所示。

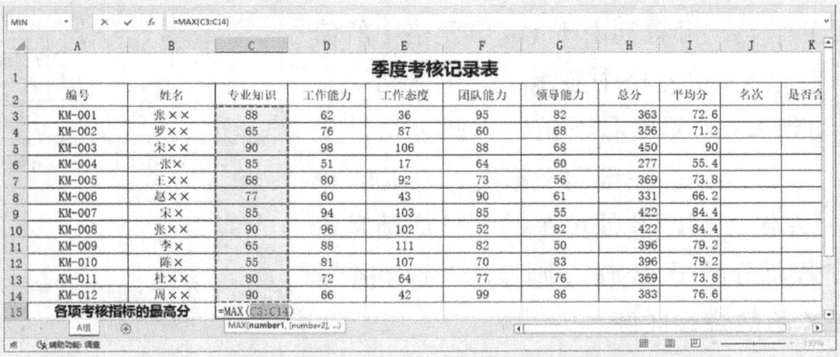

编号	姓名	专业知识	工作能力	工作态度	团队能力	领导能力	总分	平均分	名次	是否合
KM-001	张××	88	62	36	95	82	363	72.6		
KM-002	罗××	65	76	87	60	68	356	71.2		
KM-003	宋××	90	98	106	88	68	450	90		
KM-004	张×	85	51	17	64	60	277	55.4		
KM-005	王××	68	80	92	73	56	369	73.8		
KM-006	赵××	77	60	43	90	61	331	66.2		
KM-007	宋×	85	94	103	85	55	422	84.4		
KM-008	张××	90	96	102	52	82	422	84.4		
KM-009	李×	65	88	111	82	50	396	79.2		
KM-010	陈×	55	81	107	70	83	396	79.2		
KM-011	杜××	80	72	64	77	76	369	73.8		
KM-012	周××	90	66	42	99	86	383	76.6		
各项考核指标的最高分		=MAX(C3:C14)								

图 3–133 插入最大值函数

（3）单击编辑栏中的“输入”按钮，完成 C15 单元格中的最大值计算。将鼠标指针移动到 C15 单元格的右下角，当鼠标指针变为“✚”形状时，按住鼠标左键向右拖曳，至 G15 单元格时释放鼠标左键，系统将自动计算出各项考核指标中的最高分。

（4）选择 C16 单元格，在“公式”或“函数库”组中单击“自动求和”按钮下方的下拉按钮，在打开的下拉列表框中选择“最小值”选项。

（5）此时，C16 单元格中将插入最小值函数 MIN，同时 Excel 2016 将自动识别函数参数“C3:C15”，手动将其更改为“C3:C14”。单击编辑栏中的“输入”按钮，完成 C16 单元格中的最小值计算。

（6）将鼠标指针移动到 C16 单元格右下角，当鼠标指针变为“✚”形状时，按住鼠标左键向右拖曳，拖曳至 I16 单元格时释放鼠标左键，系统将自动计算出各项考核指标中的最低分，如图 3–134 所示。

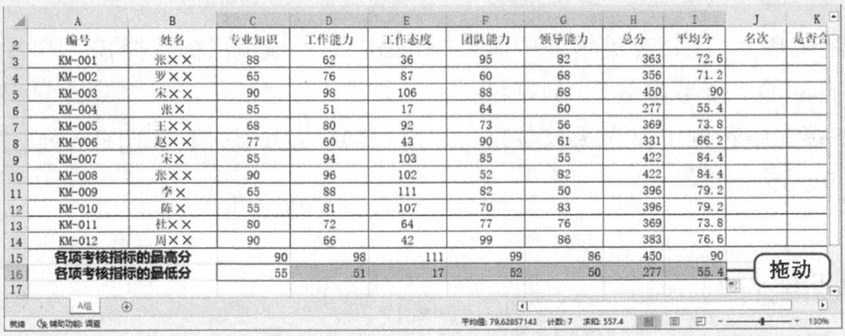

编号	姓名	专业知识	工作能力	工作态度	团队能力	领导能力	总分	平均分	名次	是否合
KM-001	张××	88	62	36	95	82	363	72.6		
KM-002	罗××	65	76	87	60	68	356	71.2		
KM-003	宋××	90	98	106	88	68	450	90		
KM-004	张×	85	51	17	64	60	277	55.4		
KM-005	王××	68	80	92	73	56	369	73.8		
KM-006	赵××	77	60	43	90	61	331	66.2		
KM-007	宋×	85	94	103	85	55	422	84.4		
KM-008	张××	90	96	102	52	82	422	84.4		
KM-009	李×	65	88	111	82	50	396	79.2		
KM-010	陈×	55	81	107	70	83	396	79.2		
KM-011	杜××	80	72	64	77	76	369	73.8		
KM-012	周××	90	66	42	99	86	383	76.6		
各项考核指标的最高分		90	98	111	99	86	450	90		
各项考核指标的最低分		55	51	17	52	50	277	55.4		

图 3–134 自动计算出各项考核指标中的最低分

4. 用 IF 嵌套函数判断考核成绩是否合格

IF 嵌套函数用于判断数据表中的某个数据是否满足指定条件，如果满足则返回特定值，不满足则返回其他值。在工作考核表中可通过 IF 函数判断员工的考核成绩是否合格，其具体操作如下。

（1）选择 K3 单元格，单击编辑栏中的"插入函数"按钮，打开"插入函数"对话框，在"或选择类别"下拉列表框中选择"逻辑"选项，在"选择函数"列表框中选择"IF"选项，单击"确定"按钮。

（2）打开"函数参数"对话框，在参数框中输入判断条件或返回逻辑值，最后单击"确定"按钮，如图 3-135 所示。

（3）返回工作表，可看到由于 H3 单元格中的值小于"390"，因此 K3 单元格中显示了"不合格"。将鼠标指针移动到 K3 单元格右下角，当鼠标指针变为"╋"形状时，按住鼠标左键向下拖曳，至 K14 单元格时释放鼠标左键，判断其他员工的考核成绩是否满足合格条件，若总分低于"390"，则显示"不合格"。

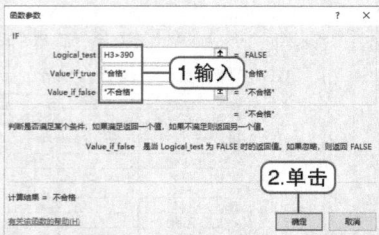

图 3-135 设置判断条件和返回逻辑值

5. 用 INDEX 函数查询成绩

INDEX 函数用于显示工作表或单元格区域中的值或对值的引用。在工作考核表中可通过 INDEX 函数查找指定员工的成绩，其具体操作如下。

（1）选择 C18 单元格，在编辑框中输入"=INDEX("，编辑框下方将自动提示 INDEX 函数的参数输入规则。拖曳鼠标选择 B3:G14 单元格区域，编辑框中将自动输入函数参数"B3:G14"。

（2）继续在编辑框中输入函数参数"，10，6）"，然后单击编辑栏中的"输入"按钮，如图 3-136 所示，完成 C18 单元格的计算。

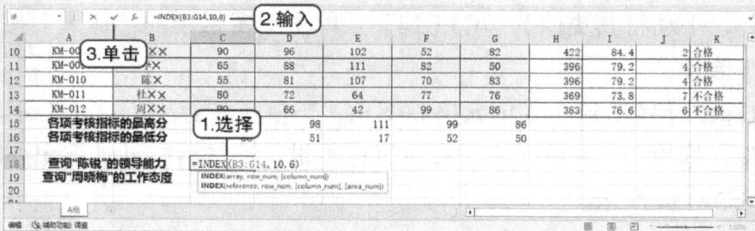

图 3-136 确认应用函数

（3）选择 C19 单元格，在编辑框中输入"=INDEX("，拖曳鼠标选择 B3:G14 单元格区域，编辑框中将自动输入函数参数"B3:G14"。

（4）继续在编辑框中输入函数参数"，12，4）"，最后按"Ctrl+Enter"快捷键即可完成对 C19 单元格的计算。

七、数据统计与分析

（一）数据清单的概念

在 Excel 中，数据清单是包含相似数据组的带标题的一组工作表数据行，它与一张二维数据表非常类似，所以用户也可以将“数据清单”看作是“数据库”，其中行作为数据库中的记录，列对应数据库中的字段，列标题作为数据库中的字段名称。借助数据清单，Excel 就能实现数据库中的数据管理功能——筛选、排序以及一些分析操作，并将它们应用到数据清单中的数据上。

	A	B	C	D	E	F	G	H
1	A软件公司							
2	员工薪水表							
3	× ×软件公司财务表							
4	序号	姓名	部门	分公司	工作时间	工作时数	小时报酬	薪水
5	0101	黄×	软件部	北京	93/3/6	160	28	4480
6	0102	蒋×	销售部	南京	89/11/10	140	30	4200
7	0103	宋××	培训部	西安	90/9/28	150	27	4050
8	0104	王×	销售部	长沙	84/4/10	140	35	4900
9	0105	徐××	销售部	武汉	81/10/11	160	36	5760
10	0106	徐×	培训部	长沙	92/11/12	140	37	5180
11	0107	孙××	培训部	武汉	99/10/8	150	29	4350
12	0108	严××	培训部	西安	83/5/16	140	28	3920
13	0109	肖××	软件部	武汉	90/12/3	160	30	4800
14	0110	陈×	软件部	长沙	89/4/6	160	29	4640
15	0111	朱×	销售部	西安	83/5/8	160	30	4800
16	0112	王××	软件部	南京	87/6/17	140	35	4900
17	0113	曾××	销售部	武汉	82/9/16	150	35	5250

图 3–137　数据清单示例

图 3–137 是一个数据清单的例子，这个数据清单的范围从 A4 到 H17，包含一行列标题（第四行）和若干行数据，其中每行数据由 8 列组成。所以数据清单也称关系表，表中的数据是按某种关系组织起来的。要使用 Excel 的数据管理功能，首先必须将表格创建为数据清单。数据清单是一种特殊的表格，其特殊性在于：此类表格至少由两个必备部分构成——表结构和纯数据，如图 3–137 所示。

表结构为数据清单中的第一行列标题（图 3–137 的第 4 行），Excel 将利用这些标题名对数据进行查找、排序以及筛选等。纯数据部分则是 Excel 实施管理功能的对象，该部分不允许有非数据内容出现。所以，要正确创建和使用数据清单，应注意以下几个问题。

（1）避免在一张工作表中建立多个数据清单。如果在工作表中还有其他数据，那么其与数据清单之间至少留出一个空行和空列。

（2）避免在数据表格的各条记录或各个字段之间放置空行和空列。

（3）在数据清单的第一行里创建列标题（列名），列标题使用的字体、对齐方式等最好与数据表中其他数据相区别。

（4）列名唯一，且同列数据的数据类型和格式应完全相同。

（5）单元格中数据的对齐方式最好用对齐方式按钮来设置，不要用输入空格的方法调整。

数据清单的具体创建操作同普通表格的创建完全相同。首先，根据数据清单内容创建表结构（列标题行），然后移到表结构下的第一个空行，开始输入数据信息，把内容全部添加到数据清单后，创建工作便完成了。

（二）数据排序

用户在 Excel 表格中录入数据后，内容可能杂乱无章，不利于查看和比较，这个时候就需要对数据进行排序。所谓排序是指对表格中的某个或某几个字段按照特定规律进行重新排列。在 Excel 中，用户可以按单个条件进行排序，也可设定多个关键字来按多个条件排序。

1. 按单个条件排序

通过排序可以快速得出指定条件下的最大值、最小值等信息。下面针对成绩统计表的“总分”进行排序操作。

打开成绩统计表，将光标定位在“总分”列任意单元格中，切换到“数据”选项卡，在“排序和筛选”选项组中单击“降序”按钮，就可以看到所有成绩按总分从高到低排列，最高总分为“360”，如图 3–138 所示。

如果单击“升序”按钮，就可以看到所有成绩按分数从低到高排列，最低分数为“284”，如图 3–139 所示。

	A	B	C	D	E	F	G
1				成绩统计表			
2	学号	姓名	数学	英语	计算机	体育	总分
3	20210002	蓬××	95	76	94	95	360
4	20210003	罗××	96	78	90	87	351
5	20210004	杜×	84	88	87	88	347
6	20210008	廖××	88	75	89	92	344
7	20210001	苏×	87	76	79	90	332
8	20210006	何××	57	81	86	64	288
9	20210007	姜×	60	75	73	80	288
10	20210005	姜××	76	68	55	85	284

图 3-138　按总分降序进行排序

	A	B	C	D	E	F	G
1				成绩统计表			
2	学号	姓名	数学	英语	计算机	体育	总分
3	20210005	姜××	76	68	55	85	284
4	20210006	何××	57	81	86	64	288
5	20210007	姜×	60	75	73	80	288
6	20210001	苏×	87	76	79	90	332
7	20210008	廖××	88	75	89	92	344
8	20210004	杜×	84	88	87	88	347
9	20210003	罗××	96	78	90	87	351
10	20210002	蓬××	95	76	94	95	360

图 3-139　按总分升序进行排序

2. 按多个条件排序

多个条件排序用于按主要关键字排序时出现重复记录的时候，此时需要再按次要关键字进行排序。例如在成绩统计表中，"总分"列中出现了两个 288 分，可以先按"总分"进行排序，然后再根据"学号"进行排序，从而方便查看成绩的排序情况，具体操作如下。

（1）选中表格编辑区域任意单元格，切换到"数据"选项卡，在"排序和筛选"选项组中单击"排序"按钮，弹出"排序"对话框，如图 3-140 所示。

（2）在"主要关键字"下拉列表中选择"总分"，在"次序"下拉列表中选择"降序"。单击"添加条件"按钮，添加"次要关键字"，在"次要关键字"下拉列表中选择"学号"，在其"次序"下拉列表中选择"升序"，如图 3-141 所示。

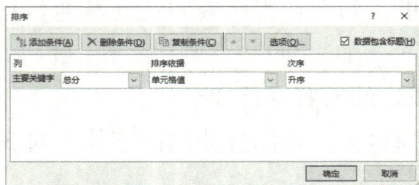

图 3-140　"排序"对话框　　　　图 3-141　设置多个条件排序

（3）单击"确定"按钮，可以看到表格中首先按"总分"降序排序，对总分相同的记录按"学号"升序排序，多个条件排序结果如图 3-142所示。

（三）数据筛选

在 Excel 表格中，可以通过筛选功能迅速找出符合条件的数据，而其他不满足条件的数据，Excel 工作表会自动将其隐藏。

	A	B	C	D	E	F	G
1				成绩统计表			
2	学号	姓名	数学	英语	计算机	体育	总分
3	20210002	蓬××	95	76	94	95	360
4	20210003	罗××	96	78	90	87	351
5	20210004	杜×	84	88	87	88	347
6	20210008	廖××	88	75	89	92	344
7	20210001	苏×	87	76	79	90	332
8	20210006	何××	57	81	86	64	288
9	20210007	姜×	60	75	73	80	288
10	20210005	姜××	76	68	55	85	284

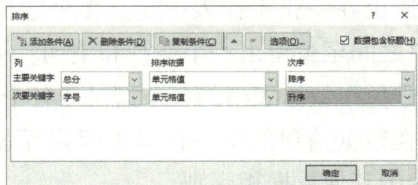

图 3-142　多个条件排序结果

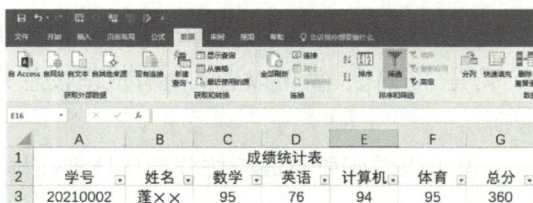

1. 添加自动筛选

用户单击"筛选"按钮添加自动筛选功能，勾选需要筛选的项目，就可以筛选出符合条件的数据，具体操作如下。

（1）打开成绩统计表，选中表格编辑区域任意单元格，在"数据"选项卡的"排序和筛选"选项组中单击"筛选"按钮，就可以在表格所有列标识上添加筛选下拉按钮，如图 3-143 所示。

图 3-143　设置自动筛选条件

（2）单击要进行筛选的字段右侧筛选下拉按钮，在此处单击"数学"列的筛选下拉按钮，可以看到下拉菜单中显示了表格中所有人的数学分数。取消"全选"复选框，勾选要查看的分数，此处选中"88"，如图3-144所示。

（3）单击"确定"按钮，即可得到所筛选出来的数学成绩为88分的记录，其他记录被自动隐藏，如图3-145所示。

图3-144　自动筛选

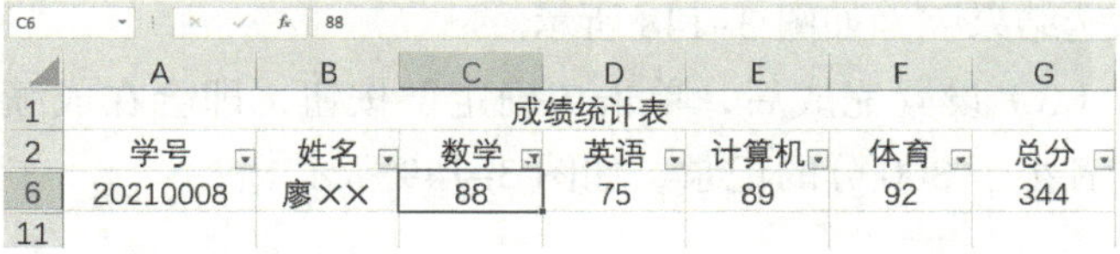

图3-145　自动筛选结果

2. "或"条件和"与"条件筛选

如果想筛选出同时满足多个条件的记录，需要进行"与"条件筛选的设置；如果想筛选出的结果满足多个条件中的一个，需要进行"或"条件筛选的设置。

自动筛选中的"或"条件的使用。例如要从成绩统计表中同时筛选出总分大于350分或小于300分的记录，具体操作如下。

（1）在成绩统计表中添加自动筛选后，单击"总分"标识右侧下拉按钮，在打开的菜单中依次单击"数字筛选"→"自定义筛选"。

（2）弹出"自定义自动筛选方式"对话框，设置第一个筛选条件为"大于""350"，选中"或"单选按钮，设置第二个筛选条件为"小于""300"，如图3-146所示。

（3）单击"确定"按钮，将同时筛选出总分大于350分或小于300分的记录，如图3-147所示。

筛选出同时满足多个条件的记录可以首先按某一个关键字进行筛选，在筛选出的结果中再按另一关键字进行筛选即可；也可在"自定义自动筛选方式"对话框中，通过勾选"与"单选按钮来实现。

图3-146　设置筛选条件

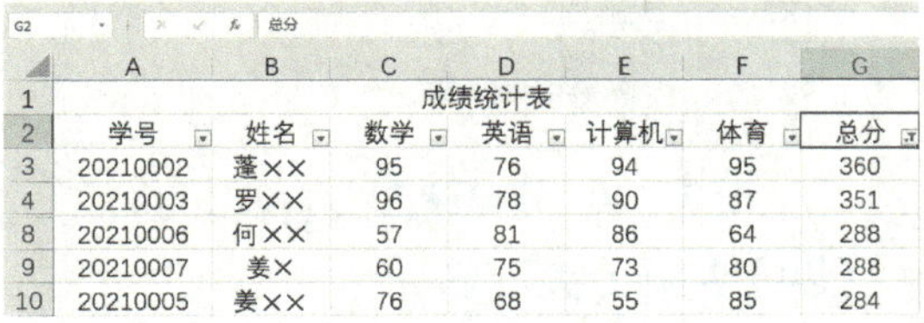

图3-147　"或条件"筛选结果

3. 高级筛选的运用

采用高级筛选可以将筛选到的结果复制到其他位置上，方便使用。在高级筛选方式下可以实现只满足一个条件的"或"条件筛选，也可以实现同时满足两个条件的"与"条件筛选。

高级筛选要求在工作表中无数据的地方指定一个区域用于存放筛选条件，称为条件区域。条件区域和数据区域中间必须有一行及以上的空行隔开，条件区域由标题和值组成。

例如利用高级筛选功能在成绩统计表中筛选出"总分"大于350分或者小于300分的记录，具体操作如下。

（1）设置条件区域，如果筛选条件是"或"，筛选条件要写在不同行内。如果筛选条件是"与"，筛选条件要写在同一行内。在A13单元格中输入条件"＞350"，在B14单元格中输入条件"＜300"。

（2）打开成绩统计表，切换到"数据"选项卡，单击"排序和筛选"选项组中的"高级"按钮，在弹出的"高级筛选"对话框中，设置"列表区域"为单元格区域"$A$2:$G$10"，设置"条件区域"为单元格区域"数据：$A$12:$B$14"，设置"方式"为"在原有区域显示筛选结果"，如图3-148所示。

（3）设置完成后，单击"确定"按钮，即会在成绩统计表中显示筛选出总分大于350分或者小于300分的记录，如图3-149所示。

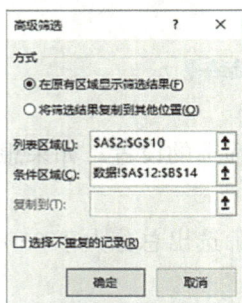

图3-148 "高级筛选"对话框

图3-149 高级筛选结果

4. 取消设置的筛选条件

设置了数据筛选后，如果想还原为原始数据表，需要取消设置的筛选条件，按如下方法可快速取消所设置的筛选条件。

（1）单击设置了筛选的列标识右侧下拉按钮，在打开的下拉菜单中单击从"总分"中清除筛选"选项即可，如图3-150所示。

（2）如果数据表中多处使用了筛选，想要一次性完全清除，单击"数据"选项卡下"排序和筛选"选项组中的"清除"按钮即可，如图3-151所示。

图3-150 清除筛选

图3-151 "清除"按钮

（四）数据分类汇总

分类汇总功能通过为所选单元格自动添加总计和小计来汇总多个相关数据行。此功能是数据库分析过程中一个非常实用的功能。

1. 创建分类汇总统计数据

在创建分类汇总前需要对所汇总的数据进行排序，即将同一类别的数据排列在一起，然后将各个类别的数据按指定方式汇总。例如在工资统计表中，要统计出各职位实发工资合计金额，首先要按"职位"字段进行排序，然后进行分类汇总设置，具体操作如下。

（1）按"职位"字段进行排序。

（2）分类汇总设置。在"数据"选项卡的"分级显示"选项组中单击"分类汇总"按钮，打开"分类汇总"对话框，在"分类字段"下拉列表中选择"职位"，在"汇总方式"下拉列表中选择"求和"，在"选定汇总项"列表框中勾选"实发工资"复选框，如图 3-152 所示。

（3）设置完成后，单击"确定"按钮，可将表格中以"职位"排序后的工资记录进行分类汇总，并显示分类汇总后的结果，汇总项为"实发工资"，如图 3-153 所示。

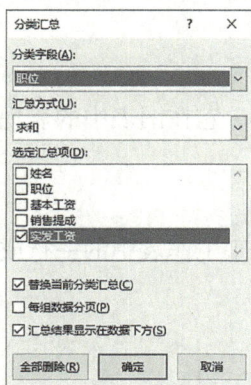

图 3-152　"分类汇总"对话框设置

图 3-153　分类汇总结果

2. 将分类汇总结果分级显示

在进行分类汇总后，工作表编辑窗口左上角显示的序号即为分级序号，如果只想查看分类汇总结果，可以通过单击分级序号实现，如图 3-154 所示。

图 3-154　只显示分类汇总的结果

3. 取消分类汇总的分级显示效果

在进行分类汇总后，其结果会根据当前实际情况分级显示，通过单击级别序号可以实现分级查看汇总结果。如果在分类汇总后，想将其转换为普通表格形式，则可以取消分级显示效果，具体操作如下。

（1）选中分类汇总结果任意单元格，在"数据"选项卡的"分级显示"选项组中单击"取消组合"按钮，在下拉菜单中单击"清除分级显示"，即可取消分级显示效果，如图 3-155 所示。

（2）如果想恢复分级显示的效果，则在"分级显示"选项组中单击"创建组合"按钮，在下拉菜单中单击"自动建立分级显示"选项即可恢复分级显示效果，如图 3-156 所示。

图 3-155　取消分级显示效果

图 3-156　恢复分级显示效果

八、图表的制作与应用

图表的作用是将表格中的数字数据图形化，以此来改善工作表的视觉效果，更直观、更形象地表现出工作表中数字之间的关系和变化趋势。

（一）图表的组成元素

图表的组成元素较多，名称也很多，不过只要将鼠标指针指向图表的不同图表项，Excel就会显示该图表项的名称。这里以柱形图表为例，先介绍图表的各个组成部分，如图 3-157 所示。

1. 数据标记

一个数据标记对应于工作表中一个单元格中的具体数值，它在图表中的表现形式可以是柱形、折线和扇形等。

2. 数据系列

数据系列是指绘制在图表中的一组相关数据标记，来源于工作表中的一行或一列数值数据。图表中的每一数据系列的图形用特定的颜色和图案表示。

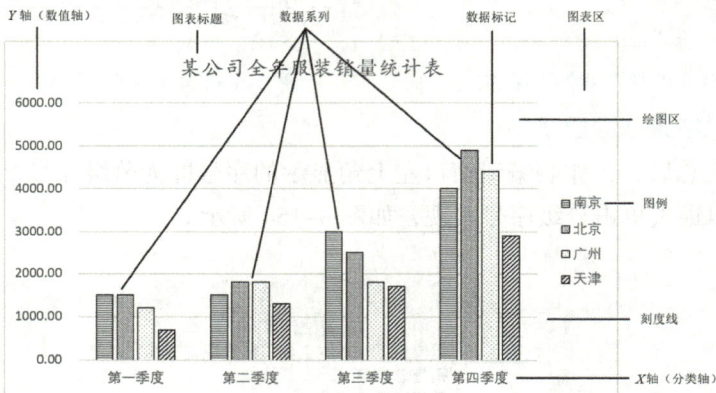

图 3-157　图表及其各种组成元素

3. 坐标轴

坐标轴是位于图形区边缘的直线，为图表提供计量和比较的参照框架。坐标轴通常由分类轴（X 轴）和数值轴（Y 轴）构成。作用是通过增加网格线（刻度），可更直观地查看数据。

4. 图例

图例是用于区分图表中各数据系列的标识方框，通过图案或颜色对应数据系列名称。其核心功能是帮助读者理解不同数据系列的含义。

5. 标题

有图表标题和坐标轴标题（如分类轴标题、数值轴标题等），是图表和坐标轴的说明性文字。

6. 绘图区

绘图区是绘制数据图形的区域，包括坐标轴、刻度线和数据系列。

7. 图表区

图表区是图表工作的区域，它含有构成图表的全部对象，可理解为一块画布。

（二）图表类型

Excel 提供了柱形图、条形图、折线图、饼图、XY 散点图、面积图等十几种图表类型，有二维图表和三维立体图表，每种类型又有若干种子类型，如图 3-158 所示的"插入图表"对话框。其中较常用到的图表类型有柱形图、折线图和饼图。

（三）创建与编辑图表

在 Excel 中，根据编辑好的源数据可以很轻松地创建一些简单的图表。创建图表后，可以根据整体页面版式对图表样式进行相应编辑，例如对图表的大小和位置进行调整、复制和删除图表以及更改图表的类型等。

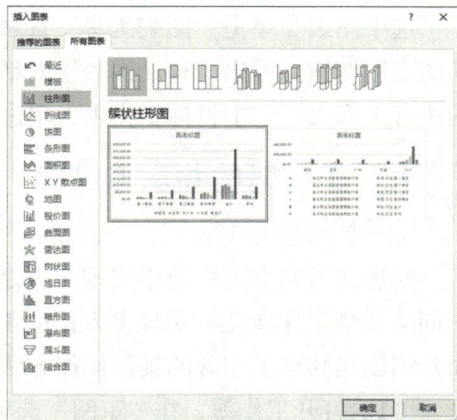

图 3-158　"插入图表"对话框

1. 创建图表

在 Excel 中，创建图表时，如果要让创建的图表更加专业美观，还需对其进行合理的设置。具体操作如下。

在显示该表的截图中选择单元格区域"A2:E6"，切换至"插入"选项卡，在"图表"选项组中单击"插入柱形图或条形图"下拉按钮，在"二维柱形图"组中选择"簇状柱形图"样式（图 3-159），即可生成如图 3-160 所示的簇状柱形图。

创建图表

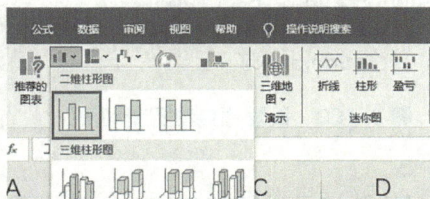

图 3-159　"簇状柱形图"样式

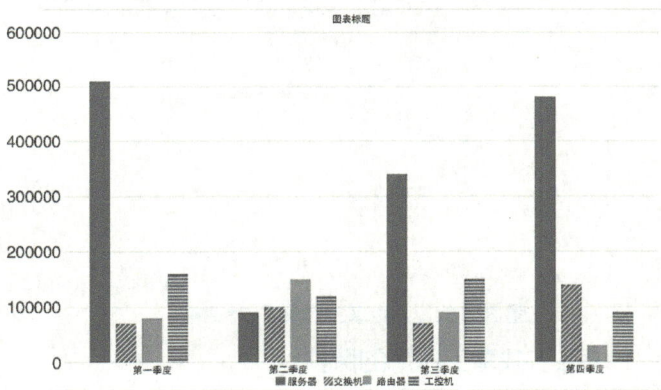

图 3-160　簇状柱形图

2. 编辑图表

创建图表后，Excel 会添加一个专门针对图表操作的"图表工具"选项卡，包含"设计"和"格式"两个子选项卡。选中图表时，这个选项卡就会出现；未选中时，该选项卡自动隐藏。可以通过"图表工具"对图表进行编辑。

3. 调整图表的位置

（1）在当前工作表中移动图表。

选中图表，将光标定位到任意（上、下、左、右）边框上（非控点上），当光标变成双向十字形箭头时，按住鼠标左键进行拖曳即可移动图表。

（2）在不同工作表之间移动图表。

选中图表，单击"图表工具"选项卡下的"设计"子选项卡，单击"位置"组中的"移动图表"按钮，弹出"移动图表"对话框。"对象位于"下拉菜单中显示了当前工作簿包含的所有工作表，选中目标工作表，单击"确定"按钮即可。

九、工作簿的共享与保护

（一）共享工作簿

要想通过共享工作簿来实现多人之间的协同操作，首先必须创建共享工作簿。在局域网中创建共享工作簿能够实现多人协同编辑同一个工作表，同时方便让其他人审阅工作簿。下面介绍创建共享工作簿的具体操作方法。

（1）打开工作簿，在"审阅"选项卡中单击"更改"选项组中的"共享工作簿"按钮，弹出"共享工作簿"对话框。在该对话框中勾选"允许多用户同时编辑，同时允许工作簿合并"复选框，如图 3-161 所示。

（2）切换到"高级"选项卡，对修订、更新和视图等选项进行设置。这里单击"自动更新间隔"单选按钮，并设置更新间隔，如图 3-162 所示。

（3）完成设置后，单击"确定"按钮，在弹出的提示框中单击"确定"按钮保存文档。此时文档的标题栏中将出现"共享"字样，将文档保存到共享文件夹即可实现局域网中的其他用户对本文档的访问。

图 3-161 "共享工作簿"对话框

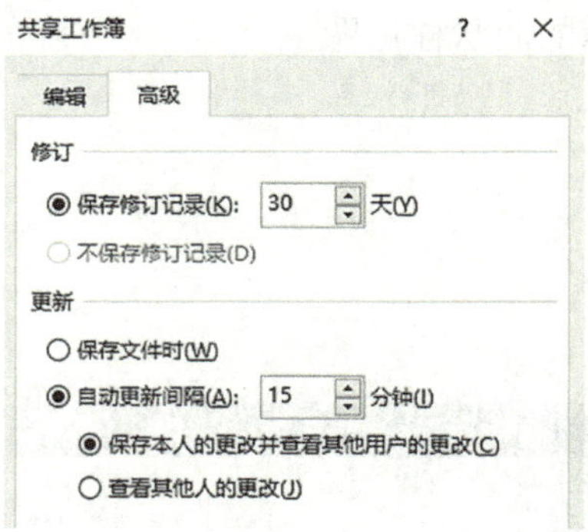

图 3-162 设置"自动更新间隔"

（二）共享工作簿的保护

工作簿在共享时，为了避免用户关闭工作簿的共享或对修订记录进行随意修改，往往需要对共享工作簿进行保护。要实现对共享工作簿的保护，可以创建受保护的共享工作簿，下面介绍具体的操作方法。

（1）打开工作簿，在"审阅"选项卡中单击"更改"选项组中的"保护并共享工作簿"按钮，弹出"保护共享工作簿"对话框，如图 3-163 所示。

（2）勾选"以跟踪修订方式共享"复选框，同时在"密码（可选）"文本框中输入密码，完成设置后单击"确定"按钮，弹出"确认密码"对话框，在"重新输入密码"文本框中再次输入刚才的密码，如图 3-164 所示。

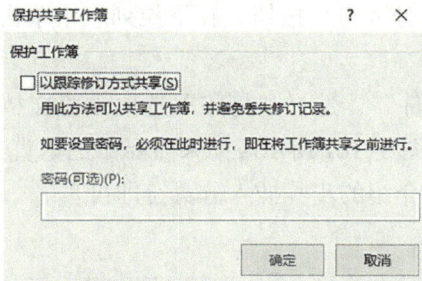

图 3-163　"保护共享工作簿"对话框

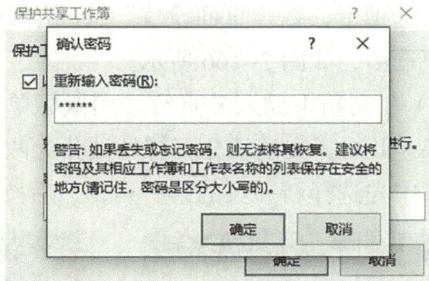

图 3-164　"确认密码"对话框

（3）单击"确定"按钮关闭对话框，弹出 Microsoft Excel 提示框，提示用户系统将对文档进行保存，单击"确定"按钮保存文档即可。

如果要取消对共享工作簿的保护，单击"审阅"选项卡"更改"选项组中的"撤销对共享工作簿的保护"按钮，弹出"取消共享保护"对话框，在该对话框中输入密码单击"确定"按钮即可。

十、工作表的保护与打印

（一）工作表的保护

在日常工作中，我们经常需要将 Excel 文件发送给别人进行核对或者查阅，为了避免他人对工作表进行再次操作，这个时候，就需要使用"保护工作表"功能。该功能可以禁止未授权的用户在工作表中进行输入、修改、删除数据等操作。下面介绍具体的操作方法。

（1）切换到要实施保护的工作表，执行"审阅"→"保护工作表"命令，弹出"保护工作表"对话框，如图 3-165所示。

（2）要限制他人对工作表进行更改，可将"保护工作表"对话框中"允许此工作表的所有用户进行"列表框中的所有选项前的复选框设置为空。

（3）为了防止他人取消工作表的保护，可输入密码，然后单击"确定"按钮，在弹出的确认密码对话框中，再输入一次密码，就完成了对工作表的保护。

要撤消对工作表的保护，需要执行"审阅"→"撤消工作表保护"命令。若设置了密码，则需要输入密码，才能撤消。

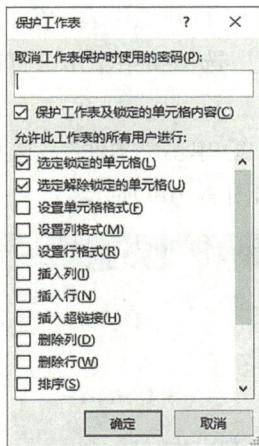

图 3-165　"保护工作表"对话框

（二）工作表的打印

完成电子表格的创建后，往往需要打印电子表格，在打印表格之前，需要对页面进行设置。

1. 设置分页符

在打印工作表时，Excel 会自动对打印内容进行分页。但有时可能只需打印工作表中某一部分的内容，此时需要在工作表中插入分页符。下面介绍在 Excel 工作表中插入分页符的方法。

（1）打开需要设置分页符的工作表，在工作表中选择需要分页的下一行。切换到"页面布局"选项卡，在"页面设置"选项组中单击"分隔符"按钮，在下拉列表中单击"插入分页符"选项，如图 3-166 所示。

（2）在文档中插入分页符。用鼠标单击"文件"，选择"打印"选项预览文档的分页打印效果。此时，文档从分页符处被分为两页，如图 3-167 所示。如果需要添加垂直分页符，在工作表中先选择新一页的第一列，然后按照上面介绍的步骤插入分页符即可。

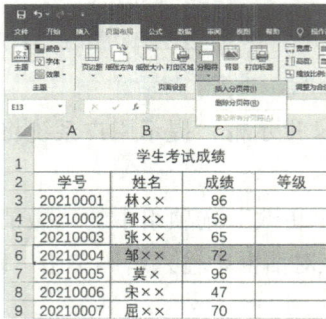

图 3-166　单击"插入分页符"选项

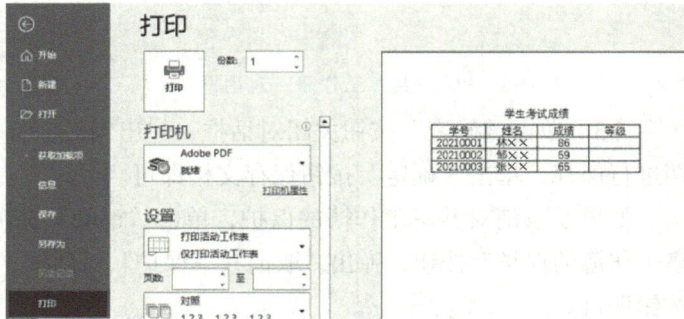

图 3-167　预览文档的打印分页效果

2. 设置打印区域

默认情况下，如果用户在 Excel 工作表中执行打印操作，那么会打印当前工作表中所有非空单元格中的内容。而很多情况下，用户可能仅仅需要打印当前 Excel 工作表中的一部分内容，而非所有内容。此时，用户可以为当前 Excel 工作表设置打印区域。下面介绍设置打印区域的操作方法。

（1）打开工作表，在工作表中选中需要打印的单元格区域，在"页面布局"选项卡的"页面设置"选项组中单击"打印区域"按钮，在下拉列表中单击"设置打印区域"，如图 3-168所示。

（2）单击"文件"，选择"打印"选项，在右侧预览窗格可以预览所选打印区域的打印效果，如图 3-169 所示。

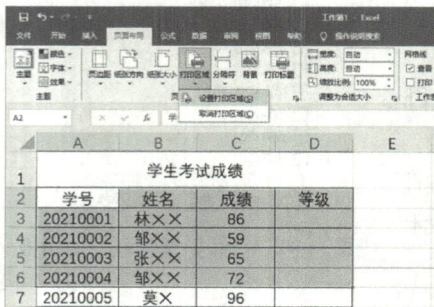

图 3-168　单击"设置打印区域"

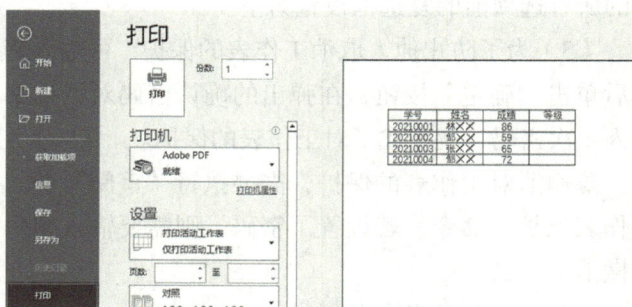

图 3-169　预览打印效果

3. 设置打印标题行

为了便于阅读打印出来的文档，进行打印时可以在各页上打印标题行。下面介绍打印标题行的设置方法。

（1）打开需要打印的工作表，在"页面布局"选项卡的"页面设置"选项组中，单击"打印标题"按钮，弹出"页面设置"对话框。在"工作表"

Excel 打印设置

选项卡的"顶端标题行"文本框中输入需要作为标题行打印的标题行地址，如图3-170所示。

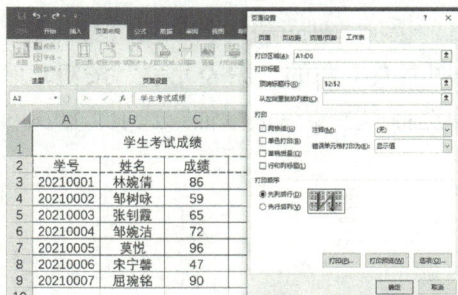

图 3-170　输入标题行的单元格地址

（2）在"页面设置"对话框中单击"打印预览"按钮预览标题行效果，此时可以看到第2页以后所有的页都包含了所设置的标题行。

【教学案例 6：制作销售图表】

【案例情境】

某公司销售总监要根据第一季度销售业绩表中各销售人员每月的销售业绩，创建簇状柱形图，来更直观地反映销售业绩情况。最终销售业绩柱形图如图3-171所示。

【案例实施】

1. 创建销售统计柱形图

（1）利用销售业绩表中的数据创建簇状柱形图。打开素材文件"销售业绩表.xlsx"。

（2）选中 A2：D8 单元格区域，在"插入"选项卡"图表"组中单击"推荐的图表"按钮，打开"插入图表"对话框，在"推荐的图表"选项卡中选择"簇状柱形图"选项，右侧窗口中可以看到预览效果，单击"确定"按钮完成图表创建，如图3-172所示。

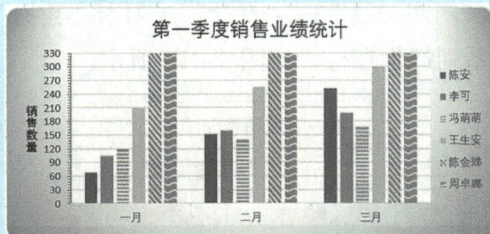

图 3-171　销售业绩柱形图

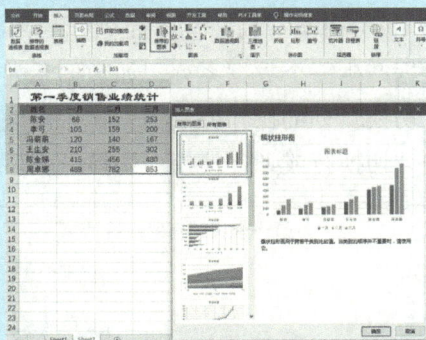

图 3-172　插入图表

小贴士

选择数据后，按 Alt+F1 快捷键，可以在当前工作表中创建默认的簇状柱形图；按 F11 键可以在新的图表工作表中创建独立的簇状柱形图。

如果要使用多个不连续的单元格区域创建图表，可以在选择第1个区域后，按住Ctrl键，再选择其他区域，但本身连续的区域不要分多次选择，否则无法创建正确的图表。

（3）选中图表，单击图表右上角的"图表元素"按钮，然后单击"图例"右侧的扩展按钮，在子菜单中选择"右"选项，即可将图例移到图表右侧，如图 3-173 所示。

（4）选中图表，单击图表右上角的"图表元素"按钮，然后单击"坐标轴标题"右侧的扩展按钮，在子菜单中选择"主要纵坐标轴"选项，如图 3-174 所示。

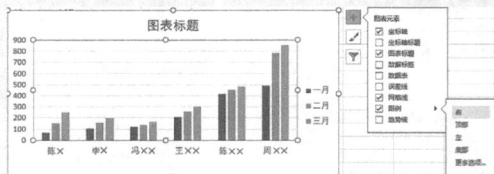

图 3-173　移动图例位置　　　　　图 3-174　添加图表纵坐标轴标题

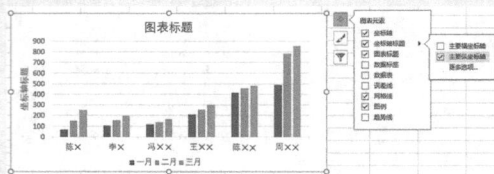

（5）单击坐标轴标题两次，更改坐标轴标题为"销售数量"。

小贴士

单击"图表工具"→"设计"选项卡"图表布局"组中的"快速布局"按钮，可以在列表中选择一种预定义的图表布局。

（6）选中图表标题，在"编辑栏"中输入"=",单击 A1 单元格，按 Enter 键后，图表标题显示为"第一季度销售业绩表"。修改 A1 单元格的内容为"第一季度销售业绩统计"，图表标题也随之改变，如图 3-175 所示。

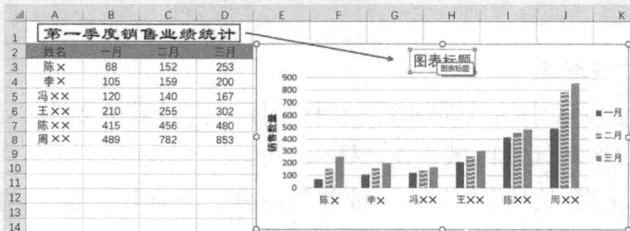

图 3-175　设置图表标题内容

（7）切换行列。在上面创建的图表中，数据系列产生在列，如图 3-176 所示，即一列数据产生一个数据系列，如数据系列"一月"的数据来源于数据表中的"一月"列。

切换行列的操作方法为：选中图表，单击"图表工具"→"设计"选项卡"数据"组中的"切换行或列"按钮。切换行列后，数据系列产生在行，如图 3-177 所示。

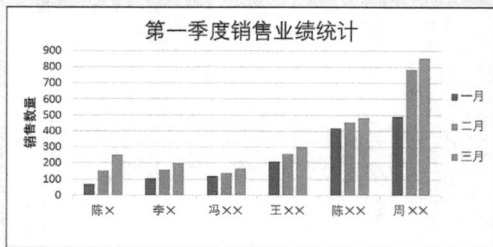

图 3-176　系列产生在列　　　　　图 3-177　系列产生在行

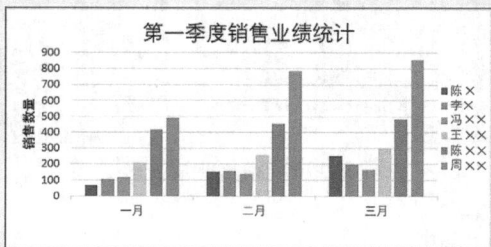

2. 美化销售统计图

（1）选中图表。在"图表工具"→"格式"选项卡"当前所选内容"组中选择当前图表元素为"图表区"，然后单击"设置所选内容格式"按钮打开"设置图表区格式"窗格。

小贴士

　　如果熟悉图表中的各种元素，可以直接双击任意图表元素打开"设置格式"窗格（该窗格对应被双击的图表元素）。

　　（2）在"设置图表区格式"窗格中单击"图表选项"选项卡，选中"渐变填充"单选按钮；在"预设渐变"列表中选择"顶部聚光 – 个性色 3"选项；在"类型"列表中选择"射线"选项；在"方向"列表中选择"从中心"选项；拖动"渐变光圈"中间的滑块改变渐变位置为"67%"；拖动窗口滚动条到底部，在边框选项中选中"圆角"复选框，如图 3-178 所示。

　　（3）选中图表的"垂直（值）轴"。在"设置坐标轴格式"窗格中，单击"坐标轴选项"选项卡，修改"边界"的"最大值"为"330.0"，修改"单位"中的"大"为"30.0"；在"刻度线"选项组中"主刻度线类型"和"次刻度线类型"均选择"外部"选项，如图 3-179 所示。完成后的效果如图 3-180 所示。

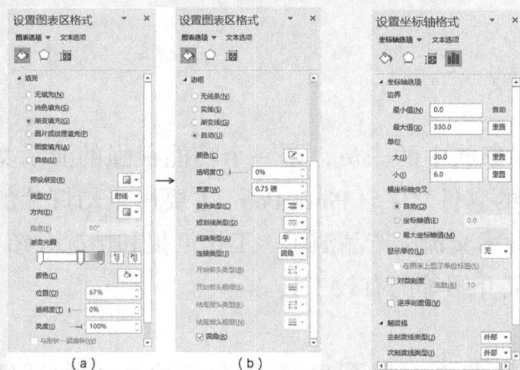

图 3-178　"设置图表区格式"窗格　　图 3-179　"设置坐标轴格式"窗格　　图 3-180　坐标轴的最终效果

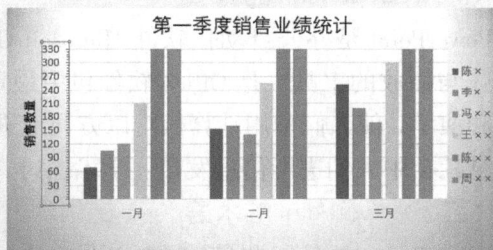

　　（4）选中图表的"垂直（值）轴标题"。在"设置坐标轴标题格式"窗格中单击"大小与属性"选项卡；在"对齐方式"的"文字方向"列表中选择"竖排"选项，如图 3-181 所示。最终效果如图 3-182 所示。

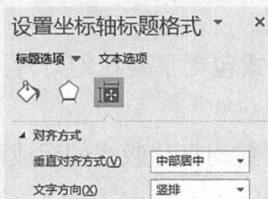

图 3-181　设置文字方向　　　　　图 3-182　图表的最终效果

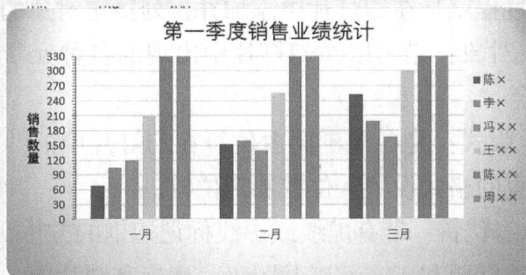

任务三　演示文稿软件

【任务描述】

本任务要求了解演示文稿软件的基本概念和基本功能，掌握演示文稿的基本操作和演示文稿的动画设计、切换效果设置、放映方式设置，熟悉演示文稿的打包、共享、保护和打印等功能。

【知识讲解】

一、PowerPoint 2016 基础知识

（一）PowerPoint 的概念

PowerPoint 是办公自动化软件 Microsoft Office 家族中的一员，是一个功能很强的演示文稿制作与播放的工具，是 Office 软件包中最重要的套件之一。PowerPoint 主要用于幻灯片的制作和演示，使人们利用计算机可以方便地进行学术交流、产品演示、工作汇报和情况介绍，是信息社会中人们进行信息发布、学术探讨、产品介绍等的有效工具。

（二）PowerPoint 的术语

PowerPoint 中有一些特有的术语，掌握这些术语可以帮助读者更好地学习和理解 PowerPoint。

（1）演示文稿：一个演示文稿就是一个 PowerPoint 文档，其默认扩展名为 .pptx。一个演示文稿是由若干张"幻灯片"组成。制作一个演示文稿的过程就是依次制作每一张幻灯片的过程。

（2）幻灯片：是演示文稿的一个个单独的部分。每张幻灯片对应一次屏幕显示。制作幻灯片的过程就是在幻灯片中添加并排列指定对象的过程。

（3）对象：是可以在幻灯片中出现的各种元素，可以是文字、图形、表格、图表、音频和视频等。

（4）版式：是各种不同占位符在幻灯片中的"布局"。版式包含了要在幻灯片上显示的全部内容的格式设置、位置和占位符。

（5）占位符：带有虚线或影线标记边框的方框，它是绝大多数幻灯片版式的组成部分。这些框容纳标题和正文，以及图表、表格和图片等。

（6）幻灯片母版：指幻灯片的外观设计方案，它存储了有关幻灯片的主题和幻灯片版式的所有信息，包括背景、颜色、字体、效果、占位符大小和位置，也包括专门为幻灯片添加的对象。

（7）模板：指一个演示文稿整体上的外观设计方案，它包含每一张幻灯片预定义的文字格式、颜色以及幻灯片背景图案等。

二、熟悉 PowerPoint 2016 的工作窗口

PowerPoint 2016 是一款优秀的制作和演示文稿的软件，启动后，将打开如图 3-183 所示的工作窗口。

下面介绍 PowerPoint 2016 工作窗口中的几个主要组成部分及其用途。

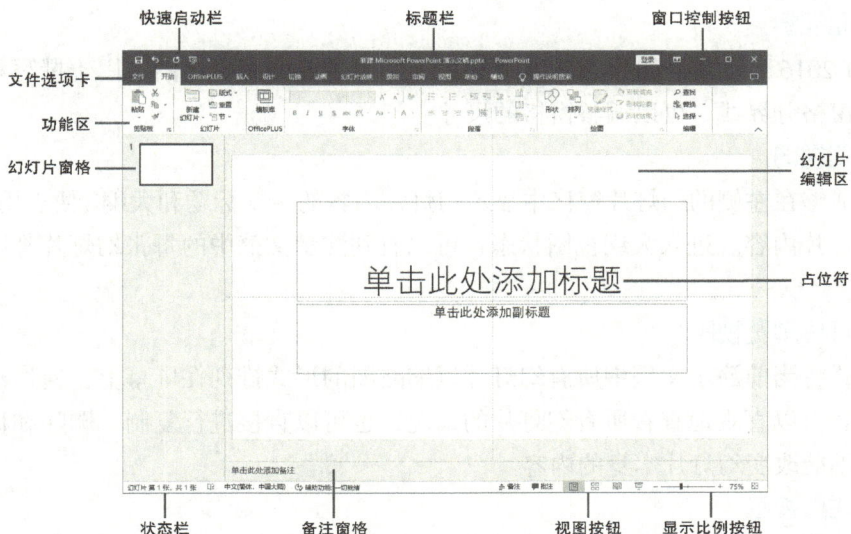

图 3-183　PowerPoint 2016 工作窗口

（一）幻灯片窗格

幻灯片窗格以预览的形式显示当前幻灯片，可以添加文本，插入图片、表格、图形、绘图对象、文本框、电影、声音、超链接和动画等。

（二）备注窗格

备注窗格用于输入与每张幻灯片的内容相关的备注，这些备注一般包含演讲者在讲演时所需的一些提示信息。

（三）占位符

占位符是指创建新幻灯片时出现的虚线方框，这些方框代表着一些待定的对象，用来放置标题、正文、图形、表格和图片等对象。占位符是幻灯片设计模板的主要组成元素，在占位符中添加文本和其他对象可以方便地建立规整美观的演示文稿。

如果文本大小超出了占位符的大小，PowerPoint 会逐渐减小输入文本的字号和行间距以使文本大小合适。

（四）视图按钮

此处包括 4 种不同的视图按钮，即"普通视图"按钮、"幻灯片浏览"按钮、"阅读视图"按钮和"幻灯片放映"按钮，单击不同的按钮，可切换到相应的视图。

三、PowerPoint 2016 的视图方式

PowerPoint 2016 主要有 5 种视图方式，即普通视图、大纲视图、幻灯片浏览视图、备注页视图和阅读视图，如图 3-184 所示。每种视图有其特定

的显示方式，因此在编辑文档时选用不同的视图可以使文档的浏览或编辑变得更加方便。

图 3-184　幻灯片视图

（一）普通视图

PowerPoint 2016 启动后就直接进入普通视图，它是主要的编辑视图，用于撰写和设计演示文稿。拖动窗格分界线，可以调整窗格的尺寸。

（二）大纲视图

大纲视图能够在左侧的幻灯片窗格中显示幻灯片内容的主要标题和大纲，便于用户更好、更快地编辑幻灯片内容。进入大纲视图状态，可以看到演示文稿中的每张幻灯片都以内容提要的形式呈现。

（三）幻灯片浏览视图

该视图方式将当前演示文稿中所有幻灯片以缩略图的形式排列在屏幕上。通过幻灯片浏览视图，制作者可以直观地查看所有幻灯片的情况，也可以直接进行复制、删除和移动幻灯片的操作，但不能改变幻灯片本身的内容。

（四）备注页视图

备注页视图可以让演讲者通过备注页对幻灯片作相应的解释以便更好地讲解。

（五）阅读视图

在创建演示文稿的过程中，若单击"阅读视图"按钮将以适当的窗口大小放映幻灯片，预览演示文稿的放映效果。

四、创建、保存演示文稿

（一）创建演示文稿

在 PowerPoint 2016 中，一个演示文稿就是一个 PowerPoint 文件，其扩展名为 .pptx。其创建方法主要有以下几种。

1. 利用已有模板创建演示文稿

当需要创建一个新的演示文稿时，可以选择"开始"选项卡中的"新建"选项，在右侧窗格中可看到"可用的模板和主题"界面，如图 3-185 所示。

在"可用的模板和主题"界面下可以选择"样本模板""主题""我的模板"等选项，还可以应用已有的模板。选择需要的模板后，演示文稿会按照模板中设定好的背景、字体等规则进行显示。

2. 从 Office Online 下载模板

如果没有合适的模板可以使用，可以在"Office.com 模板"选项组中选择合适的模板类型进行下载。

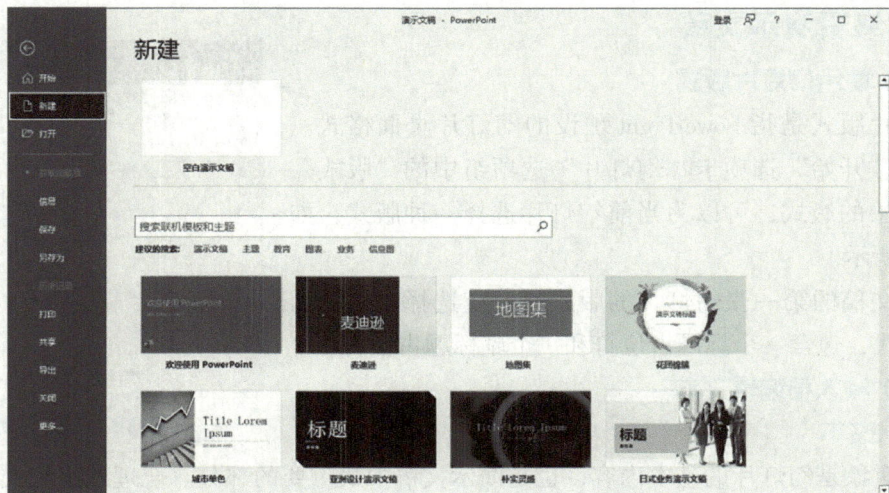

图 3-185　"可用的模板和主题"界面

（二）保存演示文稿

PowerPoint 2016 提供了 3 种保存演示文稿的方法。

方法一：选择"文件"选项卡中的"保存"选项。

方法二：按 Ctrl+S 快捷键。

方法三：单击快速访问工具栏中的"保存"按钮。

对于新创建的演示文稿，选择"文件"选项卡中的"保存"选项，在打开的"另存为"对话框中输入文件名，默认的保存类型是"PowerPoint 演示文稿"，其扩展名为".pptx"。

小贴士

当遇到喜欢的模板，希望将其保存以备下次使用时，可以利用"另存为"命令，在打开的"另存为"对话框中的"保存类型"下拉列表中选择"PowerPoint 模板"类型（扩展名为 .potx），如图 3-186 所示，保存在默认路径下。以后可以在"可用的模板和主题"界面中的"我的模板"中找到该模板。

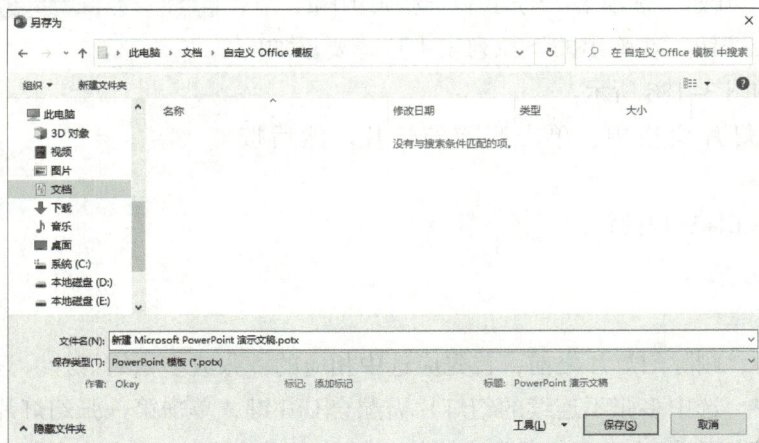

图 3-186　"另存为"对话框

五、编辑演示文稿

（一）使用幻灯片版式

幻灯片版式是指 PowerPoint 预设的幻灯片页面格式。通过选择"开始"选项卡"幻灯片"选项组中的"版式"下拉列表中的版式，可以为当前幻灯片选择一种版式，如图 3-187 所示。

演示文稿的第一张幻灯片的版式通常应选择"标题幻灯片"版式，包含一个标题占位符和一个副标题占位符。

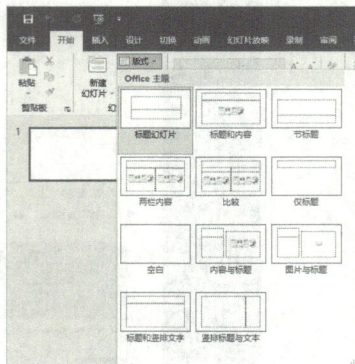

图 3-187　版式设置

（二）输入和编辑文本

1. 输入文本

文本对象是幻灯片的基本内容，也是演示文稿中最重要的部分。合理地组织文本对象可以使幻灯片更好地传达信息。幻灯片中可以输入文本的位置通常有两种：占位符和文本框。

（1）在占位符中输入文本。占位符是幻灯片设计模板的主要组成元素，在文本占位符中单击，即可输入或粘贴文本。

（2）在文本框中输入文本。如果要在占位符以外的其他位置输入文本，则必须插入文本框。单击"插入"选项卡"文本"选项组中的"文本框"下拉按钮，在弹出的下拉列表中选择"横排文本框"或"竖排文本框"选项，即可在幻灯片中插入文本框，然后在该文本框中输入文本即可。

管理幻灯片

2. 设置文本格式

设置文本格式之前，首先要选中需要设置格式的文本或段落，也可以选中整个文本框或占位符，将其内所有的文本设置为统一的格式。

（三）创建新幻灯片

在演示文稿中，默认情况下幻灯片的数量只有一张，如果需要多张幻灯片，用户可以按照以下方法创建新幻灯片。

（1）单击"开始"选项卡"幻灯片"选项组中的"新建幻灯片"下拉按钮，在弹出的下拉列表中选择要添加的幻灯片版式，如图 3-188 所示。

（2）在幻灯片窗格中，单击当前幻灯片，然后按 Enter 键。

（3）使用 Ctrl+M 快捷键。

图 3-188　新建幻灯片

（四）管理幻灯片

1. 选中幻灯片

复制、移动、删除幻灯片之前，首先应选中相应的一张或多张幻灯片。只需单击相应的幻灯片即可选中。选中多张不连续的幻灯片需配合 Ctrl 键，单击第一张幻灯片，按 Ctrl 键的同时单击其他幻灯片即可；选中多张连续的幻灯片，需配合 Shift 键，单击第一张幻灯片，按住 Shift 键的同时单击最后一张幻灯片即可。

2. 移动幻灯片

移动幻灯片就是将幻灯片的次序进行调整，更改幻灯片放映时的播放顺序。在普通视图或幻灯片浏览视图中，单击需要移动的幻灯片，拖动鼠标，并将其放到需插入的位置，释放鼠标左键，该幻灯片即可移动到新的位置；也可以用剪贴板来完成移动幻灯片的操作。

3. 复制幻灯片

先选择需要复制的幻灯片，然后使用"复制""粘贴"命令，即可完成复制幻灯片的操作。

4. 隐藏幻灯片

在放映幻灯片时为了节省时间可把一些非重点的幻灯片隐藏起来，被隐藏的幻灯片仅仅是在放映时不显示。隐藏幻灯片的操作方法为：单击"幻灯片放映"选项卡"设置"选项组中的"隐藏幻灯片"按钮，或右击需要隐藏的幻灯片，在弹出的快捷菜单中选择"隐藏幻灯片"选项。

5. 删除幻灯片

删除幻灯片操作可在普通视图或幻灯片浏览视图中进行，选中要删除的幻灯片，单击鼠标右键，在弹出的快捷菜单中选择"删除幻灯片"选项，即可删除所选中的幻灯片；或选中要删除的幻灯片，然后按 Delete 键，同样可删除所选择的幻灯片。

（五）插入多媒体对象

在制作幻灯片的过程中，通过单击"插入"选项卡中的按钮，可在幻灯片中插入图像、SmartArt 图形、表格、音频或视频、页眉和页脚等对象，如图 3-189 所示。

图 3-189　"插入"选项卡

1. 插入图像

在幻灯片中，插入图像可以使演示文稿形象生动、图文并茂。幻灯片中图像的来源有图片、屏幕截图和相册。

2. 插入 SmartArt 图形

扫一扫

PPT 插入图片

在编辑幻灯片时，通常会插入多体元素，如插入形状、SmartArt 图形、图表等，其中 SmartArt 图形可以把单一的列表变成色彩斑斓的有序列表、组织图或流程图。单击"插入"选项卡"插图"选项组中的"SmartArt"按钮，打开如图 3-190 所示的"选择 SmartArt 图形"对话框，在该对话框中选择相应的图形即可。

3. 插入表格

单击"插入"选项卡"表格"选项组中的"表格"下拉按钮，在弹出的下拉列表中拖动鼠标选择需要的行、列数，即可在当前的幻灯片上插入表格，如图 3-191 所示。

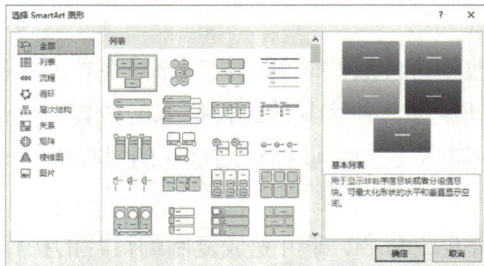

图 3-190 "选择 SmartArt 图形"对话框

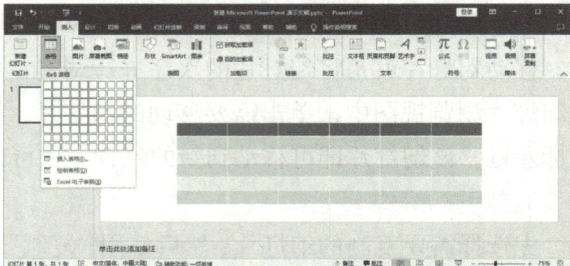

图 3-191 插入表格

4. 插入音频或视频

单击"插入"选项卡"媒体"选项组中的"视频"或"音频"按钮，即可以在演示文稿中插入影音文件。

选中插入的音频或视频文件，可调出"音频工具"或"视频工具"面板。以插入音频为例，在"音频工具"下的"播放"选项卡"音频样式"选项组中，可以设置音频的播放起止时间等，如图 3-192 所示。

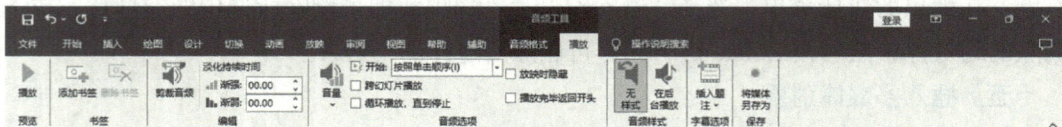

图 3-192 "音频样式"选项组

5. 插入页眉和页脚

在幻灯片中插入页眉和页脚，可以使幻灯片更易于阅读。单击"插入"选项卡"文本"选项组中的"页眉和页脚"按钮，弹出"页眉和页脚"对话框，如图 3-193 所示。在该对话框中进行设置后，单击"应用"按钮，可应用于当前幻灯片；单击"全部应用"按钮，可应用于整个演示文稿。

（1）日期和时间。勾选该选项复选框，可在幻灯片中显示时间和日期。

图 3-193 "页眉和页脚"对话框

（2）幻灯片编号。勾选该选项复选框，可在幻灯片中显示编号。

（3）页脚。勾选该选项复选框，可在其下方的文本框中输入需要在页脚中显示的文字。

（4）标题幻灯片中不显示。若勾选该选项复选框，则标题页不会显示页眉和页脚。

六、设计和美化演示文稿

设计和美化演示文稿时，可参照以下几个原则：主题鲜明、文字简练、结构清晰、逻辑性强，和谐醒目、美观大方，生动活泼、引人入胜。

为使演示文稿的风格保持一致，可以通过设置统一的外观来实现。PowerPoint 2016 提供的主题、背景功能，可方便地对演示文稿中的幻灯片

扫一扫

美化幻灯片

外观进行调整和设置。

（一）应用主题

对幻灯片应用主题即对幻灯片的整体样式进行设置，包括幻灯片中的背景和文字等对象。PowerPoint 2016 提供了许多主题样式，应用主题后的幻灯片，会被赋予更专业的外观从而改变整个演示文稿的格式。此外，还可以根据自己的需要自定义主题样式。

1. 快速应用主题

单击"设计"选项卡"主题"选项组中的"其他"按钮，打开主题样式库，如图 3-194

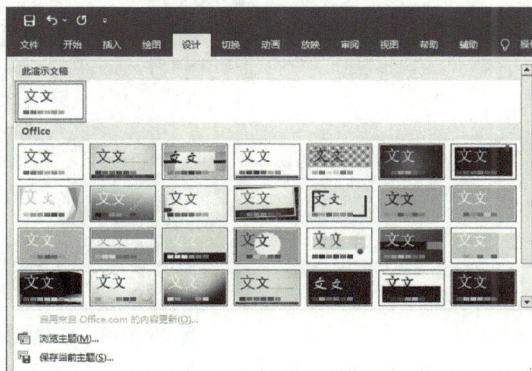

图 3-194　主题样式库

所示，在所有的预览图中选择想要的主题应用于幻灯片中即可。

2. 自定义主题

如果"主题"下拉列表中的主题样式满足不了要求，则可根据自己的需要自定义主题样式，即通过单击"设计"选项卡"变体"选项组中的"颜色""字体""效果"等按钮，对主题的颜色、字体和效果等进行设置。

（1）打开应用了画廊主题的演示文稿，如图 3-195 所示。单击"设计"选项卡"变体"选项组中的"其他"下拉按钮，在弹出的下拉列表中选择"颜色"→"自定义颜色"选项，如图 3-196 所示。在弹出的"新建主题颜色"对话框中单击"文字 / 背景 – 浅色 2"下拉按钮，在弹出的下拉列表中选择"粉红，个性色 2，淡色 60%"选项，如图 3-197 所示。

（2）单击"保存"按钮完成自定义主题颜色设置，效果如图 3-198 所示。在"其他"下拉列表中选择"字体"→"编辑主题字体"选项，在弹出的如图 3-199 所示的"编辑主题字体"对话框中分别设置"标题字体"和"正文字体"为"幼圆"，在"名称"文本框中输入自定义字体名称。

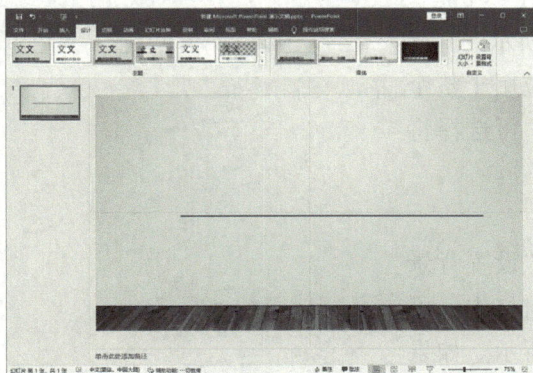

图 3-195　画廊主题

图 3-196　"颜色"
下拉列表

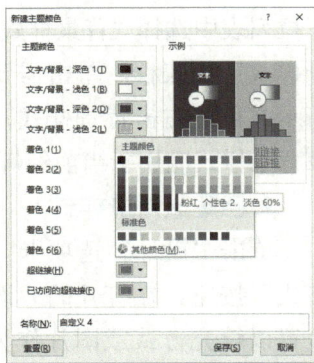

图 3-197　"新建主题颜色"
对话框

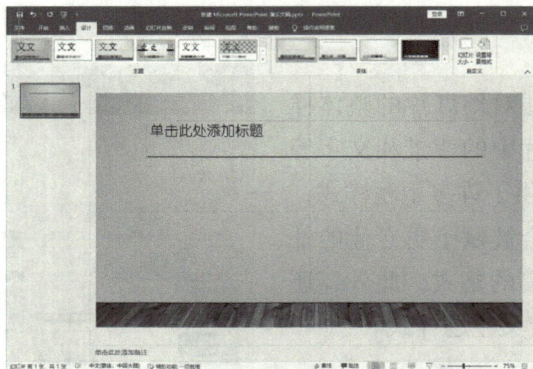

图 3-198　设置自定义主题颜色效果图

（3）单击"保存"按钮，完成自定义主题字体设置。在"其他"下拉列表中选择"效果"，在弹出的二级下拉列表中选择"棱纹"选项（图 3-200），完成自定义主题效果设置。

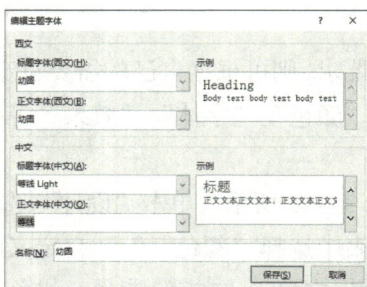

图 3-199　"编辑主题字体"对话框

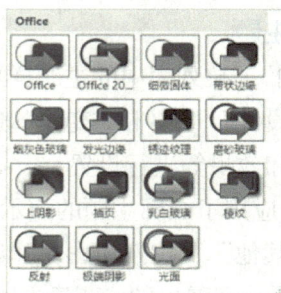

图 3-200　"效果"二级下拉列表

（二）设置幻灯片背景

设置幻灯片的背景，既可以为单张幻灯片设置背景，也可以为演示文稿中的所有幻灯片设置相同的背景。

1. 使用内置样式

打开需更改背景的幻灯片母版或演示文稿，在"其他"下拉列表中选择"背景样式"，弹出如图 3-201 所示的"背景样式"列表框。单击需要的样式，即可将其应用于整个演示文稿；右击背景样式，在弹出的快捷菜单中可选择将该背景样式应用于当前幻灯片或整个演示文稿。

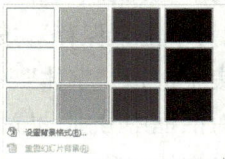

图 3-201　"背景样式"列表框

2. 自定义背景样式

单击"设计"选项卡"自定义"选项组的"设置背景格式"按钮，在打开的"设置背景格式"任务窗格中，可设置以填充方式或图片作为背景，如图 3-202 所示。如果选择填充方式，可以设置为"纯色填充""渐变填充"或"图片或纹理填充"，并进一步设置相关的选项。

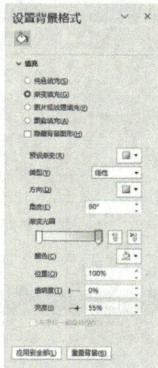

图 3-202　"设置背景格式"对话框

【教学案例7：制作景区宣传演示文稿】

【案例情境】

旅游管理专业的张××毕业后在四川省某旅行社工作，为了更好熟悉业务，她打算制作一份四川省国家5A级旅游景区的宣传演示文稿。

【案例实施】

1. 新建并保存演示文稿

制作演示文稿前，需要先新建并保存演示文稿。下面将新建一个空白演示文稿，再以"国家5A级旅游景区介绍"为名将其保存在计算机中，其具体操作如下。

（1）单击"开始"按钮，选择"开始"→"PowerPoint 2016"命令，启动PowerPoint 2016。

（2）在打开的启动界面中直接选择"空白演示文稿"选项，如图3-203所示，新建一个名为"演示文稿1"的演示文稿。

（3）在快速访问工具栏中单击"保存"按钮，打开"另存为"窗口，在"另存为"列表中选择"浏览"选项。

（4）打开"另存为"对话框，在"地址栏"下拉列表框中选择文稿保存路径，在"文件名"文本框中输入"国家5A级旅游景区介绍"文本，在"保存类型"下拉列表框中选择"PowerPoint演示文稿（*.pptx）"选项，单击"保存"按钮，如图3-204所示，完成演示文稿的保存操作。

图 3-203　新建空白演示文稿

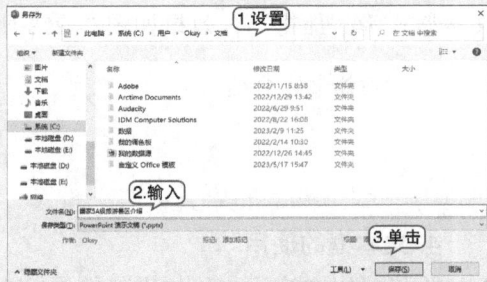

图 3-204　保存演示文稿

2. 新建幻灯片

新建并保存演示文稿后，即可开始添加演示文稿中的内容。在制作"国家5A级旅游景区介绍"演示文稿时，可以先搭建演示文稿的基本框架，即先做好幻灯片的新建操作，其具体操作如下。

（1）由于新建的演示文稿中只有一张标题幻灯片，因此需要新建幻灯片，增加演示文稿中幻灯片的数量。在"幻灯片"窗格中选择第1张幻灯片缩略图，直接按"Enter"键新建一张幻灯片，新建的幻灯片版式默认为"标题和内容"版式。

（2）在"开始"→"幻灯片"组中单击"新建幻灯片"按钮下方的下拉按钮，在打开的下拉列表框中选择"空白"选项，如图3-205所示，即可新建一张"空白"版式的幻灯片。

（3）此时，演示文稿中共有 3 张幻灯片，效果如图 3-206 所示。

图 3-205　新建"空白"版式幻灯片　　　　图 3-206　新建幻灯片后的效果

3. 输入文本并设置文本格式

搭建好演示文稿的基本框架后，就可以在幻灯片中输入文本并设置文本的格式，以完善演示文稿的内容。在"国家 5A 级旅游景区介绍"演示文稿中，可以先编辑前两张幻灯片中的文本，其具体操作如下。

（1）选择第 1 张幻灯片，将文本插入点定位到"单击此处添加标题"占位符中，占位符中的文本将自动消失。切换到中文输入法，输入"旅游景区介绍"文本。选择文本，在"开始"→"字体"组中单击"加粗"按钮，以加粗该文本。

（2）将文本插入点定位到"单击此处添加副标题"占位符中，输入"国家 5A 级旅游景区（四川）"文本，如图 3-207 所示。

（3）在第 2 张幻灯片的"单击此处添加标题"占位符中输入"目录"文本，设置该文本格式为"加粗"，效果如图 3-208 所示。

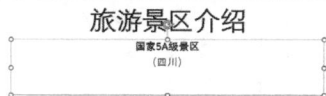

图 3-207　编辑第 1 张幻灯片　　　　图 3-208　编辑第 2 张幻灯片

4. 文本框的使用

除了可以在演示文稿的占位符中输入文本外，还可在文本框中输入文本。在编辑"国家 5A 级旅游景区介绍"演示文稿的第 2 张幻灯片时，可以添加文本框，并在文本框中输入目录的具体内容，其具体操作如下。

（1）选择第 2 张幻灯片，在"插入"→"文本"组中单击"文本框"按钮，在打开的下拉列表框中选择"横排文本框"选项，在幻灯片中拖曳绘制文本框，如图 3-209 所示。

（2）在文本框中输入"九寨沟"文本，设置文本字号为"32"。

（3）将文本插入点定位到"单击此处添加文本"占位符中，在其中输入如图 3-210 所示的文本，设置文本字号为"16"。然后将该文本框拖曳到"九寨沟"文本的下方，并调整文本框的大小。

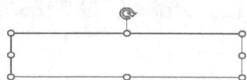

图 3-209　绘制文本框

图 3-210　输入并设置文本

（4）拖曳鼠标框选"九寨沟"文本框和其下方的文本框，按"Ctrl+C"快捷键复制文本框，按"Ctrl+V"快捷键粘贴文本框，然后修改文本框中的内容，并将其拖曳到合适位置。再粘贴两次文本框并修改文本框中的文本，最终效果如图 3-211 所示。

（5）选择"目录"文本所在的文本框，在"开始"→"段落"组中单击"文字方向"按钮，在打开的下拉列表框中选择"竖排"选项，如图 3-212 所示，以设置该文本的显示方向。

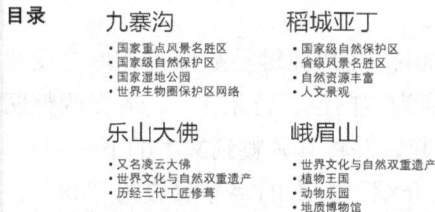

图 3-211　复制文本框并修改其中的文本

图 3-212　设置文本竖排显示

5. 插入并编辑图片、形状

图片、形状可以起到美化演示文稿的作用，并辅助文本说明演示文稿的内容。在"国家 5A 级旅游景区介绍"演示文稿中添加图片和形状，使演示文稿图文并茂，其具体操作如下。

（1）选择第 1 张幻灯片，在"插入"→"图像"组中单击"图片"按钮，打开"插入图片"对话框，选择"封面 .png"素材图片，然后单击"插入"按钮，如图 3-213 所示。

（2）将图片拖曳到幻灯片右上角，然后将鼠标指针放在图片左下角的控制点上，向左下方拖曳以放大图片，如图 3-214 所示。

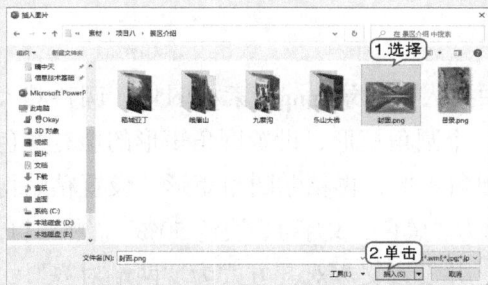

图 3-213　插入图片

图 3-214　编辑图片

（3）选择图片，在"图片工具"→"格式"→"排列"组中单击"下移一层"按钮右侧的下拉按钮，在打开的下拉列表框中选择"置于底层"选项，如图 3-215 所示。

（4）在"插入"→"插图"组中单击"形状"按钮，在打开的下拉列表框中选择"矩形"选项，如图 3-216 所示。

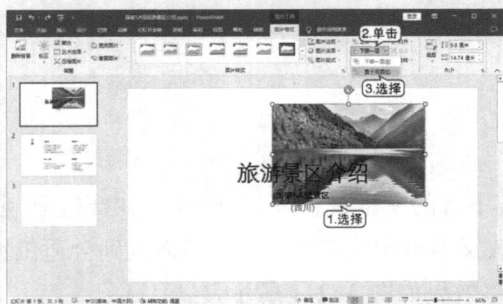

图 3-215 设置图片的排列顺序

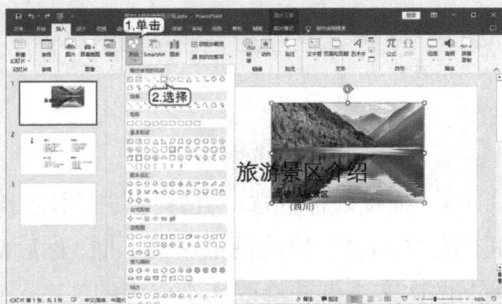

图 3-216 选择"矩形"选项

（5）按住"Shift"键的同时拖曳鼠标绘制一个正方形，设置正方形的填充颜色为"白色，背景 1，深色 5%"，轮廓为"无轮廓"。将鼠标指针移至正方形上方的 ◎ 图标上，向右拖曳鼠标以旋转正方形，效果如图 3-217 所示。

（6）按"Ctrl+C"快捷键复制该正方形，再按"Ctrl+V"快捷键粘贴该正方形。设置粘贴得到的正方形的填充颜色为"无填充颜色"，轮廓为"白色，背景 1"。适当调整两个正方形的位置，按"Ctrl+G"快捷键将它们组合在一起，并将其调整到文本的下一层。

（7）将文本移动到正方形的上层，将"旅游景区介绍"文本的字号设置为"48"，使其能完整显示在正方形中。适当调整正方形与文本的位置，然后使用相同的方法在"旅游景区介绍"和"国家 5A 级旅游景区（四川）"文本的中间绘制一条直线，设置直线的样式为"细线 – 深色 1"，效果如图 3-218 所示。

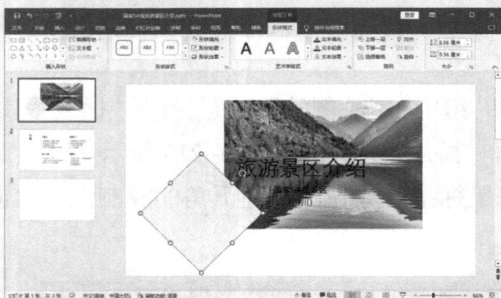

图 3-217 绘制并编辑形状

图 3-218 编辑文本和形状

（8）使用相同的方法，在第 2 张幻灯片中插入"目录 .png"素材图片，调整其大小并将其放置在幻灯片的左侧。在图片上层绘制一个圆角矩形，设置圆角矩形的填充颜色为"白色，背景 1"，轮廓为"无轮廓"。复制圆角矩形，再粘贴圆角矩形，设置粘贴得到的圆角矩形的填充颜色为"无填充颜色"，轮廓为"黑色，文字 1，淡色 50%"。将"目录"文本移动到圆角矩形上层，调整文本框的大小，并设置文本对齐方式为"两端对齐"，效果如图 3-219 所示。

（9）选择第 1 张幻灯片中绘制的组合形状，按"Ctrl+C"快捷键复制该组合形状。选择第 2 张幻灯片，按"Ctrl+V"快捷键粘贴该组合形状，将其填充颜色修改为"橙色"。调整组合形状的大小，绘制横排文本框，输入文本"1"，设置文本颜色为"白色，背景 1"。选择组合形状和文本框，复制并粘贴 3 次，然后将它们依次放到"九寨沟""稻城亚丁""乐山大佛""峨眉山"文本前。修改组合形状中的文本，最后适当调整文本和组合形状的位置，效果如图 3-220 所示。

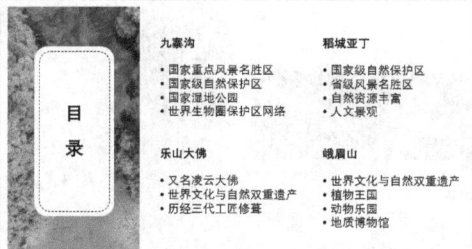

图 3-219　在第 2 张幻灯片中添加图片和形状　　　图 3-220　第 2 张幻灯片的最终效果

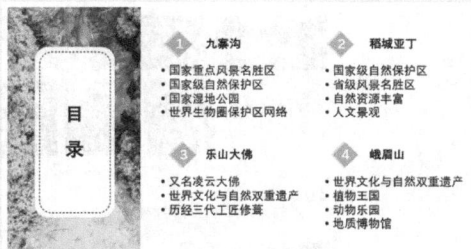

6. 插入并编辑艺术字

艺术字可以美化演示文稿。在"国家 5A 级旅游景区介绍"演示文稿中，可以直接使用艺术字制作景区介绍的标题文本，其具体操作如下。

（1）选择第 3 张幻灯片，在"插入"→"文本"组中单击"艺术字"按钮，在打开的下拉列表框中选择"填充 - 黑色，文本 1，阴影"选项，如图 3-221 所示。

（2）在艺术字文本框中输入"九寨沟"文本，设置文本字号为"32"并加粗，将其移动到幻灯片左上角。然后复制第 2 张幻灯片中的橙色组合形状，将其粘贴到第 3 张幻灯片中，并将组合形状移动到艺术字左侧，效果如图 3-222 所示。

图 3-221　插入艺术字　　　　　　　图 3-222　编辑艺术字并粘贴组合形状

（3）使用相同的方法，在第 3 张幻灯片中插入并调整"九寨沟"素材文件夹中的图片，然后输入相应的文本并绘制形状，效果如图 3-223 所示。

（4）选择第 3 张幻灯片，按 Ctrl+C 快捷键复制该幻灯片，再按 Ctrl+V 快捷键粘贴该幻灯片，得到第 4 张幻灯片，修改第 4 张幻灯片中的文本和图片，完成第 4 张幻灯片的制作，效果如图 3-224 所示。

图 3-223　编辑第 3 张幻灯片　　　　　　图 3-224　编辑第 4 张幻灯片

（5）使用相同的方法，复制并粘贴 4 次第 4 张幻灯片，并修改幻灯片中的文本和图片，完成第 5 ～ 8 张幻灯片的制作，效果如图 3-225 所示。

图 3-225　第 5～8 张幻灯片的效果

7. 插入并编辑 SmartArt 图形

在制作"国家 5A 级旅游景区介绍"演示文稿时，若需要绘制用于展示时间变化或关系变化的图形，则可以使用 SmartArt，其具体操作如下。

（1）选择第 6 张幻灯片，在"插入"→"插图"组中单击"SmartArt"按钮，打开"选择 SmartArt 图形"对话框，单击对话框左侧的"流程"选项卡，在右侧列表框中选择"图片重点流程"选项，然后单击"确定"按钮，如图 3-226 所示。

（2）插入 SmartArt 图形后，在其中输入文本，并设置文本字号为"18"。然后调整 SmartArt 图形的大小，最后将其移动到幻灯片的空白处，效果如图 3-227 所示。

（3）双击 SmartArt 中的缩略图图标，打开"插入图片"对话框，选择"从文件"选项，在打开的"插入图片"对话框中选择"图片 1.png"素材图片，单击"插入"按钮，如图 3-228 所示。

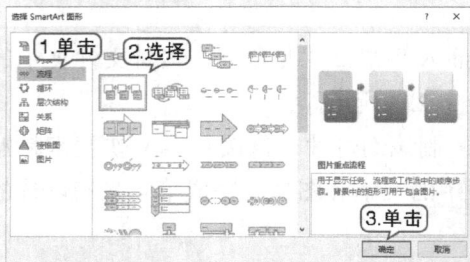

图 3-226　"选择 SmartArt 图形"对话框

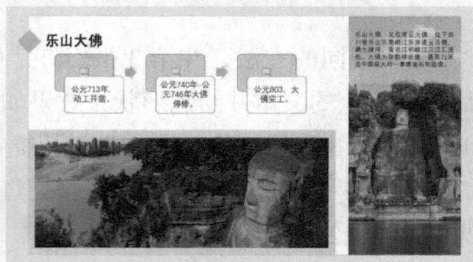

图 3-227　编辑 SmartArt 图形

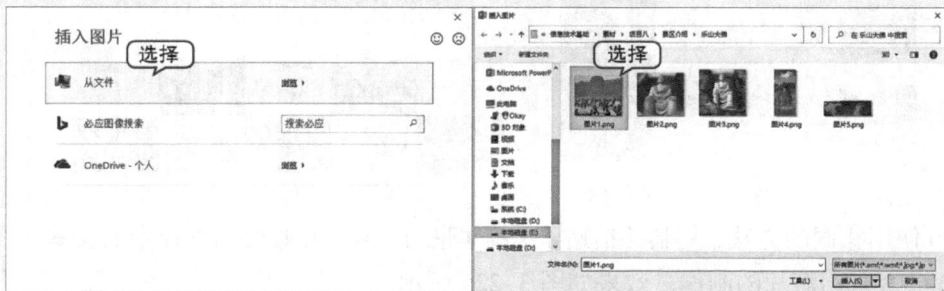

图 3-228　为 SmartArt 图形添加图片

（4）使用相同的方法添加图片 2.png、图片 3.png，然后选择 SmartArt，在"SmartArt工具"→"设计"→"SmartArt 样式"组中单击"更改颜色"按钮，在打开的下拉列表框中选择"彩色 – 个性色"选项，如图 3–229 所示。SmartArt 编辑完成后的效果如图 3–230所示。

图 3–229　设置 SmartArt 的颜色

图 3–230　效果图

8. 插入并编辑媒体文件

为了丰富"国家 5A 级旅游景区介绍"演示文稿的视听效果，可以在幻灯片中添加媒体文件，其具体操作如下。

（1）选择第 1 张幻灯片，复制并粘贴该幻灯片，然后将粘贴的幻灯片移动到最后。将幻灯片中"旅游景区介绍"文本修改为"谢谢观看！"文本，完成第 9 张幻灯片的制作，效果如图 3–231 所示。

（2）选择第 1 张幻灯片，在"插入"→"媒体"组中单击"音频"按钮，在打开的下拉列表框中选择"PC 上的音频"选项。打开"插入音频"对话框，选择"背景音乐 .wma"音频文件，然后单击"插入"按钮，如图 3–232 所示。

图 3–231　制作最后一张幻灯片

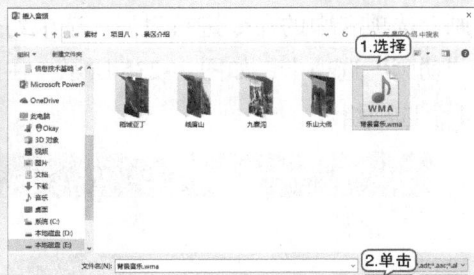

图 3–232　插入音频文件

（3）此时，在第 1 张幻灯片中将显示音频图标，将图标移动至幻灯片左上角。在"音频工具"→"播放"→"音频选项"组的"开始"下拉列表框中选择"自动（A）"选项，单击选中"跨幻灯片播放""循环播放，直到停止""放映时隐藏"复选框，如图 3–233所示。

（4）按"Ctrl+S"快捷键保存演示文稿，并查看制作完成后的最终效果，如图 3–234所示。

图 3-233　设置音频文件

图 3-234　最终效果

小贴士

单击选中"跨幻灯片播放"复选框，音频文件将从当前幻灯片一直跨页播放到最后。此外，在幻灯片中除了可以插入音频文件外，还可以在"插入"→"媒体"组中单击"视频"按钮插入视频文件。

七、动画设计

一个演示文稿的点睛之笔就是幻灯片的切换和元素动画效果设计。有了幻灯片之间的切换以及页面元素的进入、强调、退出等动态效果，幻灯片在播放的时候就不再单调，文本、图片等元素的出场也变得华丽。

（一）自定义动画

在播放幻灯片的时候，需要根据不同的需求设置幻灯片中对象的动画效果，此时可使用"动画"选项卡中的命令进行设置。选中幻灯片中的某一对象（如文本、图片、形状等）时，选择"动画"选项卡，如图 3-235 所示。在此选项卡中有"预览""动画""高级动画""计时"4 个选项组。

图 3-235　"动画"选项卡

1. "预览"选项组

单击"预览"按钮，可预览幻灯片播放时的动画效果。

2. "动画"选项组

在"动画"选项组中可对幻灯片中的对象动画效果进行设置。单击"其他"按钮，可在动画效果库中选择想要的动画效果。

扫一扫

添加动画效果

3. "高级动画"选项组

单击"高级动画"选项组中的"添加动画"下拉按钮，在弹出的下拉列表中包括"进入""强调""退出""动作路径"4 种类型的动画效果。

（1）"进入"动画效果用于设置幻灯片放映对象进入界面时的效果。

（2）"强调"动画效果用于演示过程中对需要强调的部分设置的动画效果。

（3）"退出"动画效果用于设置在幻灯片放映对象退出时的动画效果。

（4）"动作路径"动画效果用于指定相关内容放映时动画的运动轨迹。

选择"更多进入效果"选项，弹出"添加进入效果"对话框，如图3-236所示，然后选择需要的动画效果，单击"确定"按钮即可。单击"动画窗格"按钮，可在打开的"动画窗格"中对动画效果进行修改、移动和删除等操作。

当给幻灯片中的多个对象添加了动画效果之后，系统会自动设置动画的先后顺序，并在各个对象的左上角显示序号按钮，在播放时也会按照序号播放。单击序号按钮，则可选中对象的动画效果，并可以对该动画效果进行更改、删除等操作。

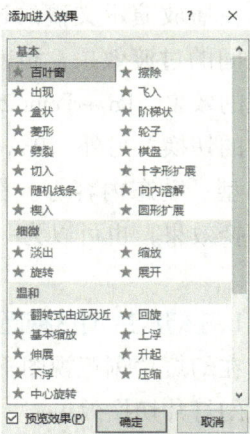

图3-236 "添加进入效果"对话框

4. "计时"选项组

"计时"选项组可更改动画的启动方式，并对动画进行排序和计时操作。动画的启动方式有以下3种类型。

（1）单击时。通过单击鼠标开始播放该动画。

（2）与上一动画同时。与前一个动画一起开始播放。

（3）上一动画之后。在前一个动画之后开始播放。

5. 删除动画

删除动画有以下两种方法。

（1）选择需要删除动画的对象，然后在"动画"选项卡"动画"选项组中选择"无"动画效果。

（2）在"高级动画"选项组中单击"动画窗格"，打开"动画窗格"窗格，在列表区域中右击要删除的动画，在弹出的快捷菜单中选择"删除"选项。

6. 设置效果选项

大多数动画选项包含可供选择的相关效果，如在演示动画的同时播放声音，在文本动画中按字母、字或词或分批发送应用效果（使标题每次只飞入一个字，而不是一次飞入整个标题）等。

设置动画效果选项的方法：在"动画窗格"窗格中，单击动画列表中的动画项目，再单击该动画项目右侧的下拉按钮，在弹出的下拉列表中选择"效果选项"选项，打开相应的动画效果对话框进行动画效果的设置，如图3-237所示为"百叶窗"动画效果对话框。

选择"计时"选项卡，可以设置动画计时。

（1）延迟。在文本框中输入延迟时间值。

（2）期间。在该下拉列表中选择动画的速度。

（3）重复。在该下拉列表中设置动画的重复次数。

图3-237 "百叶窗"动画效果对话框

（二）设置幻灯片切换效果

在播放演示文稿的过程中，幻灯片的切换效果是指两张连续的幻灯片之间的过渡效果，也就是由一张幻灯片转到下一张幻灯片的过程之中所呈现的效果。PowerPoint 2016 默认的换片方式为手动，即单击鼠标完成幻灯片的切换。另外，PowerPoint 2016 也提供了多种切换效果，如细微型、华丽型、动态内容等。在演示文稿的制作过程中，可以为一张幻灯片设置切换效果，也可以为一组幻灯片设置相同的切换效果，以增加幻灯片放映时的生动性和趣味性。

设置幻灯片切换效果

1. 在幻灯片浏览视图下添加切换效果

在幻灯片浏览视图下，可以方便地为任何一张、一组或全部幻灯片指定切换效果，以及预览幻灯片切换效果。

在幻灯片浏览视图下，选中一张或若干张幻灯片，选后选择"切换"选项卡，如图3-238所示。

图 3-238 "切换"选项卡

2. 选择幻灯片切换选项

在"切换到此幻灯片"选项组中选择一个幻灯片切换选项即可，如果要查看更多的切换效果，可单击"其他"按钮，在弹出的下拉列表中即可看到更多的切换效果，如图3-239所示。

3. 设置切换的其他选项

在"计时"选项组中设置切换的其他选项。

（1）持续时间。在右侧文本框中输入切换效果的持续时间值。

（2）添加声音。在"声音"下拉列表中选择换片时的声音效果。

图 3-239 更多的切换效果

（3）换片方式。在鼠标单击时，切换下一张幻灯片；设置自动换片时间，在指定的时间之后切换到下一张幻灯片。

（4）全部应用。单击"全部应用"按钮，切换效果将应用于整个演示文稿。

如果在"设置放映方式"对话框中勾选了"循环放映，按Esc键终止"单选按钮，则要设置幻灯片切换的时间间隔（s）。

设置完成后，如果单击"全部应用"按钮，则演示文稿中的所有幻灯片都将应用所选择的切换效果。

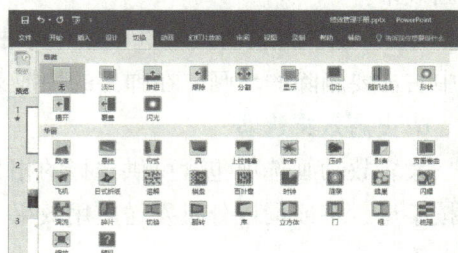

八、放映设置

通过幻灯片的放映，用户可以将精心创建的演示文稿展示给观众，将自己想要说明的问题更好地表达出来。在放映幻灯片之前，还需要对演示文稿的放映方式进行设置，如幻灯片的放映类型、换片方式、隐藏或显示幻灯片和自定义放映等，使其能够更好地将演示文稿展示给观看者或客户。

（一）演示文稿放映方式的设置

打开需要设置放映方式的演示文稿，单击"幻灯片放映"选项卡，在"设置"功能区中单击"设置幻灯片放映"按钮，将打开如图3-240所示的"设置放映方式"对话框，在该对话框中的"放映类型"选项组中选择需要的放映类型，然后单击"确定"按钮即可。

在"设置放映方式"对话框中，有演讲者放映（全屏幕）、观众自行浏览（窗口）和在展台浏览（全屏幕）3种放映类型。

在"放映幻灯片"选项组中，选择所放映的幻灯片的范围，包括全部、部分（从……到……）和自定义放映。其中的"自定义放映"实际上是在下拉列表框中显示若干个自定义放映名称，每个放映名称要通过执行"幻灯片放映或自定义幻灯片放映"菜单命令，然后在出现的对话框中选择要播放的幻灯片并确定播放的顺序，这里的顺序不一定是创建幻灯片时的顺序。

在"放映选项"选项组中，可以选择幻灯片放映时是否循环放映、是否不加旁白和是否不加动画。

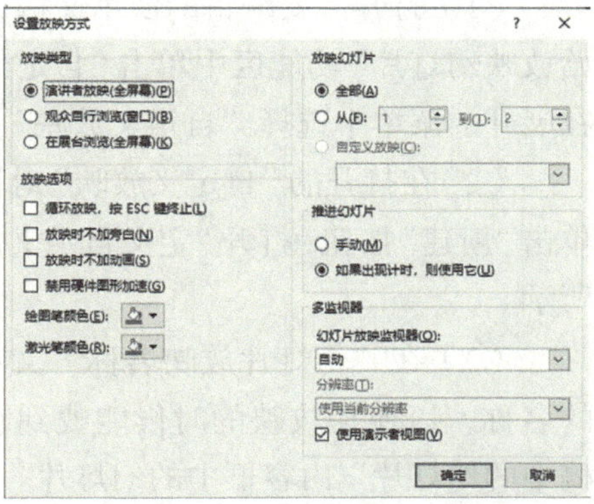

在"推进幻灯片"选项组中，通过单选按钮确定是手动换片还是按照排练时间自动换片。

图 3-240　"设置放映方式"对话框

设置完成后，单击"确定"按钮，演示文稿将会按照用户所作的设置进行播放。

（二）演示文稿的放映

1. 播放演示文稿

要播放一个演示文稿，首先应打开该演示文稿。播放一个已经打开的演示文稿的方法有很多，这里介绍两种常用方法。

（1）单击"幻灯片放映"选项卡，在"开始放映幻灯片"功能区中单击"从头开始"按钮，PowerPoint 2016将整屏幕显示当前演示文稿中的第一张幻灯片。

（2）按F5键从头开始放映幻灯片。按Shift+F5快捷键从当前幻灯片开始放映。

2. 演示文稿的播放控制

当一个演示文稿正在播放时，可以用键盘或鼠标来控制幻灯片的播放。

（1）用键盘控制幻灯片的播放过程。表3-4列出了利用键盘控制幻灯片播放顺序的操作。

表 3-4　控制幻灯片播放顺序的操作键

动作	操作键
切换到下一张	↓，→，PageDown，空格键
切换到上一张	↑，←，PageUp，P 键
切换到第一张	Home 键
切换到最后一张	End 键
结束放映	Esc 键

（2）用鼠标控制幻灯片的播放过程。当屏幕处于幻灯片的播放状态时，单击鼠标左键，向下滚动鼠标的滑轮，按下 Enter 键，单击鼠标右键并在弹出的菜单中选择"下一张"命令均可切换下一张幻灯片。

（三）自定义放映

在使用演示文稿的时候，用户可能只需要选择使用该文档中的部分幻灯片，并且需调整这些幻灯片的顺序。这时，用户可能会将它们一个一个地复制出来，重新生成一个新的演示文稿，或者使用超链接重新组织内容。PowerPoint 2016 软件为此类问题提供了另外一种解决方案，那就是自定义放映。具体的设置过程如下。

（1）打开需要编辑的演示文稿，展开"幻灯片放映"选项卡，在"开始放映幻灯片"功能区中单击"自定义幻灯片放映"按钮，如图 3-241 所示，在展开的菜单中选择"自定义放映"命令。

设置幻灯片放映

（2）在打开的"自定义放映"对话框中，如图 3-242 所示。单击"新建"按钮，打开"定义自定义放映"对话框，如图 3-243 所示。

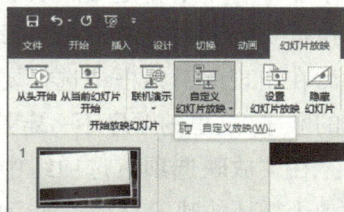

（3）在"幻灯片放映名称"文本框中输入该自定义放映的名称，以便在放映的时候能找到它，然后选择"在演示文稿中的幻灯片"内容框中的幻灯片。通过单击"添加"按钮，将选择的内容添加到"在自定义放映中的幻灯片"内容框中；

图 3-241　自定义幻灯片放映

也可以通过"删除"按钮将所选内容从"在自定义放映中的幻灯片"内容框中去掉。

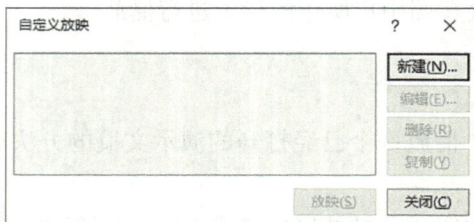

图 3-242　"自定义放映"对话框

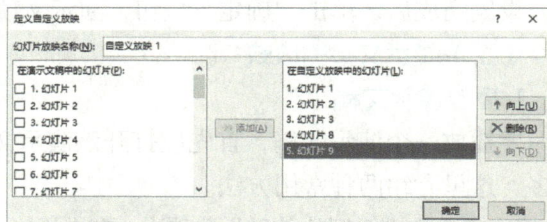

图 3-243　"定义自定义放映"对话框

（4）设置完成后，单击"确定"按钮，返回"自定义放映"对话框，单击"放映"按钮播放自定义方式的幻灯片，或者直接单击关闭按钮结束设置。

九、演示文稿的打包

PowerPoint 2016 中的"打包成 CD"功能可将一个或多个演示文稿随同支持文件复制到 CD 中，方便那些没有安装 PowerPoint 2016 的用户放映演示文稿。默认情况下，PowerPoint 2016 使用的播放器、链接文件、声音、视频和其他设置会被打包在其中，这样就可在其他计算机上运行打包的演示文稿，不用担心影响幻灯片的放映效果或因没有安装 PowerPoint 2016 无法放映而感到烦恼。具体操作方法如下。

（1）点击左上角的"文件"按钮，单击"导出"右侧窗口的"将演示文稿打包成 CD"，再单击最右侧按钮"打包成 CD"，如图 3-244 所示。

（2）接下来在弹出的"打包成 CD"窗口中，可以选择添加更多的 PPT 文档一起打包，也可以删除不要的已打包的 PPT 文档。最后，鼠标单击"复制到文件夹"按钮，如图 3-245 所示。

（3）之后弹出的是选择路径跟演示文稿打包后的文件夹名称，可以选择自己想存放的位置路径，也可选择默认路径。系统默认勾选"在完成后打开文件夹"，如图 3-246 所示，若不需要可以取消勾选。

（4）点击"确定"按钮后，系统会自动执行打包程序，并将文件复制到指定文件夹。完成后，系统会自动弹出打包好的 PPT 文件夹。该文件夹中包含一个"AUTORUN"自动运行文件，如图 3-247 所示，若打包至 CD 光盘，则光盘插入时可实现自动播放功能。

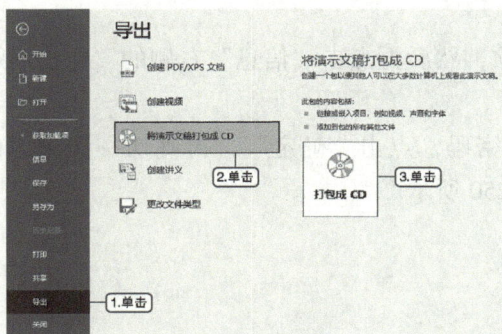

图 3-244 "打包成 CD"功能

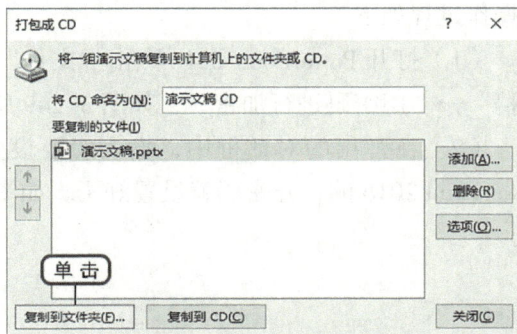

图 3-245 "打包成 CD"窗口

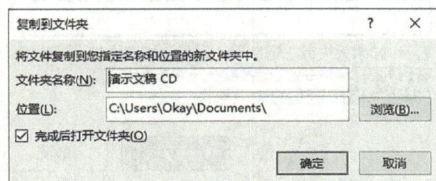

图 3-246 选择存放的位置路径

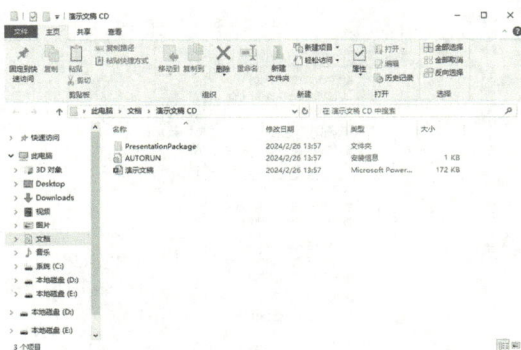

图 3-247 "AUTORUN"自动运行文件

十、演示文稿的共享、保护与打印

（一）演示文稿的共享

除了将 PowerPoint 2016 演示文稿作为电子邮件附件发送给其他人的传统方法之外，用户还可以从云上载和共享演示文稿。用户只需要一个 OneDrive 账户即可开始使用。具体的操作过程如下。

单击"文件"选项卡，在打开的窗口中选择"共享"命令，在这里有四种共享方式，如图 3-248 所示。

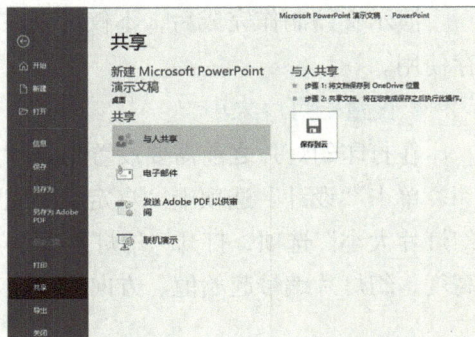

图 3-248 "发布幻灯片"对话框

（1）在"共享"对话框的"与人共享"列表框中选择保存到云，但用户需要创建或者登录一个 OneDrive 账户。

（2）单击"电子邮件"复选框，此时可以通过电子邮件共享幻灯片。

（3）单击"发送 Adobe PDF 以供审阅"按钮，在弹出的对话框中选择要保存到的文件夹。

（4）单击"联机演示"按钮，但用户需要有 Microsoft 账户。联机演示时，使用链接的任何人都可以观看幻灯片放映。

（二）演示文稿的保护

如果不想自己的演示文稿被随意打开、修改，用户可以给演示文稿设置打开密码。具体的操作过程如下。

（1）打开 PowerPoint 2016 点击"文件"选项，然后再点击"信息"右侧的"保护演示文稿"→"用密码进行加密"，如图 3-249 所示。

（2）在弹出的对话框中，输入想要设置的密码，点击"确定"，再确认一次密码，PowerPoint 2016 的打开密码就设置好了，如图 3-250 所示。

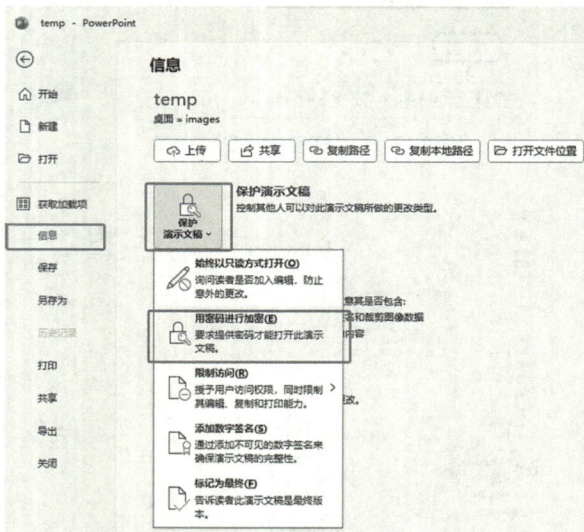

图 3-249　用密码进行加密

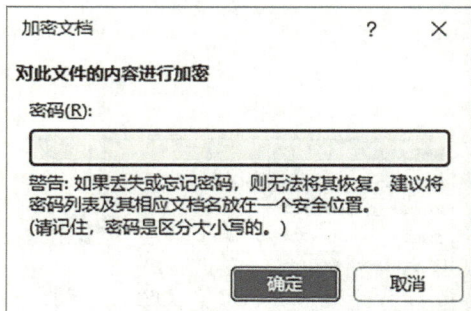

图 3-250　输入想要设置的密码

（三）演示文稿的打印

演示文稿制作完成后，不仅可以在计算机上展示，还可以将幻灯片打印出来供浏览和保存使用。

1. 设置幻灯片大小

在打印幻灯片之前需要设置幻灯片大小，自定义幻灯片大小的方法如下。

单击"设计"选项卡"自定义"组的"幻灯片大小"按钮，在下拉列表中选择"自定义幻灯片大小"选项，打开"幻灯片大小"对话框。在该对话框中可以设置幻灯片大小、宽度、高度、幻灯片编号起始值、方向等。

2. 打印演示文稿

单击"文件"选项卡，进入"信息"界面，选择左侧的"打印"命令，进入"打印"界面。在该界面中可以预览幻灯片的打印效果，还可以设置打印份数、打印范围、每页打印幻灯片的张数等内容。

【教学案例 8：设置和放映垃圾分类宣传演示文稿】

【案例情境】

学生会主席刘 × × 要给大一新生做一场"垃圾分类，从我做起"的演讲。她的演示文稿已经制作完成，接下来她将对演示文稿进行放映设置。

【案例实施】

1. 创建超链接与动作按钮

（1）打开素材"垃圾分类宣传 .pptx"演示文稿，选择第 2 张幻灯片，选择"垃圾分类的意义"文本，在"插入"→"链接"组中单击"超链接"按钮。

（2）打开"插入超链接"对话框，在"链接到"列表框中选择"本文档中的位置"选项，在"请选择文档中的位置"列表框中选择第 3 张幻灯片，单击按钮，如图 3-251 所示。

（3）返回幻灯片编辑区可看到设置了超链接的文本颜色已发生变化，并且文本下方有一条横线。使用相同方法将"垃圾处理的现状"文本链接到第 4 张幻灯片，将"垃圾的分类"文本链接到第 5 张幻灯片，最终效果如图 3-252 所示。

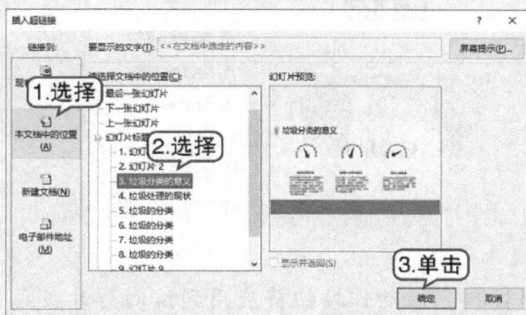

图 3-251　"插入超链接"对话框

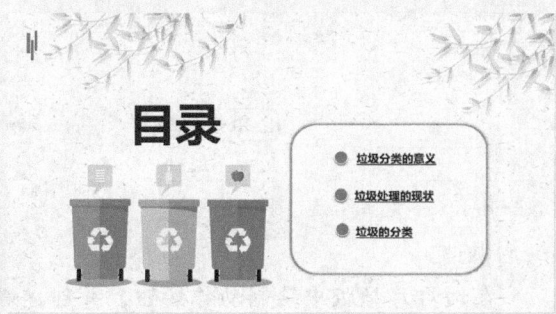

图 3-252　设置超链接后的效果

小贴士

为文本设置超链接后，文本下方会默认添加一条横线，若不想显示横线，则可选择文本所在的文本框进行超链接设置。

（4）在"插入"→"插图"组中单击"形状"按钮，在打开的下拉列表框中选择"动作按钮"栏下的"动作按钮：第一张"选项。此时鼠标指针将变为"十"形状。最后，在幻灯片空白处按住鼠标左键并拖曳鼠标，即可绘制一个动作按钮，如图 3-253 所示。

（5）绘制好动作按钮后将自动打开"操作设置"对话框，单击选中"超链接到"单选项，在下方的下拉列表框中选择"幻灯片"选项，如图 3-254 所示。

图 3-253　绘制动作按钮

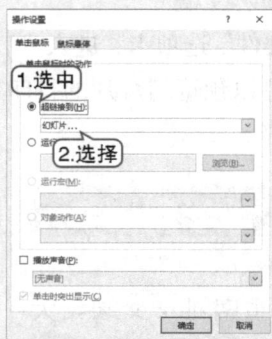

图 3-254　设置超链接到的幻灯片

（6）打开"超链接到幻灯片"对话框，在"幻灯片标题"列表框中选择第 2 张幻灯片，然后单击"确定"按钮，如图 3-255 所示。

（7）使用相同的方法绘制"动作按钮：后退或前一项"动作按钮和"动作按钮：前进或下一项"动作按钮，并保持"操作设置"对话框中的默认设置。

（8）拖曳鼠标框选 3 个动作按钮，在"绘图工具"→"格式"→"形状格式"组中设置动作按钮的填充颜色为"无填充颜色"，效果如图 3-256 所示。

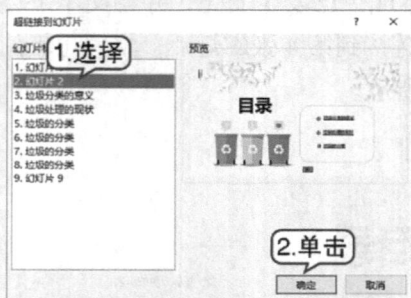

图 3-255　选择超链接到的幻灯片

图 3-256　设置动作按钮的填充颜色

小贴士

在幻灯片母版中绘制动作按钮，并创建好超链接，该动作按钮将应用到该幻灯片版式对应的所有幻灯片中。

2. 放映幻灯片

制作演示文稿的最终目的是将其展示给观众，即放映演示文稿。在放映演示文稿的过程中，放映者需要掌握一些放映的方法，特别是定位到某个具体的幻灯片、返回上次查看的幻灯片、标记幻灯片的重要内容等，其具体操作如下。

（1）在"幻灯片放映"→"开始放映幻灯片"组中单击"从头开始"按钮，进入幻灯片放映视图。

（2）此时演示文稿将从第 1 张幻灯片开始放映，单击或滚动鼠标滚轮可依次放映下一个动画效果或下一张幻灯片。

（3）将鼠标指针移动到"垃圾分类的意义"文本上，鼠标指针将变为 形状，如图 3-257 所示。

（4）单击即可切换到超链接到的目标幻灯片，使用步骤（2）中的方法可继续放映幻灯片。在幻灯片上单击鼠标右键，在弹出的快捷菜单中选择"上次查看的位置"命令，如图 3-258 所示。

图 3-257　单击超链接

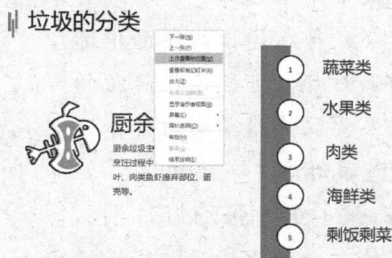

图 3-258　选择"上次查看的位置"命令

小贴士

单击"从当前幻灯片开始"按钮或在状态栏中单击"幻灯片放映"按钮，可从当前幻灯片开始放映。播放过程中，在幻灯片上单击鼠标右键，在弹出的快捷菜单中选择相应的命令可快速定位到上一张、下一张或具体某张幻灯片。

（5）返回上一次查看的幻灯片，然后依次放映幻灯片，当放映到第 8 张幻灯片时，单击鼠标右键，在弹出的快捷菜单中选择"指针选项"→"荧光笔"命令，然后再次单击鼠标右键，在弹出的快捷菜单中选择"指针选项"→"墨迹颜色"→"黄色"命令，如图 3-259 所示。

（6）此时鼠标指针变为 I 形状，按住鼠标左键并拖曳鼠标，标记出重要的内容。放映完最后一张幻灯片后，单击，将打开一个黑色页面，提示"放映结束，单击鼠标退出。"，单击即可退出。

（7）由于前面在幻灯片中标记了内容，退出时将打开"是否保留墨迹注释"提示对话框，单击"放弃"按钮，放弃保留添加的标记，如图 3-260 所示。

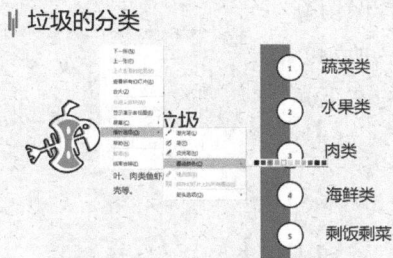

图 3-259　选择标记使用的颜色

图 3-260　选择放弃保留墨迹注释

3. 隐藏幻灯片

放映幻灯片时，系统将自动按设置的放映方式依次放映每张幻灯片，但在实际放映"垃圾分类"演示文稿的过程中，可以暂时隐藏不需要放映的幻灯片，等到需要时再将其显示出来，其具体操作如下。

（1）在"幻灯片"窗格中选择第 6 张幻灯片，在"幻灯片放映"→"设置"组中单击"隐藏幻灯片"按钮，隐藏该幻灯片，如图 3-261 所示。

小贴士

放映幻灯片时，单击鼠标右键，在弹出的快捷菜单中选择"查看所有幻灯片"命令，再在弹出的界面中选择已隐藏的幻灯片，可显示已隐藏的幻灯片。如果要取消隐藏幻灯片，可再次单击"隐藏幻灯片"按钮。

（2）隐藏了第 6 张幻灯片后，第 6 张幻灯片左上角将出现 6 标记。在"幻灯片放映"→"开始放映幻灯片"组中单击"从头开始"按钮，隐藏的幻灯片将不再被放映出来。

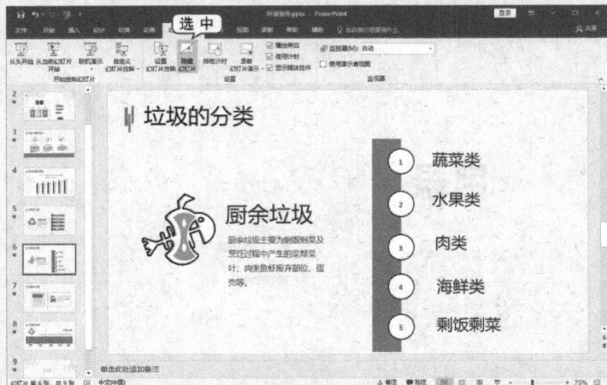

图 3-261　隐藏幻灯片

4. 排练计时

若需要自动放映"垃圾分类宣传"演示文稿，可以进行排练计时设置，使演示文稿根据排练的时间和顺序放映，而不需要人为操作。下面介绍"垃圾分类宣传"演示文稿设置排练计时的具体操作步骤。

（1）在"幻灯片放映"→"设置"组中单击"排练计时"按钮，进入放映排练状态，同时打开"录制"工具栏，如图 3-262 所示。

（2）单击或按"Enter"键控制幻灯片中下一个动画出现的时间，如果用户明确该幻灯片的放映时间，则可直接在"录制"工具栏的时间框中输入时间值。

（3）一张幻灯片播放完毕后，单击可切换到下一张幻灯片，"录制"工具栏将重新开始为下一张幻灯片的放映计时。

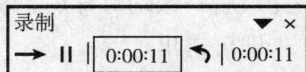

图 3-262　"录制"工具栏

（4）放映结束后，将打开提示对话框，询问是否保留新的幻灯片排练计时，单击"是"按钮保存，如图 3-263 所示。

（5）切换到幻灯片浏览视图模式，每张幻灯片的右下角将显示其放映时间，如图 3-264 所示。

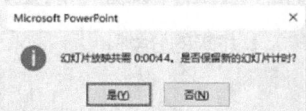

图 3-263　保留排练时间

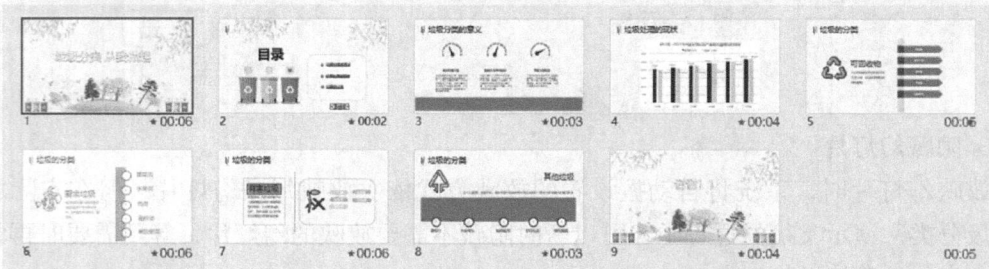

图 3-264　显示放映时间

小贴士

如果不想根据排练好的时间自动放映幻灯片，可在"幻灯片放映"→"设置"组中取消选中"使用计时"复选框，以便在放映幻灯片时进行手动切换。

课程思政

软件中的语言文字规范

我国第一个对信息技术产品相关语言文字问题进行规范的行政规定《信息技术产品国家通用语言文字使用管理规定》(简称《管理规定》)，已于2023年3月1日开始施行。

数字化时代，信息技术产品不仅成为语言文字应用与传播的重要渠道和载体，而且信息技术产品的出现和普及还催生了虚拟语言生活。近来，在智能化大潮的助推下，虚拟和现实两种语言又呈现出快速融合的特点，语言文字使用从"人人交际"快速发展为"人机交际"和"人机人交际"等形式，而且后者所占的比重快速提升，人机共生的语言生活已露端倪。

信息技术产品以信息服务为核心，这决定了语言文字是其服务中最重要的要素之一。信息技术产品要最终形成生产力，提高社会福祉和国家核心竞争力，不仅要求企业和科研单位"能研发"，市场用户"能用好"，更要求政府与社会"能管好"。

《管理规定》聚焦基础软件、语言文字智能处理软件、数字和网络出版物三大类信息技术产品，从语言文字表现形式、语言文字内容、语言观三个方面传递了明确的规范信号。具体而言，信息技术产品应当遵照汉语拼音、普通话语音、规范汉字、现代汉语词形、标点符号和数字用法等语言文字规范标准和现代汉语语法规律，使用正确的现代汉语。《管理规定》明确了信息产品应传递符合相关法律法规、公序良俗的语言内容，与其他信息产品管理法规形成了配合。

这两方面的规定，共同明确了《管理规定》所秉持的雅正、和谐的语言观，即信息技术产品使用国家通用语言文字应当有利于维护国家主权和民族尊严，有利于铸牢中华民族共同体意识，弘扬社会主义核心价值观、遵守公序良俗；应当符合国家颁布的语言文字规范标准。

语言资源构建和语言伦理是数智时代最重要的语言生活话题。因此，有关语言资源、语言智能应用、语言技术伦理等多方面的规章体系也在酝酿之中。在法律和法规之外，我国语言文字管理机构、标准化管理组织与学术界已经在国内和国际上积极开展工作，推动技术、数据等方面的规范、标准研发与落地，促进语言智能产品研发、应用市场的繁荣。

(来源：《光明日报》有改动)

思考练习

一、选择题

1. 打开一个文档，编辑后执行"保存"命令，该文档（　　　）。

A. 被保存在原文件夹中　　　　　　　　B. 被保存在其他文件夹中

C. 被保存在新建文件夹中　　　　　　　D. 保存后文档被关闭

2. 关于 Word 中文档的窗口操作，下列叙述错误的是（　　　）。

A. 文档窗口可以拆分为两个文档窗口

B. 多个文档编辑工作结束后，只能一个一个地存盘或关闭文档窗口

C. 允许同时打开多个文档进行编辑，每个文档独占一个窗口

D. 多文档窗口间的内容可以进行剪切、粘贴和复制等操作

3. 在 Word 中，要将另一文档的内容全部添加到当前文档插入点处，可用的操作是（　　　）。

A. 选择"文件"选项卡中的"打开"命令

B. 选择"文件"选项卡中的"新建"命令

C. 选择"插入"选项卡中的"对象"命令

D. 选择"插入"选项卡中的"超链接"命令

4. 在 Word 中，设置段落对齐方式为居中对齐的快捷键是（　　　）。

A. "Ctrl + E"　　　　B. "Ctrl + R"　　　　C. "Ctrl + L"　　　　D. "Ctrl + J"

5. 在 Word 编辑状态下，使用格式刷可以复制（　　　）。

A. 段落的格式和内容　　　　　　　　　B. 段落和文字的格式

C. 文字的格式和内容　　　　　　　　　D. 段落和文字的格式和内容

6. 删除一个段落标记符后，前、后两段将合并成一段，原段落格式的编排（　　　）。

A. 没有变化　　　　　　　　　　　　　B. 后一段将采用前一段的格式

C. 后一段格式未定　　　　　　　　　　D. 前一段将采用后一段的格式

7. 在绘制矩形时，按住（　　　）键可以绘制出正方形。

A. "Ctrl"　　　　　　B. "Alt"　　　　　　C. "Shift"　　　　　　D. "Esc"

8. 若想让文字尽可能包围图片，可以选择的文字环绕方式是（　　　）。

A. 四周型环绕　　　　　　　　　　　　B. 紧密型环绕

C. 穿越型环绕　　　　　　　　　　　　D. 编辑环绕顶点

9. 对插入的图片，不能进行的操作是（　　　）。

A. 放大或缩小　　　　　　　　　　　　B. 裁剪

C. 移动位置　　　　　　　　　　　　　D. 在图片中添加文本

10. 下列关于 Word 中删除分页符的叙述，正确的是（　　　）。

A. 自动分页符与手动分页符均可删除

B. 自动分页符与手动分页符均不可删除

C. 自动分页符可删除，手动分页符不可删除

D. 自动分页符不可删除，手动分页符可删除

11. 下列关于页眉和页脚的说法，错误的是（　　）。

A. 页眉和页脚与文档的正文处于不同的层次上

B. 只能为文档设置阿拉伯数字形式的页码

C. 可以为文档设置奇偶页不同的页眉和页脚

D. 可以像编辑正文一样编辑页眉和页脚

12. 如果文档允许其他人浏览查看，而不允许对文档内容进行修改，可以设置（　　）。

A. 打开文件时的密码　　　　　　　　　　B. 访问文件时的密码

C. 浏览文件时的密码　　　　　　　　　　D. 修改文件时的密码

13. 在 Word 2016 中，关于艺术字的说法正确的是（　　）。

A. 选中文字后，通过"字体"对话框可以设置艺术字

B. 添加艺术字需要单击插入"文本框"按钮

C. 艺术字是被当作图形对象来处理的

D. 设置好的艺术字只能改变其大小，而字体和字形不能再被改变

14. 若想批量制作统一格式的信封、邀请函、请柬、成绩单等，可以使用（　　）功能实现。

A. 邮件合并　　　　B. 查找与替换　　　　C. 题注　　　　D. 模板

15. 在 Excel 中，工作表的列标表示为（　　）。

A. 1、2、3　　　　　　　　　　　　　　B. A、B、C

C. 甲、乙、丙　　　　　　　　　　　　　D. Ⅰ、Ⅱ、Ⅲ

16. 在 Excel 的工作表中，每个单元格都有其固定的地址，如"A5"表示（　　）。

A. "A"代表 A 列，"5"代表第 5 行　　　　B. "A"代表 A 行，"5"代表第 5 列

C. "A5"代表单元格的数据　　　　　　　　D. 以上都不是

17. 在学生成绩单中，要将不及格的成绩用不同的格式显示，下列可用的方法是（　　）。

A. 查找　　　　B. 条件格式　　　　C. 数据筛选　　　　D. 定位

18. 在 Excel 中，要限制某些单元格只能输入 0～100 之间的整数，可用的方法是（　　）。

A. 条件格式　　　　B. 高级筛选　　　　C. 自定义序列　　　　D. 数据验证

19. 在 Excel 中，各运算符的优先级由高到低为（　　）。

A. 算术运算符、比较运算符、引用运算符

B. 算术运算符、引用运算符、比较运算符

C. 比较运算符、引用运算符、算术运算符

D. 引用运算符、算术运算符、比较运算符

20. 下列 Excel 运算符中，能进行乘法运算的是（　　）。

A. /　　　　　　　　B. ^　　　　　　　　C. *　　　　　　　　D. &

21. 对工作表中 A2:A6 单元格区域进行求和运算，下列公式正确的是（　　）。

A. SUM(A2:A6)　　　　　　　　　　　　B. A2 + A3 + A4 + A5 + A6

C. =SUM(A2:A6)　　　　　　　　　　　　D. =SUM(A2，A6)

22. 下列 Excel 函数中，能计算数值排名的是（　　　）。

A.SUM　　　　　　B.COUNT　　　　　　C.RANK　　　　　　D.AVERAGE

23. 下列 Excel 函数中，能进行多条件计数的是（　　　）。

A.COUNTA　　　　B.COUNT　　　　　　C.COUNTIF　　　　D.COUNTIFS

24. 在 Excel 数据清单中，若以含有空白单元格的列为关键字按降序排序，排序后含有空白单元格的行会被（　　　）。

A. 放置在最前　　　　　　　　　　B. 放置在最后

C. 隐藏　　　　　　　　　　　　　D. 保持原始次序

25. 下列关于 Excel 筛选的叙述，正确的是（　　　）。

A. 自动筛选和高级筛选都可以将结果筛选至另外的区域中

B. 不同字段之间进行"或"运算的条件必须使用高级筛选

C. 自动筛选的条件只能是一个，高级筛选的条件可以是多个

D. 筛选操作是将不满足条件的行删除

26. 在 Excel 中使用高级筛选时，下面关于条件区域的叙述中，错误的是（　　　）。

A. 同一行中的条件之间的关系是逻辑"与"

B. 不同行中的条件之间的关系是逻辑"或"

C. 条件区域中的空白单元格表示筛选空白单元格

D. 在条件区域中输入"="筛选空值，输入"<>"筛选非空值

27. 用 Excel 编制的学生成绩表，要将不及格的成绩以红色字体显示，应使用（　　）功能。

A. 自动筛选　　　　B. 高级筛选　　　　C. 条件格式　　　　D. 数据排序

28. 在 Excel 中，下列方法中不能用来建立图表的是（　　　）。

A. 在工作表中插入或嵌入图表　　　　B. 添加图表工作表

C. 在非相邻选定区域建立图表　　　　D. 建立数据库

29. 以下图表中，主要用于显示数据变化趋势的是（　　　）。

A. 柱形图　　　　　B. 圆锥图　　　　　C. 折线图　　　　　D. 饼图

30. 在 PowerPoint 中，不可以通过"插入"选项卡插入（　　　）。

A. 图片　　　　　　B. 新幻灯片　　　　C. 日期和时间　　　D. 图表

31. 在幻灯片的"动作设置"对话框中设置的超链接对象不允许是（　　　）。

A. 下一张幻灯片　　　　　　　　　B. 一个应用程序

C. 其他演示文稿　　　　　　　　　D. 幻灯片中的一个对象

32. 以下方法中，不能用于输入文本的是（　　　）。

A. 利用占位符输入　　　　　　　　B. 利用文本框输入

C. 利用备注栏输入　　　　　　　　D. 利用幻灯片窗格输入

33. 为了使每张幻灯片中出现完全相同的对象，最简便的方法是（　　　）。

A. 修改幻灯片母版　　　　　　　　B. 在幻灯片浏览视图中修改

C. 在放映视图中修改　　　　　　　D. 在普通视图中修改

34. 下面关于动画效果的描述，正确的是（　　　）。

A. 一个对象不能添加多种动画效果

B. 不可以调整动画效果顺序

C. 不可以为动画效果添加声音

D. 可以为幻灯片的任何对象添加动画

35. 李老师制作完成了一个带有动画效果的 PowerPoint 教案，她希望在课堂上可以按照自己讲课的节奏自动播放，最优的操作方法是（　　　）。

A. 为每张幻灯片设置特定的切换持续时间，并将演示文稿设置为自动播放

B. 在练习过程中，利用"排练计时"功能记录适合的幻灯片切换时间，然后播放即可

C. 根据讲课节奏，设置幻灯片中每一个对象的动画时间，以及每张幻灯片的自动换片时间

D. 将 PowerPoint 教案另存为视频文件

36. 若需在 PowerPoint 演示文稿的每张幻灯片中添加包含单位名称的水印效果，最优的操作方法是（　　　）。

A. 制作一个带单位名称的水印背景图片，然后将其设置为幻灯片背景

B. 添加包含单位名称的文本框，并将其置于每张幻灯片的底层

C. 在幻灯片母版的特定位置放置包含单位名称的文本框

D. 利用 PowerPoint 插入"水印"功能实现

37. 邱老师在学期总结 PowerPoint 演示文稿中插入了一个 SmartArt 图形，她希望将该 SmartArt 图形的动画效果设置为逐个形状播放，最优的操作方法是（　　　）。

A. 为该 SmartArt 图形选择一个动画类型，然后再进行适当的动画效果设置

B. 只能将 SmartArt 图形作为一个整体设置动画效果，不能分开指定

C. 先将该 SmartArt 图形取消组合，然后再为每个形状依次设置动画

D. 先将该 SmartArt 图形转换为形状，然后取消组合，再为每个形状依次设置动画

38. 在 PowerPoint 演示文稿中通过分节组织幻灯片，如果要选中某一节内的所有幻灯片，最优的操作方法是（　　　）。

A. 按 Ctrl+A 快捷键

B. 选中该节的一张幻灯片，然后按住 Ctrl 键，逐个选中该节的其他幻灯片

C. 选中该节的第一张幻灯片，然后按住 Shift 键，单击该节的最后一张幻灯片

D. 单击节标题

39. 在 PowerPoint 中可以通过多种方法创建一张新幻灯片，下列操作方法错误的是（　　　）。

A. 在普通视图的幻灯片缩略图窗格中，定位光标后按 Enter 键

B. 在普通视图的幻灯片缩略图窗格中单击右键，从快捷菜单中选择"新建幻灯片"命令

C. 在普通视图的幻灯片缩略图窗格中定位光标，在"开始"选项卡上单击"新建幻灯片"按钮

D. 在普通视图的幻灯片缩略图窗格中定位光标，在"插入"选项卡上单击"幻灯片"按钮

40. 如需在 PowerPoint 演示文档的一张幻灯片后增加一张新幻灯片，最优的操作方法是（   ）。

A. 执行"文件"后台视图的"新建"命令

B. 执行"插入"选项卡中的"插入幻灯片"命令

C. 执行"视图"选项卡中的"新建窗口"命令

D. 在普通视图左侧的幻灯片缩略图中按 Enter 键

41. 在 PowerPoint 演示文稿普通视图的幻灯片缩略图窗格中，如果需要在第 3 张幻灯片后面再复制一张幻灯片，最快捷的操作方法是（   ）。

A. 用鼠标拖动第 3 张幻灯片到第 3、4 张幻灯片之间时按下 Ctrl 键并放开鼠标

B. 按下 Ctrl 键再用鼠标拖动第 3 张幻灯片到第 3、4 张幻灯片之间

C. 用右键单击第 3 张幻灯片并选择"复制幻灯片"命令

D. 选择第 3 张幻灯片并通过复制、粘贴功能实现复制

42. PowerPoint 2016 演示文稿的首张幻灯片为标题版式幻灯片，要从第 2 张幻灯片开始插入编号，并使编号值从 1 开始，正确的方法是（   ）。

A. 直接插入幻灯片编号，并勾选"标题幻灯片中不显示"复选框

B. 从第 2 张幻灯片开始，依次插入文本框，并在其中输入正确的幻灯片编号值

C. 首先在"幻灯片大小"对话框中,将幻灯片编号的起始值设置为0,然后插入幻灯片编号，并勾选"标题幻灯片中不显示"复选框

D. 首先在"幻灯片大小"对话框中，将幻灯片编号的起始值设置为 0，然后插入幻灯片编号

43. 小郑用 PowerPoint 2016 制作公司宣传片时，在幻灯片母版中添加了公司徽标图片。现在他希望放映时暂不显示该徽标图片，最优的操作方法是（   ）。

A. 在幻灯片母版中，插入一个以白色填充的图形框遮盖该图片

B. 在幻灯片母版中通过"格式"选项卡上的"删除背景"功能删除该徽标图片，放映完再加上

C. 选中全部幻灯片，设置隐藏背景图形功能后再放映

D. 在幻灯片母版中，调整该图片的颜色、亮度、对比度等参数直到其变为白色

44. 在使用 PowerPoint 2016 放映演示文稿过程中，要使已经点击访问过的超链接的字体颜色自动变为红色，正确的方法是（   ）。

A. 新建主题字体，将已访问的超链接字体颜色设置为红色

B. 设置名为"行云流水"的主题效果

C. 设置名为"行云流水"的主题颜色

D. 新建主题颜色，将已访问的超链接的颜色设置为红色

二、填空题

1. Word 2016 文档的扩展名是_____。

2. 在 Word 窗口中，新建文件的快捷键是_____。

3. 在 Word 中，将字形设为粗体的快捷键是_____。

4. Word 默认的对齐方式是_____。

5. 若要把 Word 文档中所有的"计算机"都改成"computer"，可用的操作是_____。

6. 在 Word 中绘制表现两个或多个对象之间逻辑关系的图形时，可以选择功能结构图中的_____。

7. 要为文档的不同部分设置不同的页眉、页脚和页边距，需要使用_____。

8. 在 Word 文档中，自动生成目录后，如果标题的文字内容发生更改，应该进行_____操作，以保证标题内容与目录内容一致。

9. 在 Word 2016 的表格操作中，用于求和的函数是_____。

10. 批量制作图文，应使用_____功能。

11. 在 Excel 的单元格中输入数值型数据时，默认为_____。

12. 在 Excel 中，设定 A1 单元格的数字格式为整数，当输入"33.51"时，显示为_____。

13. Excel 中包含_____、算术运算符、_____和文本运算符 4 类运算符。

14. 在 Excel 中，要同时选择多个不相邻的工作表，可以在按住_____键的同时依次单击各工作表的标签。

15. 在高级筛选方式下可以实现只满足一个条件的_____条件筛选，也可以实现同时满足两个条件的_____条件筛选。

16. 绝对地址的行号和列标前应使用_____符号。

17. Excel 在排序时，对汉字的默认排序顺序为_____。

18. Excel 函数中，能计算所有参数平均值的是_____。

19. 在 Excel 中，要筛选出数据列表中不重复的记录，应该使用_____功能。

20. 在 Excel 中使用分类汇总功能时，必须先对数据清单进行_____。

21. PowerPoint 2016 演示文稿的扩展名是_____。

22. 可以编辑幻灯片中文本、图像、声音等对象的视图是_____。

23. 可以在 PowerPoint 同一窗口显示多张幻灯片，并在幻灯片下方显示编号的视图是_____。

24. 如果希望对幻灯片进行统一修改，可以通过_____快速实现。

25. 在 PowerPoint 演示文稿中利用"大纲"窗格组织、排列幻灯片中的文字时，输入幻灯片标题后进入下一级文本输入状态的最快捷方法是按_____+_____快捷键。

26. 在 PowerPoint 中，可以通过_____功能插入统计数据。

27. 通过使用_____功能，可以预览整个 PowerPoint 演示文稿。

28. 如果想在中途终止幻灯片的放映，可以按_____键。

29. 幻灯片除了能保存成不同类型的文件外，还可以导出成_____或视频。

30. 如果不想自己的演示文稿被随意打开、修改，用户可以给演示文稿设置_____。

三、简答题

1. 简述长文档生成目录的步骤。

2. 简述 Excel 工作窗口中各部分的功能。

3. 什么是幻灯片母版?

四、操作题

1. 运用所学知识,制作个人简历。

2. 以"成年礼"为主题制作一个幻灯片的演示文稿。

项目四

网络与信息安全

项目概述

互联网是当今世界上最大的信息库，其中的信息资源浩如烟海。准确、快速地从互联网这个信息"海洋"里获取所需的资源，已经成为人们适应互联网时代的必备技能。同时，掌握信息获取、存储、传输以及处理等领域中的安全技术也越来越受到人们的重视。本项目主要介绍计算机网络与信息安全的基本知识和内容，帮助学生掌握检索网络信息和下载网络资源等工具的使用方法。指导学生树立信息安全的意识，培养良好的信息素养能力和遵守信息规范的自觉性。

学习目标

◆ **知识目标**

1. 了解计算机网络的相关知识。
2. 了解 IP 地址和域名。
3. 熟悉信息检索的基本概念和基本流程。
4. 了解信息安全相关技术、计算机病毒的防控方法和常用的安全防御技术。

◆ **能力目标**

1. 能熟练设置 IP 地址。
2. 能使用网络获取、下载所需的信息。
3. 熟练收发电子邮件。
4. 会用系统安全中心配置防火墙。
5. 会用第三方信息安全工具解决常见的安全问题。

◆ **素质目标**

1. 了解信息安全相关法律法规并自觉遵守。
2. 具备一定的信息免疫力，能自觉抵御和消除垃圾信息及有害信息的干扰和侵蚀。

任务一　计算机网络基础

【任务描述】

本任务要求了解计算机网络和 Internet 的相关知识，熟悉 Internet 的 IP 地址和域名系统。

【知识讲解】

一、认识计算机网络

（一）计算机网络概述

1. 计算机网络的概念

把地理位置不同且具有独立功能的多个计算机系统，通过通信设备和线路连接起来，由功能完善的网络软件实现网络资源共享的系统称为计算机网络，简称为网络。

2. 网络的功能

（1）资源共享。网络的主要功能就是资源共享。共享的资源包括软件资源、硬件资源以及存储在公共数据库中的各类数据资源。

（2）数据通信。分布在不同地区的计算机系统可通过网络及时高速地传递各种信息。

（3）提高系统可靠性。在网络中，由于计算机之间是互相协作、互相备份的关系，当网络中的某一部分出现故障时，网络中其他部分可以自动接替其任务。因此，与单机系统相比，计算机网络具有较高的可靠性。

（4）易于进行分布式处理。在网络中，可以将一个比较大的问题或任务分解为若干个子问题或子任务，然后分散到网络中不同的计算机上进行处理、计算。

（5）综合信息服务。在当今的信息化社会里，个人、办公室、图书馆、企业和学校等，每时每刻都在产生并处理大量的信息。这些信息可能是文字、数字、图像、声音甚至是视频，通过网络就能够收集、处理信息，并进行信息的传送。

（二）网络技术的发展阶段

计算机网络是计算机技术和通信技术相结合的产物。随着计算机技术和通信技术的不断发展，计算机网络技术经历了以下 4 个发展阶段。

1. 第一阶段

第一阶段可以追溯到 20 世纪 50 年代。那时，人们将彼此独立发展的计算机技术与通信技术结合起来，完成数据通信技术与计算机通信网络的研究，为计算机网络的产生做好理论与技术方面的准备。

2. 第二阶段

第二阶段从 20 世纪 60 年代美国的 ARPANET 与分组交换技术的出现开始。ARPANET 是计算机网络技术发展中的一个里程碑，它的研究成果对促进网络技术发展和理论体系研究产生了重要作用，并为互联网的形成奠定了基础。

知识链接

ARPANET 是因特网（Internet）的前身，其全称是美国国防部高级研究计划署网络。它源自美国国防部的一项通信研究项目，该项目旨在设计一个稳定的通信系统，能够保证在系统中的大多数基础设施都遭到破坏的情况下仍可维持通信。

3. 第三阶段

第三阶段可以从 20 世纪 70 年代中期算起。当时，国际上各种广域网、局域网与公用分组交换网发展迅速，各计算机厂商纷纷发展各自的计算机网络系统，随之而来的是网络体系结构与网络协议的标准化问题。国际标准化组织（International Organization for Standardization，ISO）在推动开放系统参考模型与网络协议的研究方面做了大量的工作，对网络理论体系的形成起了重要的作用。

4. 第四阶段

第四阶段从 20 世纪 90 年代开始。这个阶段最有挑战性的是 Internet、高速通信网络、无线网络与网络安全技术。互联网作为国际性的网际网与大型信息系统，在经济、文化、科研、教育与社会生活等方面发挥越来越重要的作用。宽带城域网技术的发展为社会信息化提供技术支持，网络安全技术为网络应用提供安全保障。基于 P2P(对等式网络）应用正在成为互联网产业与现代信息服务业新的增长点。

（三）计算机网络的分类

计算机网络主要按覆盖范围大小及拓扑结构进行分类。

1. 按覆盖范围分类

（1）局域网（LAN）：作用范围一般为几米到几千米。

（2）城域网（MAN）：作用范围介于 LAN 与 WAN 之间。

（3）广域网（WAN）：作用范围一般为几百到几千千米。

2. 按拓扑结构分类

计算机网络拓扑结构是指网络中各个站点相互连接的形式。将网络中的计算机和通信设备抽象为一个点，把传输介质抽象为一条线，由点和线组成的几何图形就是计算机网络的拓扑结构，如图 4-1 所示。

网状型拓扑结构是指节点之间有许多条路径相连。

星型拓扑结构是指网络中的各节点都通过一条专用线路连接到一个中央节点上。

树型拓扑结构可以认为是多级星型结构组成的，就像一棵倒置的树。

总线型拓扑结构是指所有站点都通过相应的硬件接口连接到一条公共传输线路上。

环型拓扑结构是指每个节点都与两个相邻的节点相连，形成一个闭合的环。

其中，星型、环型、总线型是三种基本网络拓扑结构。在局域网中，主要使用星型、环型、总线型和树型拓扑结构组网，而网状型拓扑结构常用于广域网中。

（a）网状型　　　　　（b）星型　　　　　（c）树型

（d）总线型　　　　　　　　（e）环型

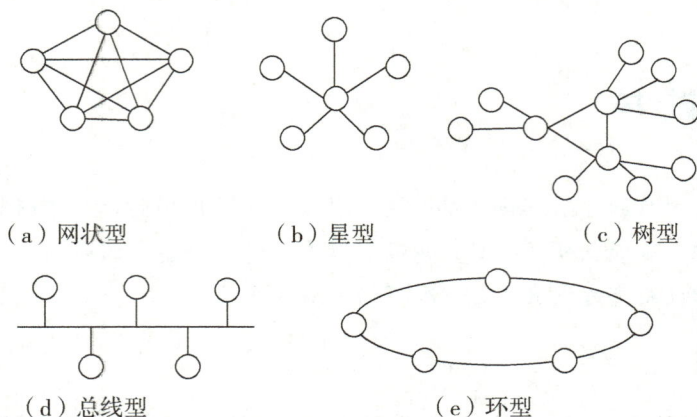

图 4-1　网络拓扑结构

（四）网络协议与网络体系结构

1. 网络协议

网络协议是计算机网络中为进行数据交换而建立的规则、标准或约定的集合。

网络协议由三个要素组成——语法、语义和时序。三要素规定了信息的意义、格式与顺序等。

网络协议有很多种，具体选择哪一种协议则要视情况而定。Internet 上的计算机使用的是传输控制协议 / 互联网协议（transmission control protocol/internet protocol，TCP/IP），这是 Internet 采用的一种标准网络协议。TCP/IP 作为互联网的基础协议，没有它就不能上网。单机若想通过局域网访问互联网，需要详细地设置 IP 地址、网关、子网掩码、DNS 服务器等参数。

计算机网络协议

2. 网络体系结构

为实现计算机间的通信，人们把计算机互联的功能划分成有明确定义的层次，并规定了同层次实体通信的协议及相邻层之间的接口服务。简单来说，网络体系结构就是网络各层及其协议的集合。

为了使不同计算机厂家生产的计算机能够相互通信，以便在更大的范围内建立计算机网络，国际标准化组织（ISO）在 1978 年提出了"开放系统互联参考模型"，即著名的 OSI-RM 模型。该模型（以下简称 OSI 参考模型）共分为 7 层，从低到高依次是物理层、数据链路层、网络层、传输层、会话层、表示层和应用层。其中，低 4 层主要负责数据传输，高 3 层主要负责处理用户数据。OSI 参考模型及其数据传输过程如图 4-2 所示。

TCP/IP 参考模型是 Internet 使用的参考模型，共分为 4 层，从低到高依次是网络接口层、网际层、传输层和应用层。

网络接口层是 TCP/IP 参考模型的最底层，主要面向硬件。TCP/IP 参考模型并没有具体定义该层的协议，只是指出它负责网际层与硬件设备间的联系。

网际层主要处理来自传输层的分组，将分组装入 IP 数据包，并为该数据包选择路径，最终将数据包从源主机发送到目的主机。

传输层也称主机至主机层，与 OSI 参考模型中的传输层类似，主要负责主机到主机的通信。该层定义了 TCP/IP 参考模型中两个重要的协议：传输控制协议（TCP）和用户数据报协

议（UDP）。

应用层是 TCP/IP 参考模型中的最高层，与 OSI 参考模型中的高 3 层相同，其任务是处理用户数据，并为用户提供应用服务。

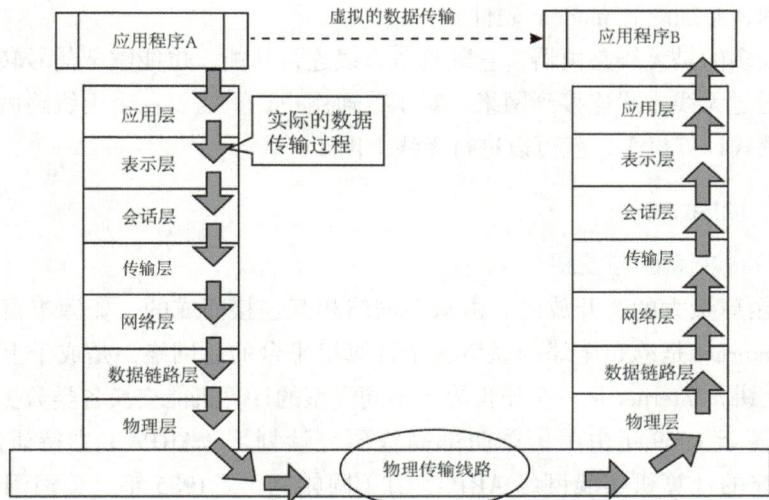

图 4-2　OSI 参考模型及其数据传输过程

知识链接

OSI 参考模型诞生之初，受到了很多企业、组织乃至国家的追捧，几乎所有专家都认为 OSI 参考模型将作为标准的网络体系结构风靡世界。然而，最终成为实际标准的却是因特网所采用的 TCP/IP 参考模型。这是因为 OSI 参考模型虽然内容完善，但繁复冗长，实现起来很困难。相比之下，TCP/IP 参考模型则更加简化、实用。不过，OSI 参考模型仍然具有很高的理论价值，在教学和研发领域有着广泛的应用。

（五）网络硬件设备

网络硬件是计算机网络的物质基础，主要由可独立工作的计算机、传输介质和网络设备等组成。

1. 计算机

服务器（server）：由功能强大的计算机充当，负责管理网络资源并向用户提供网络服务。

工作站（work station）：使用网络资源的计算机。

2. 传输介质

传输介质是网络通信用的信号线路，它提供了数据信号传输的物理通道。传输介质可分为有线通信介质和无线通信介质两大类，有线通信介质包括双绞线、同轴电缆和光纤等，无线通信介质包括无线电、微波、红外线、卫星通信等。

3. 网络设备

网络设备是构成计算机网络的一些部件，如网卡、调制解调器、集线器、中继器、网桥、交换机、路由器和网关等。计算机通过网络设备来访问网络上的其他计算机。

网卡是计算机与传输介质的接口。每一台需要联网的计算机至少配一块网卡。

调制解调器（modem）是一种进行数字信号与模拟信号转换的设备，俗称"猫"。调制解调器利用调制解调技术来实现数据信号与模拟信号在通信过程中的相互转换。计算机通过电话线拨号上网，必须配置 modem 硬件。

目前使用较多的是无线路由器，它既具备有线连接功能，也能够把信号转为无线信号，使多台计算机通过无线方式连接到网络。对于普通用户，只需要一个无线路由器、支持无线的终端（如便携式计算机），就可以进行无线上网了。

二、了解 Internet

（一）Internet 的起源与发展

Internet 是全球最大的、开放的、由众多网络相互连接而成的、资源丰富的信息网络。从广义上讲，Internet 是遍布全球的联络各个计算机平台的总网络，是成千上万信息资源的总称。从本质上讲，Internet 是一个使世界上不同类型的计算机能交换各类数据的通信媒介。

Internet 起源于 1969 年由美国国防部高级研究计划署（ARPA）主持研制并建立的用于支持军事研究的计算机实验网络 ARPANET（阿帕网）。1985 年，美国国家科学基金会（NSF）开始建立 NSFNET，NSFNET 成为 Internet 中主要用于教研和教育的主干部分，代替了 ARPANET 的骨干地位。1989 年 MILNET 实现和 NSFNET 连接后，开始采用 Internet 这个名称，此后其他部门的计算机网相继并入 Internet，ARPANET 宣告解散。20 世纪 90 年代初，商业机构开始进入 Internet，1995 年 NSFNET 停止运行，Internet 彻底商业化。

从 1996 年起，世界各国陆续启动下一代高速互联网及其关键技术的研究。下一代互联网与现在使用的互联网相比，规模更大、速度更快、更安全、更智能。

知识链接

我国现有四大主干网络：中国公用计算机互联网（CHINANET）、中国教育和科研计算机网（CERNET）、中国科技网（CSTNET）、国家公用经济信息通信网（即中国金桥信息网，CHINAGBN）。

（二）接入 Internet 的常用方法

互联网服务提供商（internet service provider，ISP）即向用户提供互联网接入业务、信息业务和增值业务的电信运营商，是计算机接入 Internet 的桥梁。常用的接入网络的方式有以下几种。

1.ADSL 接入

非对称数字用户环路（asymmetric digital subscriber line，ADSL）是一种能通过普通电话线提供宽带数据业务的技术。其有下行速率高、频带宽、性能优、安装方便、不需交纳电话费等特点，因而深受广大用户喜爱。

2. 电话线拨号接入（PSTN）

电话线拨号接入通过电话线，利用当地运营商提供的接入号码，拨号接入互联网，速率不超过 56 KB/s。特点是使用方便，只需有效的电话线及自带调制解调器（modem）的 PC 就可完成接入。它运用于一些低速率的网络应用，主要用于临时性接入或无其他宽带接入的场所。缺点是速率低，无法实现一些高速率要求的网络服务，其次是费用高（接入费用由电话通信费和网络使用费组成）。

3. 电缆调制解调器（cable modem）接入

我国有线电视网遍布全国，很多的城市提供 cable modem 接入 Internet 的方式，速率可以达到 10 MB/s 以上，但是 cable modem 的工作方式是共享带宽的，所以有可能在某个时间段出现速率下降的情况。

4. 光纤接入

一些城市已开始兴建高速城域网，主干网速率可达几十 GB/s，并且正在推广宽带接入。光纤可以铺设到用户所在的路边或者大楼，可以以 100 MB/s 以上的速率接入，适合大型企业使用。

5. 无线接入

由于铺设光纤的费用很高，对于需要宽带接入的用户，一些城市提供无线接入。用户通过高频天线和互联网服务提供商（internet service provider，ISP）连接，距离在 10 km 左右，带宽为 2 ~ 11 MB/s，费用低廉，但是受地形和距离的限制，适合城市中距离 ISP 不远的用户。其性价比很高。

6. 卫星接入

国内一些 Internet 服务提供商开展了卫星接入 Internet 的业务，适合偏远地方又需要较高带宽的用户。卫星用户一般需要安装一个甚小口径天线终端（VSAT），包括天线和其他接收设备。

（三）Internet 提供的主要服务

1. 全球信息网（World Wide Web，WWW）

全球信息网也称万维网，简写为 Web。WWW 服务是互联网所提供的应用极为广泛的一项服务。它通过超文本（hypertext）向用户提供全方位的多媒体全信息，从而为全世界的 Internet 用户提供了一种获取信息、共享资源的全新途径。

超文本传输协议（hypertext transfer protocol，HTTP）提供了访问超文本信息的功能，是 WWW 浏览器和 WWW 服务器之间的应用层通信协议。对于敏感数据的传送，可以使用具有保密功能的超文本传输安全协议（hypertext transfer protocol secure，HTTPS）。

2. 电子邮件（E-mail）

电子邮件是一种用电子手段进行信息交换的通信方式，是互联网中应用很广泛的服务。通过 Internet 和用户的电子邮件地址，人们可以方便、快速地交换电子邮件、查询信息，以及加入有关的公告、讨论和辩论组。

3. 文件传输协议（file transfer protocol，FTP）

FTP 是用于在计算机之间传输文件（包括上传和下载）的标准网络协议，是互联网上广泛应用的服务之一。用来在计算机之间传输文件（包括上传与下载），它也是互联网上应用比较广泛的一项服务。

4. 远程登录（telnet）

telnet 是 Internet 提供的基本信息服务之一，是提供远程连接服务的终端仿真协议。它可以使一台计算机登录到 Internet 上的另一台计算机上并使用那台计算机上的资源。

5. 公告板系统（bulletin board system，BBS）与新闻组（newsgroup）

公告系统也称论坛，是 Internet 上著名的信息服务系统之一。用户可以通过公告牌发布消息，也可以给某一特定的人或一组用户发送信息。新闻组是一个完全交互式的超级电子论坛，是网络用户进行相互交流的工具。

6. 文档检索（Archie）

Archie 向用户提供一种检索电子目录资源的功能。Archie 定期地查询 Internet 上的 FTP 服务器，将其中的文件索引创建到一个单一的、可搜索的数据库中，使得用户在需要下载某种免费软件时，只要给出希望查找的文件类型及文件名，便可以快速查找到软件所处的站点。

7. 网上电话

打 Internet 电话需要调制解调器（modem）支持语音（voice）功能。语音 modem 一般带有传声器（MIC）和扬声器（speaker）插孔，可以直接通过传声器和音箱接听打入的电话，管理语音信箱。

三、IP 地址和域名

（一）IP 地址

1.IP 地址的概念

在 Internet 上为每台计算机指定的唯一的地址称为 IP 地址，也称网际地址。

在 IPv4 中，IP 地址具有固定、规范的格式，它由 32 位二进制数组成，分为 4 段，其中每 8 位构成一段。为了便于识别和表达，IP 地址采用点分十进制形式表示。每 8 位二进制数为一组，用一个十进制数表示，段与段之间用"."隔开。这样，每段所能表示的十进制数的范围最大不超过 255。其格式为：

×××.×××.×××.×××

根据网络规模的大小，IP 地址空间被分为 A、B、C、D、E 五类，其中 A、B、C 三类为基本地址，D 类为组播地址，E 类为保留地址。

IP 地址常用的是 A、B、C 三类，它们均由网络地址和主机地址两部分组成，规定每一组都不能用全 0 和全 1。通常全 0 表示网络本身的 IP 地址，全 1 表示网络广播的 IP 地址。为了区分类别，A、B、C 三类的最高位分别为 0、10、110，如图 4-3 所示。

A类	0	网络地址（8位）	主机地址（24位）	
B类	10	网络地址（16位）	主机地址（16位）	
C类	110	网络地址（24位）	主机地址（8位）	

图 4-3　IP 地址类型格式

（1）A 类 IP 地址：用前 8 位来标识网络地址，后 24 位标识主机地址，最前面一位为"0"。这样，A 类 IP 地址第一个字节的取值范围为 0～127，但数字 127 保留给内部回送函数，而数字 0 表示该地址是本地宿主机，所以 A 类 IP 地址的第一个 8 位表示的数的范围是 1～126。一个网络中可以拥有 $2^{24}-2$（即 16777214）台主机。A 类 IP 地址用于大型网络。

（2）B 类 IP 地址：用前 16 位来标识网络地址，后 16 位标识主机地址，最前面两位为"10"。网络地址和主机地址分别用两个 8 位来表示，B 类 IP 地址第一个字节的取值范围为 128～191。一个网络中可以拥有 $2^{16}-2$（即 65534）台主机。B 类 IP 地址用于中型网络，如各地区的网络管理中心。

（3）C 类 IP 地址：用前 24 位来标识网络地址，后 8 位标识主机地址，最前面三位为"110"。网络地址的数量要远多于主机地址，一个网络可含有 $2^{8}-2$（即 254）台主机。C 类 IP 地址第一个字节的取值为 192～223。C 类 IP 地址用于主机数量不超过 254 台的小型网络。

综上所述，通过第一段的十进制数字即可区分 IP 地址的类别，如表 4-1 所示。

表 4-1　A、B、C 类 IP 地址

地址类型	第一段取值范围	包含主机台数 / 台
A 类	1～126（0～127）	16777214
B 类	128～191	65534
C 类	192～223	254

2. 内部地址

由于地址资源紧张，因而在 A、B、C 类 IP 地址中，按表 4-2 所示的范围保留了部分地址，被称为内部地址或者私有地址。这些地址只能用于一个机构的内部通信，而不能用于和互联网上的主机通信，但可以重复用于各个局域网内。

表 4-2　内部地址

网络类别	地址段	网络数 / 个
A 类网	10.0.0.0～10.255.255.255	1
B 类网	172.16.0.0～172.31.255.255	16
C 类网	192.168.0.0～192.168.255.255	256

相对应地，其余的 A、B、C 类地址可以在互联网上使用（即可被互联网上的路由器所转发），称为公网地址。

3. 特殊 IP 地址

（1）0.0.0.0。0.0.0.0 表示网络本身，用于网络初始化。

（2）255.255.255.255。255.255.255.255 是受限制的广播地址，表示在未知本网地址情况下用于本网广播。

（3）主机号全为 1 的地址。通常网络中的最后一个地址为直接广播地址，也就是主机位全为 1 的地址，用于向某个网络的所有主机广播。

（4）主机号全为 0 的地址。主机号全为 0 的地址为网络地址，这个地址同样不能用于主机，它指向本网，表示的是网络本身。

4.IPv6

现有的互联网是在 IPv4 协议的基础上运行的，IPv6 是下一版本的互联网协议。IPv6 采用 128 位地址长度，可以不受限制地提供地址，解决了 IPv4 地址短缺的问题。IPv6 的主要优势体现在以下几方面。

（1）规模更大。IPv6 的地址空间、网络的规模更大，接入网络的终端种类和数量更多，网络应用更广泛。

（2）速率更快。100 MB/s 以上的端到端高性能通信。

（3）更安全可信。对象识别、身份认证和访问授权，数据加密和完整性，可信任的网络。

（4）更及时。组播服务，服务质量（QoS），大规模实时交互应用。

（5）更方便。基于移动和无线通信的丰富应用。

（6）更易于管理。有序管理、有效运营、及时维护。

（7）更有效。有营利模型，获得重大社会效益和经济效益。

（二）域名

1. 域名结构

由于数字形式的 IP 地址难以记忆和理解，为此人们采用英文符号来表示 IP 地址，这就产生了域名。

域名采用层次结构，每一层构成一个子域名，子域名之间用"."隔开，自右向左分别为顶级域名、二级域名、三级域名等。典型的域名结构为：

主机名 . 单位名 . 机构名 . 顶级域名

说明：

（1）域名是一个逻辑的概念，它不反映主机的物理地点。

（2）域名长度不超过 255 个字符。

（3）每一层域名长度不超过 63 个字符，由字母、数字或下划线组成，以字母开头，以字母或数字结尾。

（4）域名中的英文字母不区分大小写。

例如：jsjjc.tongji.edu.cn 表示中国（cn）、教育机构（edu）、同济大学（tongji）校园网上的一台主机（jsjjc）。

2. 顶级域名

顶级域名分为两类：一是国际顶级域名，如表 4-3 所示；二是国家顶级域名，用两个字母表示世界各个国家和地区，如表 4-4 所示。

表 4-3 常用国际顶级域名

域名代码	含义	域名代码	含义
com	商业机构	net	网络机构
edu	教育机构	org	非营利组织
gov	政府机构	int	国际机构
mil	军事类	firm	公司企业
store	销售单位	info	信息服务
arts	文化娱乐	web	与 WWW 有关单位
nom	个人		

表 4-4　常用国家顶级域名

国家代码	国家	国家代码	国家	国家代码	国家
ar	阿根廷	id	印度尼西亚	sg	新加坡
au	澳大利亚	ie	爱尔兰	za	南非
at	奥地利	il	以色列	es	西班牙
be	比利时	in	印度	ch	瑞士
ca	加拿大	it	意大利	th	泰国
cn	中国	jp	日本	uk	英国
cu	古巴	kr	韩国	us	美国
dk	丹麦	mx	墨西哥		
eg	埃及	nz	新西兰		
fi	芬兰	no	挪威		
fr	法国	pt	葡萄牙		
de	德国	ru	俄罗斯		

根据 2017 年发布的《互联网域名管理办法》，".CN"和". 中国"是中国的国家顶级域名。中文域名是中国互联网域名体系的重要组成部分。国家也很鼓励和支持中文域名系统的技术研究和推广应用。.cn 凭借历史积淀、技术成熟度及国际通用性，目前还是实际应用中的主流选择。

（三）IP 地址的获取

一台计算机只有获得 IP 地址之后才能上网，手动设置时，除了设置本机的 IP 地址外，还需要设置子网掩码、网关和 DNS 服务器。

1. 子网掩码

子网掩码是判断任意两台计算机的 IP 地址是否属于同一子网的根据。将两台计算机各自的 IP 地址与子网掩码进行与运算后，如果得出的结果是相同的，则说明这两台计算机处于同一个子网，可以进行直接通信。

默认情况下子网掩码的地址为：网络位全为"1"，主机位全为"0"，具体如表 4-5 所示。

表 4-5　标准 IP 地址的子网掩码

地址类型	子网掩码位（二进制）	子网掩码位（十进制）
A 类	11111111 00000000 00000000 00000000	255.0.0.0
B 类	11111111 11111111 00000000 00000000	255.255.0.0
C 类	11111111 11111111 11111111 00000000	255.255.255.0

知识链接

A 类 IP 地址用后 24 位标识主机地址，因此在标准 A 类 IP 地址中，格式为：×××××××××.00000000.00000000.00000000（十进制数表示为 X.0.0.0）或 ×××××××××.11111111.

11111111.11111111（十进制数表示为 ×.255.255.255）的 IP 地址是特殊 IP 地址，不能分配给主机。例如标准 A 类 IP 地址 121.0.0.0 和 67.255.255.255，不能分配给主机。

B 类 IP 地址用后 16 位标识主机地址，因此在标准 B 类 IP 地址中，格式为 ××××××××.××××××××.00000000.00000000（十进制数表示为 X.X.0.0）或 ××××××××.××××××××.11111111.11111111（十进制数表示为 X.X.255.255）的 IP 地址是特殊 IP 地址，不能分配给主机。例如标准 B 类 IP 地址 153.12.0.0 和 191.166.255.255，不能分配给主机。

C 类 IP 地址用后 8 位标识主机地址，因此在标准 C 类 IP 地址中，格式为 ××××××××.××××××××.00000000（十进制数表示为 ×.×.×.0）或 ××××××××.××××××××.11111111（十进制数表示为 ×.×.×.255）的 IP 地址是特殊 IP 地址，不能分配给主机。例如标准 C 类 IP 地址 192.168.1.0 和 202.122.34.255，不能分配给主机。

2. 网关

网关是一种网络互连设备，用于连接两个协议不同的网络。通俗地说，网关是一台计算机通向 Internet 的具有 IP 地址的一个网络设备。一台计算机可以有多个网关。

默认网关是指一台主机如果找不到可用的网关，就把数据发给默认指定的网关，由这个网关来处理数据。一台计算机的默认网关必须正确地指定，否则该计算机无法上网。

3.DNS 服务器

DNS 服务器即域名服务器，是将域名转换成 IP 地址的服务器。手动设置时，若没有指定正确的 DNS 服务器 IP 地址，则计算机不能通过输入域名上网，只能输入相应的 IP 地址。

任务二　信息检索

【任务描述】

本任务要求熟悉信息检索的基本概念和信息检索的基本流程，掌握利用网络获取有效信息的方法，掌握搜索引擎和电子邮件的使用方法。

扫一扫

信息素养和
信息检索

一、信息检索概述

（一）信息检索的定义

广义的信息检索全称为"信息存储与检索"，是指将信息按一定的方式组织和存储起来，并根据用户的需要找出有关信息的过程。

狭义的信息检索为"信息存储与检索"的后半部分，通常称为"信息查找"或"信息搜索"，是指从信息资源的集合中查找所需文献或查找所需文献中包含的信息内容的过程。

（二）信息检索的基本原理

信息检索的基本原理为：通过对大量的分散、无序的信息（包括文档、图片、音频、视频等）进行收集、加工、组织、存储，建立各种各样的检索系统，并通过一定的方法和手段使存储与检索这两个过程所采用的特征标识达到一致，以便有效地获得和利用信息源。其中存储是检索的基础，检索是存储的目的。

为了实现信息检索，需要将这些原始信息进行计算机格式、编码的转换，并将其存储在数据库中，否则无法进行机器识别。待用户根据查询意图输入查询请求后，检索系统会根据用户的查询请求在数据库中搜索与查询相关的信息，通过一定的匹配机制计算出信息的相似度大小，并按相似度从大到小的顺序将信息转换输出。

扫一扫

信息检索原理

拓展阅读

信息检索常用术语

1.Web 站点

WWW（万维网）是由许多 Web 站点（网站）组成的，每个 Web 站点其实就是一组精心设计的 Web 页面，这些页面都围绕同一个主题有机地连接在一起，形成一个整体。

2.Web 页或网页

网页是构成网站的基本元素，是承载各种网站应用的平台。如果将 WWW 看成 Internet 上的大型图书馆，每个 Web 站点就是一本书，每个 Web 页面就是其中的一张书页，是网络文件的组成部分。

3. 主页或首页（homepage）

主页是 Web 站点的起始页，可从主页开始对网站进行浏览。

4.URL

统一资源定位器（uniform resource locator，URL）就是信息资源在网上的地址，用来定位和检索 WWW 上的文档。URL 包括所使用的传输协议、服务器名称和完整的文件路径名。如在浏览器中输入 URL 为 "https://www.hniu.cn/xygk/xyjj.htm"，就是使用超文本传输安全协议（HTTPS），从域名 hniu.cn 的 WWW 服务器中寻找 xygk 目录下的 xyjj.htm 文件。

5.域名

按照 DNS 的规定，入网的计算机都采用层次结构的域名，其从左到右分别为：

主机名 . 三级域名 . 二级域名 . 顶级域名

主机名 . 机构名 . 网络名 . 顶级域名

域名一般为英文字母、汉语拼音、数字或其他字符。各级域名之间用 "." 分隔，从右到左各部分之间是上层对下层的包含关系。例如，湖南信息职业技术学院的域名是 www.hniu.cn，cn 是第一级域名，代表中国的计算机网络，hniu 是主机名，采用的是湖南信息职业技术学院的英文缩写。

在国际上，第一级域名采用通用的标准代码，分为组织机构和地址模式两类。一般使用主机所在的国家和地区名称作为第一级域名，如 CN（中国）、JP（日本）、KR（韩国）、UK（英国）等。我国的第一级域名是 CN；第二级域名分为类别域名和地区域名，其中地区域名有 BJ（北京）、SH（上海）、CS（长沙）等。

（三）信息检索的基本流程

要在庞大冗杂的数据中找出我们需要的信息，需要掌握一定的信息检索策略，先要了解信息检索的基本流程。信息检索的流程包括分析信息需求、选择检索工具、提炼检索词、构造检索式、调整检索策略、输出检索结果，如图 4-4 所示。

分析信息需求 → 选择检索工具 → 提炼检索词 → 构造检索式 → 调整检索策略 → 输出检索结果

图 4-4　信息检索的流程

1. 分析信息需求

明确检索的目的及要求，罗列出确定的搜索关键词及其涉及的相关学科、语种及时间范围、查询方式及相关的资源性质等。

2. 选择检索工具

以检索问题的方向为依据选择正确的检索工具，如检索学术信息要优先选用相应的专门数据库，检索一般信息可选择搜索引擎。中文学术检索系统有中国知网、万方数据知识服务平台、维普网等。百科知识检索系统有百度百科、维基百科等。国内搜索常用引擎有百度、搜狗、360搜索等。在选择检索工具时，要考虑检索工具的专业性、权威性及检索工具收录范围，要了解各种检索工具的系统功能及检索方法。

3. 提炼检索词

检索词是指在检索时输入的字、词或短语等，用于搜索出包含检索词的相关记录。提炼出最具有指向性和代表性的检索词，能够显著提升检索效率。确定检索词时要选择常用的专业术语，尽量少使用生僻词，也要避免选择影响检索效率的高频词，同时要尽可能全面列出同义词、近义词甚至上下位词，以提高检索的查全率。

4. 构造检索式

检索式即检索策略的逻辑表达方式，也称检索提问表达式，由检索词及关系算符构成，单个检索词也可构成检索式。为了提高检索效率及查全率，在构造检索式时要合理利用检索工具所支持的检索运算，将检索词连接成一个检索式。

5. 调整检索策略

构造出检索式后，在实施检索的过程中，可能因为检索式的构造问题导致检索结果达不到预期。例如，检索出的结果太少不满足要求；或者检索出的结果太多且包含太多不相干的信息，导致查全率与查准率得不到保障。此时，应该调整检索策略，通过扩大或缩小检索范围的方式达到检索的目的。

6. 输出检索结果

检索结果的输出包括输出方式以及输出形式两个方面。输出方式包括显示、打印、复制及存盘等。输出形式包括全文、目录或自定义形式等。此外，用户也可以选择性地输出检索结果。

（四）信息检索的基本技巧

1. 布尔逻辑检索

布尔逻辑检索是指利用布尔逻辑运算符（主要有"与"或"非"）连接各个检索词，构成一个逻辑检索式,然后由计算机进行相应逻辑运算,以找出所需信息的方法。它使用面最广、使用频率最高。

（1）逻辑"与"。用"AND"或"*"表示。可用来表示其所连接的两个检索项的交叉部分,即交集部分。如果用 AND 连接检索词 A 和检索词 B,则检索式为 A AND B（或 A*B）,表示让系统检索同时包含检索词 A 和检索词 B 的信息集合。

（2）逻辑"或"。用"OR"或"+"表示。用于连接并列关系的检索词。用 OR 连接检索词 A 和检索词 B,则检索式为 A OR B（或 A+B）,表示让系统查找含有检索词 A、B 之一或者同时包括检索词 A 和检索词 B 的信息。

（3）逻辑"非"。用"NOT"或"-"号表示。用于连接排除关系的检索词,即排除不需要的和影响检索结果的概念。用 NOT 连接检索词 A 和检索词 B,检索式为 A NOT B（或 A-B）,表示检索含有检索词 A 而不含检索词 B 的信息,即将包含检索词 B 的信息集合排除掉。

2. 截词检索

截词检索就是用截断的词的一个局部（称为截词法）进行的检索,并认为凡满足这个词局部中的所有字符（串）的文献,都为命中的文献。截词检索是预防漏检提高查全率的一种常用检索技术,大多数系统都提供截词检索的功能。

在一般的数据库检索中,截词法常有左截、右截、中间截断和中间屏蔽 4 种形式。

不同的系统所用的截词符也不同,常用的有"?""*"等。截词检索分为有限截词（即一个截词符只代表一个字符,如"?"）和无限截词（一个截词符可代表多个字符,如"*"）。下面以无限截词举例说明。

（1）后截词,前方一致。如：comput* 可表示 computer, computers, computing 等。

（2）前截词,后方一致。如：*computer 可表示 minicomputer, microcomputer 等。

（3）中截词,中间一致。如 *comput* 可表示 minicomputer, microcomputers 等。

3. 位置检索

位置检索也叫邻近检索,它是用一些特定的算符（位置算符）来表达检索词与检索词之间的邻近关系,并且可以不依赖主题词表而直接使用自由词进行检索的技术方法。

常用的位置算符有：W 算符,"W"含义为"with"；nw 算符,nw 中的"w"的含义为"Word",表示此算符两侧的检索词必须按此前后邻接的顺序排列,而且检索词之间最多有 n 个其他词；N 算符,其中的"N"的含义为"near"；nN 算符,表示允许两词间最多插入 n 个其他词。

在搜索引擎中,能提供位置检索的较少。

4. 字段检索与限制检索

字段检索和限制检索常常结合使用,字段检索就是限制检索的一种,因为限制检索往往是对字段的限制。在搜索引擎中,字段检索多表现为限制前缀符的形式,如属于主题字段限制的有 title、subject、keywords、summary 等；属于非主题字段限制的有 image、text 等。作为一种网络检索工具,搜索引擎提供了许多带有典型网络检索特征的字段限制类型,如主机名（host）、域名（domainname）、链接（link）、URL（统一资源定位器）、Site（网址）、新闻组（newsgroup）和 E-mail 限制等。

5. 词组检索

词组检索是将一个词组（通常用英文双引号" " "括起）当作一个独立运算单元，进行严格匹配，以提高检索的精度和准确度，它也是一种在数据库检索中常用的方法。

二、利用网络获取有效信息的方法

网络资源多种多样，会围绕信息和知识形成一个庞大的资源群。其中，一部分称为软性资源，主要包括信息服务、信息增值服务、各种网站提供的内容服务；一部分称为硬性资源，主要是依附于信息的采集、传递、应用而延伸出来的一些网络硬件设备的生产、应用与维护资源；还有一部分，则是与网络服务密切相关的外围产业，包括物流配送服务、金融服务、认证服务等。网络资源的类型如表 4-6 所示。

表 4-6　网络资源的类型

资源类型	资源说明
资源行业归属	教育类、商业类、政府类、军事类
网络资源获取方式	免费类、收费类
信息呈现形式	Web 网站类、点播类、博客类
网页信息产生方式	静态网页、动态网页
网站功能	门户类、搜索引擎类、论坛类、资源下载类、个人网站
使用技术	Web 类、FTP 类、E-mail 类、BBS 类、P2P 类

从网络上获取的资源既有免费资源也有收费资源。随着网络信息技术的发展，网络信息的规范性也逐步形成。如何利用网络获取有效信息？这需要我们掌握一定的方法。

（1）根据自身对资源问题的理解，选择合适的搜索引擎进行资料的搜索。

（2）通过网络地址。当需要了解某一具体信息时，一般官方都会公布其具体内容，用户可以从官方网站去找所需的信息资源。

（3）主题指南。利用分类方法将网络信息组织成树状结构，根据主题类目和子类目逐层寻找所需的信息。

（4）网络导航，通过一些技术手段，为网站访问者提供便捷的访问途径。

（5）网络资源链接、超链接，当检索到某信息资源时，可以通过链接跳转找到许多有关的信息。

（6）网络数据库，如中国知网、万方数据知识服务平台、EI、SCI，在其上可以查找到专业的论文等资料。

（7）专业网站、博客等。从专业网站或资深技术人员的博客，寻找自己所需要的资料。

三、搜索引擎的使用

（一）常见搜索引擎介绍

目前，国内的搜索引擎主要有百度、360 搜索、搜狗搜索等，国外的搜索引擎主要有必应（Bing）等。

信息检索的方法

1.百度

百度是全球领先的中文搜索引擎，2000年1月由李彦宏、徐勇两人创立于北京中关村，致力于向人们提供"简单，可依赖"的信息获取方式。"百度"二字源于中国宋朝词人辛弃疾的《青玉案》诗句——"众里寻他千百度"，象征着百度对中文信息检索技术的执着追求。

2. 360搜索

360搜索属于全文搜索引擎，是目前广泛应用的搜索引擎之一。其包含新闻、影视等搜索类别，旨在为用户提供安全、真实的搜索服务。360搜索不但掌握了通用搜索技术，而且独创了PeopleRank算法、拇指计划等。

3. 搜狗搜索

搜狗搜索引擎是搜狐公司强力打造的第三代互动式搜索引擎，搜狗搜索引擎可以使网站用户不离开网站就可以进行搜索，用户能借助智能的搜狗搜索引擎找到他们真正需要的信息，既提升了用户体验，又提高了网站的用户黏性。

4.Bing

Bing是微软公司于2009年推出的搜索引擎，它集成了搜索首页图片设计、崭新的搜索结果导航模式、创新的分类搜索和相关搜索用户体验模式。此处，视频搜索结果无须单击即可直接预览播放，图片搜索结果无须翻页即可查看。

（二）搜索引擎的查询操作

1. 搜索引擎的基本查询操作

搜索引擎的基本查询方法是直接在搜索框中输入搜索关键词。下面以百度为例，搜索一个月之内发布的包含"大数据"关键词的Word文档，具体操作如下：

（1）启动浏览器，在地址栏中输入百度的网址后，按"Enter"键进入百度首页，在中间的搜索框中输入要查询的关键词"大数据"，然后按"Enter"键或单击"百度一下"按钮。

（2）打开搜索结果页面，单击搜索框下方的"搜索工具"按钮 ▽ ，如图4-5所示。

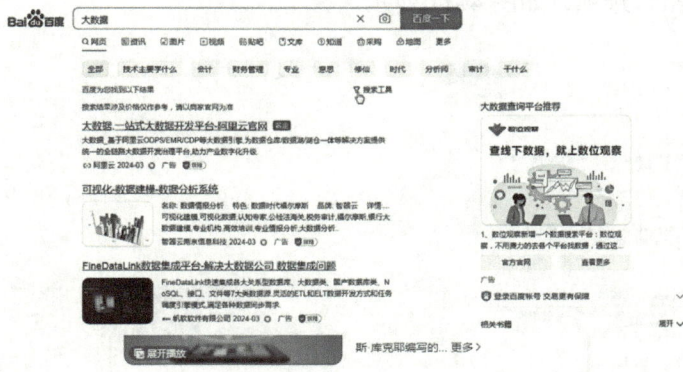

图4-5　单击"搜索工具"按钮

（3）显示搜索工具，单击"站点内检索"按钮，在打开的搜索文本框中输入百度的网址，然后单击"确认"按钮，如图4-6所示，即可返回百度网站中的搜索结果页面，如图4-7所示。

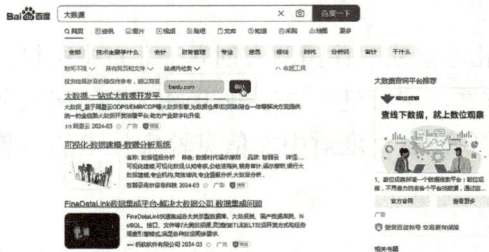

图 4-6　选择检索数据库

图 4-7　百度网站中的搜索结果

（4）在搜索工具中单击"所有网页和文件"按钮，在打开的下拉列表框中选择"Word（.doc）"选项。搜索结果页面中将只显示搜索到的 Word 文件，如图 4-8 所示。

（5）在搜索工具中单击"时间不限"按钮，在打开的下拉列表框中选择"一月内"选项，如图 4-9 所示。最终搜索结果为百度网站中一个月之内发布的包含"大数据"关键词的所有 Word 文档，如图 4-10 所示。

图 4-8　选择检索文件的类型

图 4-9　选择检索时间

2. 搜索引擎的高级查询功能

使用搜索引擎的高级查询功能时，可实现包含完整关键词、包含任意关键词和不包含某些关键词等的搜索。用百度的高级查询功能进行搜索时间的具体操作如下：

（1）打开百度首页，将鼠标指针移至右上角的"设置"超链接上，在打开的下拉列表框中选择"高级搜索"选项，如图 4-11 所示。

图 4-10　最终搜索结果

图 4-11　选择"高级搜索"选项

（2）打开"高级搜索"对话框，在"包含全部关键词"文本框中输入"北京 上海"

文本，要求查询结果页面中要同时包含"北京"和"上海"两个关键词；在"包含完整关键词"文本框中输入"手机专卖店"文本，要求查询结果页面中要包含"手机专卖店"完整关键词，即关键词不会被拆分；在"包含任意关键词"文本框中输入"华为 小米"文本，要求查询结果页面中要包含"华为"或者"小米"关键词；在"不包括关键词"文本框中输入"三星 苹果"文本，要求查询结果页面中不包含"三星"和"苹果"关键词，如图 4-12 所示。

（3）单击"高级搜索"按钮完成搜索，结果如图 4-13 所示。

图 4-12　设置搜索参数

图 4-13　查看信息检索结果

（三）专用平台的信息检索

1. 学术信息检索

互联网中有很多用于检索学术信息的网站，在其中可以检索各种学术论文。在国内，这类网站主要有百度学术、万方数据知识服务平台（以下简称"万方数据"）等，在国外有谷歌学术、Academic、CiteSeer 等。

例如，在百度学术中检索有关"信息检索"的学术信息时的具体操作如下：

（1）打开"百度学术"网站首页，在首页的搜索框中输入要检索的关键词"信息素养"，然后单击"百度一下"按钮。

（2）在打开的页面中可以看到检索结果，同时，在每条结果中还可以看到论文的标题、简介、作者、被引量、来源等信息，如图 4-14 所示。

（3）单击要查看的某篇论文的标题，在打开的页面中可以查看更详细的信息，如图 4-15 所示。

图 4-14　查看在百度学术中检索到的信息

图 4-15　查看论文详细信息

（4）如果需要在自己的作品中引用该论文的内容，则可以单击页面中的"引用"按钮，在打开的"引用"对话框中将生成几种标准的引用格式，根据需要进行复制即可，如图4-16所示。

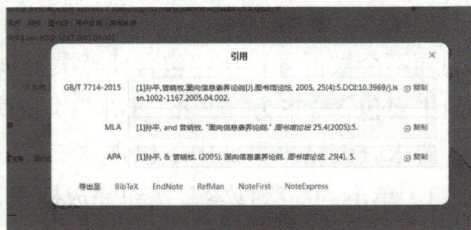

图4-16　"引用"对话框

2. 专利信息检索

为了避免侵权及为了对本身拥有的专利进行保护，企业需要经常对专利信息进行检索。用户可以在世界知识产权组织（World Intellectual Property Organization，WIPO）的官网、各个国家的知识产权机构的官网（如我国的国家知识产权局官网、中国专利信息网）及各种提供专利信息的商业网站（如万方数据等）进行专利信息检索。

例如，在万方数据中检索有关"手机"的专利信息时的具体操作如下：

（1）进入万方数据首页，单击"万方智搜"旁的"全部"，在下拉列表中选择"专利"，如图4-17所示。在中间的搜索框中输入关键词"手机"，然后单击"检索"按钮，如图4-18所示。

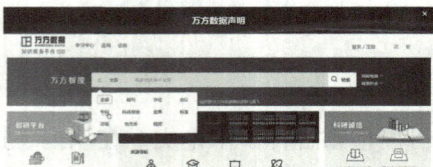

图4-17　选择"专利"链接

图4-18　输入关键词"手机"后进行专利信息检索

（2）在打开的页面中可以看到检索结果，包括每条专利的名称、申请人/专利人、摘要等信息，如图4-19所示。单击专利名称，在打开的页面中可以看到更详细的内容。如果需要查看该专利的完整内容，需先注册并登录，然后单击"在线阅读""下载"或"引用"按钮。

图4-19　查看专利信息检索结果

3. 期刊信息检索

期刊是指定期出版的刊物，包括周刊、旬刊、半月刊、月刊、季刊、半年刊、年刊等。"国内统一连续出版物号"的简称是"CN"，它是我国国家新闻出版管理部门分配给连续出版物的代号；"国际标准连续出版物号"的简称是"ISSN"，我国大部分期刊都有"ISSN"。

例如，在国家科技图书文献中心网站中，检索有关"互联网周刊"的期刊时的具体操作如下：

（1）打开"国家科技图书文献中心"网站首页，取消勾选"会议""学位论文"两个复选框，在文献检索搜索框中输入关键词"互联网周刊"，单击"检索"按钮，如图4-20所示。

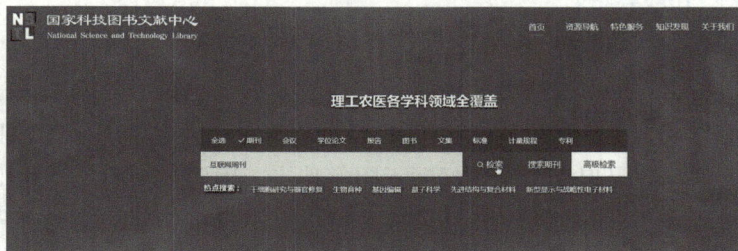

图 4-20　输入关键词并单击"检索"按钮

小贴士

如果用户知道要检索期刊的 ISSN，便可进行精确检索。其方法为：在"国家科技图书文献中心"首页中单击"高级检索"超链接，进入"高级检索"页面，取消勾选"会议""学位论文"复选框，在"检索条件"的第一个下拉列表框中选择"ISSN"选项，并在右侧的文本框中输入 ISSN，然后单击"检索"按钮进行精确检索。

（2）在打开的页面中可以看到检索结果，但其中有些内容是不属于互联网周刊期刊的。此时单击网页左侧"期刊"栏中的"互联网周刊"超链接，如图4-21所示，进行限定条件搜索，便可检索到只包含互联网周刊的期刊内容。

图 4-21　单击"互联网周刊"超链接

4. 科研论文检索

在国内，检索论文的平台主要有中国高等教育文献保障系统（China Academic Library & Information System，CALIS）的学位论文中心服务系统。在国外，检索学术论文的平台主要有 PQDT（pro quest dissertations&theses global）、NDLTD（networked digital library of theses and dissertations）等。

例如，在 CALIS 的学位论文中心服务系统中检索有关"数据可视化"的学位论文时的具体操作如下：

（1）打开 CALIS 的学位论文中心服务系统页面，在搜索框中输入关键词"数据可视化"，然后单击"检索"按钮。

（2）在打开的页面中可以看到查询结果，包括每篇学术论文的名称、作者、学位年度、学位名称、主题词、摘要等信息。单击论文名称即可在打开的页面中看到该论文的详细内容。

四、电子邮件的使用

（一）电子邮件的基本概念

电子邮件（E-mail）是指发送者和指定的接收者使用计算机通信网络发送信息的一种非即时交互式的通信方式。它是 Internet 应用最广泛的服务之一。由于电子邮件具有使用简易、投递迅速、收费低廉、容易保存、全球畅通无阻等特点，因而被人们广泛使用。

电子邮件服务器是 Internet 邮件服务系统的核心。用户将邮件提交给邮件服务器，由该邮件服务器根据邮件中的目的地址，将其传送给对方的邮件服务器；另一方面它负责将其他邮件服务器发来的邮件，根据不同的地址将邮件转发到收件人各自的电子邮箱中。这一点和邮局的作用相似。

用户发送和接收电子邮件时，必须在一台邮件服务器中申请一个合法的账号，其中包括账号名和密码，以便在该台邮件服务器中拥有自己的电子邮箱，即一块磁盘空间，用来保存自己的邮件。每个用户的邮箱都具有一个全球唯一的电子邮件地址。

电子邮件地址由用户名和电子邮件服务器域名两部分组成，中间用"@"隔开，其格式为用户名@电子邮件服务器域名。例如，电子邮件地址 eitcsenu @ 163.com 中，eitcsenu 指用户名；163.com 为电子邮件服务器域名。

（二）电子邮箱的申请

免费邮箱是大型门户网站常见的网络服务之一，网易、新浪、搜狐、QQ 等网站均提供免费邮箱申请服务。申请免费邮箱首先要考虑的是登录速度，作为个人通信应用，需要一个速度较快、邮箱空间较大且稳定的邮箱，其他需要考虑的功能还有邮件检索、POP3 接收、垃圾邮件过滤等。另外，还有一些可以与其他互联网服务同时使用的免费邮箱，如 Hotmail 免费邮箱可作为 MSN 的账号。这既方便了个人多重信息的管理，也减少了种类繁多的注册过程。

申请电子邮箱的过程一般分为三步：登录邮箱提供商的网页；填写相关资料；确认申请。下面以申请 163 的免费电子邮箱为例进行介绍，申请步骤如下。

（1）打开 IE 浏览器，在地址栏中输入 http://email.163.com，打开 163 网易免费邮网页，单击"注册新账号"按钮，打开填写资料的网页，在其中按照提示输入合法的用户名、设置密码等。

（2）按照网页上的提示填写好各项信息后，输入验证码，并选中"同意《服务条款》《隐私政策》和《儿童隐私政策》"复选框，单击"立即注册"按钮。

（3）当出现注册成功窗口时，即表明申请成功。可以继续获取手机验证服务，或直接跳过这一步，进入邮箱。

（三）电子邮箱的使用

下面以 163 邮箱的操作为例，其具体操作步骤如下。

（1）双击 360 安全浏览器，输入网易网页的网址，打开网易网页，单击"邮箱图标"→"免费邮箱"，打开 163 邮箱，如图 4-22 所示。

163 网易免费邮　mail.163.com　中文邮箱第一品牌　　免费邮　企业邮箱　VIP邮箱　国外用户登录　手机版　帮助 | 在线答疑

图 4-22　免费邮箱命令

（2）输入邮箱账号和密码登录，如图 4-23 所示。如果没有账号和密码则需要先注册再登录。

（3）单击"写信"打开邮件窗口，如图 4-24 所示。输入收件人邮箱地址、主题（不是必须），添加附件及输入信件内容后，单击"发送"按钮即可。

图 4-23　登录邮箱

图 4-24　"写信"按钮

（4）单击"收信"打开收信窗口，可以查看、编辑、删除已收到的电子邮件，如图 4-25 所示。

图 4-25　收信窗口

任务三　计算机信息安全

【任务描述】

本任务要求了解计算机信息安全的概念和常用的信息安全技术，了解计算机病毒的概念、分类、特征，熟悉常见的病毒防控方法，掌握防火墙技术的基本工作原理和个人信息安全防范措施。

【知识讲解】

一、计算机信息安全概念

信息安全是指计算机资产安全，即计算机信息系统资源和信息资源不受自然和人为有害因素的威胁和危害。

网络安全是指网络系统的硬件、软件及其系统中的数据受到保护，不因偶然的或者恶意的原因而遭到破坏、更改、泄露，系统能连续、可靠、正常地运行，网络服务不中断。

构建网络安全系统，主要包括认证、加密、监听、分析、记录等工作。一个完整的网络安全系统应包含以下功能

（1）访问控制：通过对特定网段、服务建立访问控制体系，将绝大多数攻击阻止在到达攻击目标之前。

（2）安全漏洞：通过对安全漏洞的周期检查和填补，即使攻击可到达攻击目标，也可使绝大多数攻击失效。

（3）攻击监控：通过对特定网段、服务建立攻击监控体系，可实时检测出绝大多数攻击，并采取相应的行动（如断开网络连接、记录攻击过程、跟踪攻击源等）。

（4）加密：通过主动加密可使攻击者不能了解、修改敏感信息。

（5）认证：通过良好的认证体系可防止攻击者假冒合法用户。

（6）备份和恢复：通过良好的备份和恢复机制，可在攻击造成损失时，尽快地恢复数据和系统服务。

网络安全性问题关系到未来网络应用的深入发展，它涉及安全策略、移动代码、指令保护、密码学、操作系统、软件工程和网络安全管理等内容。一般专用的内部网与公用的互联网的安全隔离主要使用防火墙技术。防火墙是一种形象的说法，其实它是一种计算机硬件和软件的组合，使互联网与内部网之间建立起一个安全网关，从而保护内部网免受外部非法用户的侵入。

二、计算机病毒的防治

计算机病毒（computer virus）是指编制或者在计算机程序中插入的破坏计算机功能或者毁坏数据、影响计算机正常使用并能进行自我复制的一组计算机指令或者程序代码。其轻则影响计算机的运行速度，重则破坏计算机中的用户程序和数据，给用户造成不可估量的损失。

（一）计算机病毒的特点

计算机病毒一般都具有如下主要特点。

（1）传染性：传染性是病毒的基本特征。病毒代码一旦进入计算机中并得以执行，就会寻找符合其传染条件的程序，确定目标后将自身代码插入其中，达到自我复制的目的。只要有一台计算机感染病毒，如果不及时处理，那么病毒就会迅速扩散。

带你了解计算机病毒

（2）破坏性：计算机病毒可以破坏系统、占用系统资源、降低计算机运行效率、删除或修改用户数据，甚至会对计算机硬件造成永久破坏。

（3）隐蔽性：由于计算机病毒寄生在其他程序之中，故具有很强的隐蔽性，有的甚至用杀毒软件都检查不出来。

（4）潜伏性：大部分病毒感染系统后不会立即发作，它可长期隐藏在系统中，当满足其特定条件后才会发作，如"黑色星期五"病毒只有在每逢星期五且是某个月 13 日的条件下才会发作。

（二）计算机病毒的传播途径

计算机病毒主要通过移动存储介质（如 U 盘、移动硬盘及光盘）和网络两大途径进行传播。

1. 通过移动存储介质传播

使用带有病毒的移动存储介质会使计算机感染病毒，并传染给未被感染的"干净"的移动存储介质（盗版只读光盘可能本身带有无法清除的病毒）。由于移动存储介质可以随意地在计算机上使用，因此给病毒的传播带来了很大的便利。

2. 通过网络传播

Internet 的普及给病毒的传播又增加了新的途径使病毒的传播变得更为迅速，使杀毒的任务变得更加艰巨。Internet 带来两种不同的安全威胁：一种威胁来自文件下载，这些被浏览的或是被下载的文件可能存在病毒；另一种威胁来自电子邮件。网络使用的简易性和开放性使得这种威胁日益严重。

（三）计算机病毒的预防

计算机感染病毒后，用杀毒软件检测和清除病毒是被迫进行的处理措施，而且一些病毒会永久性地破坏被感染的程序，如果没有备份将不易恢复，所以对计算机使用者来说，重在防患于未然。具体预防措施如下。

（1）为计算机安装病毒检测软件。

（2）为操作系统及时打上"补丁"。

（3）尽量少用他人的 U 盘或不明来历的光盘，必须用时要先杀毒再使用。

（4）网上下载的软件一定要检测后再使用。

（5）重要文件一定要做好备份。

（6）重要部门要专机专用。

（7）定期用杀毒软件对计算机系统进行检测，发现病毒及时清除。

（8）定期升级杀毒软件。

（四）计算机病毒的清除

一旦发现计算机感染病毒，一定要及时清除，以免造成损失。利用杀毒软件清除病毒是目前流行的方法。杀毒软件能提供较好的交互界面，不会破坏系统中的用户数据。但是，杀毒软件只能检测出已知的病毒并将其清除，很难处理新的病毒或病毒变种，所以各种杀毒软件都要随着新病毒的出现不断升级。大多数杀毒软件不仅具有查杀病毒的功能，而且具有实时监控功能，当发现浏览的网页有病毒或插入的 U 盘有病毒时，会报警提醒用户进行进一步的处理。目前国内常用的杀毒软件主要有：360 杀毒、金山毒霸和瑞星杀毒等。

三、常用信息安全技术

人们在网上进行电子商务活动涉及资金流、信息流，这需要安全、可靠的网络安全防护，计算机网络安全也成为需要高度重视的问题。网络安全主要是指网络系统的硬件、软件及其系统中的数据受到保护，不因偶然的或恶意的原因而遭到破坏、更改、泄露，系统连续可靠正常地运行，网络服务不中断。常用的信息安全技术有以下 4 种。

（一）访问控制技术

访问控制技术是保护计算机信息系统免受非授权用户访问的技术，它是信息安全技术中最基本的安全防范技术，该技术是通过用户登录和对用户授权的方式实现的。

系统用户一般通过用户标识和口令登录系统，因此，系统的安全性取决于口令的秘密性和破译口令的难度。通常采用对系统数据库中存放的口令进行加密的方法，但为了增加口令的破译难度，应尽可能增加字符串的长度和复杂度。另外，为了防止口令被破译后给系统带来威胁，一般要求在系统中设置用户权限。

（二）加密技术

加密技术是保护数据在网络传输的过程中不被窃听、篡改或伪造的技术，它是信息安全的核心技术，也是关键技术。

一个密码系统由算法（加密的规则）和密钥（控制明文与密文转换的参数，一般是一个字符串）两部分组成。根据密钥类型的不同，现代加密技术一般采用两种类型：一类是"对称式"加密法；另一类是"非对称式"加密法。"对称式"加密法是指加密和解密使用同一密钥，这种加密技术目前被广泛采用。"非对称式"加密法的加密密钥（公钥）和解密密钥（私钥）是两个不同的密钥，两个密钥必须配对使用才有效，否则不能打开加密的文件。公钥是公开的，可向外界公布；私钥是保密的，只属于合法持有者本人。

（三）数字签名

数字签名（digital signature）是指对网上传输的电子报文进行签名确认的一种方式，它是防止通信双方产生欺骗和抵赖行为的一种技术，即数据接收方能够鉴别发送方所宣称的身份，而发送方在数据发送完成后不能否认发送过数据。

数字签名已经大量应用于网上安全支付系统、电子银行系统、电子证券系统、安全邮件系统、电子订票系统、网上购物系统、网上报税系统等电子商务的签名认证服务。

数字签名不同于传统的手写签名方式，它是在数据单元上附加数据，或者对数据单元进行密码变换。验证过程是利用公之于众的规程和信息，其实质还是密码技术。常用的签名算法是 RSA 算法和 ECC 算法。

（四）防火墙技术

防火墙（firewall）是指在属于不同管理域和不同安全等级的网络之间，根据安全策略实施网络访问控制的一组软硬件的组合。作为两个网络之间的唯一隔离设备和安全控制点，防火墙通过允许、拒绝或重定向流经防火墙的网络数据流，实现对网络之间所有通信的审计和控制。

防火墙的基本原理是实施"过滤"术，即将内网和外网分开的方法。

防火墙的功能：防止未授权用户访问受保护的内部网络；限制特定条件的网络访问，例如特殊目的地址、特殊业务；允许内部网络中的用户访问外部网络的服务和资源而不泄露内部网络的信息，如内部网络的拓扑结构和 IP 地址等信息；对网络攻击行为进行监测和报警；根据安全策略和规则记录流经防火墙的数据和活动。

防火墙技术按实现原理分为网络级防火墙、应用级网关、电路级网关、规则检查防火墙四大类。

四、常见网络威胁

用户在使用网络时容易受到的威胁有：病毒、木马（首要威胁）感染；信息泄露（有意或无意的）；社会工程学欺诈；人为的特定攻击；无线和移动终端的安全威胁。

这些威胁会影响账号信息及密码研究成果、项目文档等，造成私密的信息（身份证号、电话号码、车牌号码）泄露，以及虚拟财产（游戏账号、QQ 账号）或真实钱财（网络银账号、股票基金账户）的损失。

（一）病毒、木马感染

网络浏览、电子邮件、移动存储介质、即时聊天、网络下载、网络共享等均可能感染病毒与木马。病毒与木马会自主扩散并控制主机，破坏安全防护手段，窃取隐私信息，影响系统及网络的正常运行。

（二）信息泄露

有意或无意泄露的信息一般包括：用户账号和密码，个人信息（身份证号、家庭住址、工作单位、电话号码、车牌号码等），用户的喜好及个人偏好。这些信息多数时候是用户出于自愿自动提交给某网站的，网站则是在有意或无意的情况下将其泄露。

社交网络已经成为收集用户信息的首要来源。通过社交网络可以收集到用户的社会关系信息，为进一步的社会工程学攻击提供帮助。

（三）社会工程学欺诈

社会工程学欺诈主要包括网页钓鱼、邮件欺诈、短信欺诈。随着应用和技术的发展，新兴的应用也成为社会工程学欺诈的主要手段，如即时聊天工具、微信、微博、社交网站等。

（四）人为的特定攻击

高级持续性威胁（advanced persistent threat，APT）是有目的、有针对性、全程人为参与的攻击，一般都有特殊目的（如窃取账号、骗取钱财、窃取保密文档等），会使用各种攻击手段（漏洞攻击、社会工程学、暴力破解、木马病毒等），不达目的誓不罢休。比较常见的有水坑攻击和高级即时通信诈骗。

（五）无线和移动终端的安全威胁

无线设备滥用将带来风险，易破坏内部网络的私密性；无线设备易被人控制而导致数据被监听；蹭网可能使信息被非法收集、数据被监听，还有可能会被推送恶意的攻击程序。

智能移动终端带来的威胁：可破坏内网的私密性，APP 的下载安装可能使用户感染木马程序，导致终端被人控制，从而可能带来经济损失，泄露大量个人隐私（联系人信息、地理位置、隐私照片等）。

五、个人信息安全防范措施

（一）良好的安全意识和使用习惯

用户需明白什么可以做，什么不能做。使用网络时的良好习惯可以让风险大大降低，如设密码、打补丁、安装杀毒软件并及时升级病毒库、不随便下载程序、不访问一些来历不明的网页、不使用的情况下尽量关闭主机、经常备份重要数据（加密存储后备份）等。

如何保护个人信息

（二）安全技术防范

1. 安装补丁程序

给操作系统、办公软件、浏览器和其他应用软件等安装补丁程序。补丁更新可借助系统和软件的更新功能，也可通过第三方软件进行更新。

2. 使用防火墙

可选择系统自带的或杀毒软件的防火墙，甚至专用的防火墙软件。

3. 安装杀毒软件

杀毒软件，也称杀毒软件或防毒软件，是用于消除计算机病毒、特洛伊木马和恶意软件等的一类软件。常见的有 360 杀毒、卡巴斯基、金山毒霸、诺顿、瑞星杀毒、江民等，根据使用习惯和系统的性能选择合适的杀毒软件，并使用正版软件。

4. 安装其他的安全软件

安全软件有腾讯电脑管家、360 安全卫士、金山卫士等。

总之，安全意识、使用习惯是首要的，技术只是一种辅助的手段，打补丁、安装杀毒软件并不能保证绝对的安全，但是不打补丁、不装杀毒软件则一定会增加风险。

（三）计算机的安全使用

（1）选购计算机：最好选购与周围人的计算机有明显区别特征的产品，或者在计算机不易被人发觉的地方留下显著的辨认标志。

（2）系统安装：安装时拔掉网线，一定要设密码（用户名／密码），立即安装杀毒软件，插上网线之前先启用系统防火墙，安装系统补丁，升级病毒库，用杀毒软件对计算机进行全盘扫描。

（3）硬件维护：正确地开关计算机，避免频繁开关机；计算机远离磁场；显示器亮度不要太强；不要用力敲击键盘和鼠标；软驱或光驱指示灯未灭时不要从驱动器中取盘；不要带电插拔板卡和插头；光盘盘片不宜长时间放置在光驱中；不要在 U 盘内直接编辑文件。

（4）软件维护：规划好计算机中的文件，如归类放置和定期清理文件；只安装自己需要的软件；定期清理计算机的磁盘空间，如碎片整理与磁盘清理；使用压缩软件减少磁盘占用量；不要轻易修改计算机的配置信息，如注册表；不要使用来历不明的文件；将重要数据进行备份。

（5）加密文件：对于重要文件或文件夹，可以使用 Office 的加密功能保护文档，或采取其他方法加密整个文件夹。

（6）软件安装：尽量安装自己熟悉的功能软件，不要重复安装，尽量选择规模较大的软件公司出品的第三方软件，要使用正版的第三方软件并及时更新。确定长时间不使用的软件最好将其卸载。

（7）邮件安全：不要打开陌生人发来的邮件附件，也不要单击邮件中的不明链接。不要轻易在网站上留公司邮箱或重要私人邮箱，在提交个人信息前仔细阅读网站的隐私保护声明。

（8）无线安全：如果不使用无线网络，应该关闭无线功能，并避免连接不授信的无线网络。

（9）智能终端安全：不要随意将移动终端连接到内部网络，不要随便安装不授信的APP，移动终端上存储的隐私信息尽可能加密存储。

（10）账号和密码的安全：在上网过程中，无论是登录网站、电子邮件或者应用程序等，账号和密码是用户最重要的身份信息，因此账号和密码的安全至关重要，一旦丢失会造成严重后果。

在注册和使用的过程中应注意：密码应该不少于8个字符；设置密码时最好不要使用名字、生日、电话号码等，同时应包含多种类型的字符，不要所有账号都用一个密码。个人账号和密码信息不要泄露给他人，同时不要轻易在网上留下身份证号码、手机号码等重要资料，也不要允许电子商务企业随意储存信用卡等资料。在网吧等公用计算机上上网时切勿开启"记住密码"选项，使用完毕后应安全退出，最好重新启动计算机。

（11）访问安全网站：只向有安全保证的网站发送个人资料，注意寻找浏览器底部显示的挂锁图标或钥匙形图标；注意确认要去的网站地址，防止进入虚假网站，避免网络陷阱。

（12）网上浏览安全设置：可以设置浏览器的安全等级。浏览器都具有安全等级设置功能，用户可以将完全信任的 Web 站点放入到"受信任的站点"，而一些恶意网站则可将其放到"受限制的站点"。通过浏览器软件的"内容"选项卡可启用"内容审查程序"，合理地设置非法网站和内容的访问限制，从而减少对计算机和个人信息的损害。坚决抵制反动、色情、暴力网站，不要随意点击非法链接。

（13）其他：谨慎使用移动存储介质，敏感信息先加密后再存储，并要妥善保管。防范钓鱼，在网络中，不要轻易相信别人，不要随意点击别人发过来的网页链接，网址尽量自行输入。网络上涉及银行卡有关的操作一定要慎重，涉及修改密码的链接不要轻易点击，管理员一般不会询问用户的密码。

（四）手机的安全使用

随着上网设备进一步向移动端集中，手机安全问题已经成为当前网络安全的一个重要组成部分，在使用手机上网的过程中一定要提高警惕，加强防范意识。

（1）应关闭常用通信软件中的一些敏感功能，如微信里的"附近的人"、微信隐私里"允许陌生人查看照片"等。

（2）不能随便晒家人及含住址的照片，此举有风险。

（3）不要随便在网上填写相关信息，如年龄、爱好、性别等信息。

（4）不要随意扔掉或卖掉旧手机，否则其中的数据可能被恢复，暗藏危害。

（5）软件安装过程中不要都选择"允许"选项。智能手机在安装软件的过程中，会提示是否允许获取位置、读取电话记录等，与软件功能无关的权限应拒绝授权，或者不安装此软件。

（6）不要随便接入公共 Wi-Fi。公共 Wi-Fi 是黑客获取手机信息的一个重要渠道。黑客可能会直接盗取敏感信息，如卡号、账户密码等。

（五）网络购物安全

1. 购买前要留意商家信誉

在确定购买之前，一定要先了解卖家的信誉度。注意选择合法的网站和商家，一般正规网站都应标注网络销售的经营许可证和工商机关的红盾检验标志。此外，网站还应当持有 ICP 许可证，消费者可通过查看网站主页最下方商家的数字证书来验证其合法性。

2. 防范网络游戏诈骗

通过网络游戏装备及游戏币交易进行诈骗的常见诈骗方式有以下几种：一是低价销售游戏装备，在骗取玩家信任后，让玩家通过线下银行汇款，收到钱款后拒绝交易；二是在游戏论坛上发布提供代练的信息，待得到玩家提供的汇款及游戏账号并代练一两天后便连同账号一起侵吞；三是交易账号，待玩家完成交易几天后盗取账号，造成经济损失。

3. 警惕交友诈骗

犯罪分子利用网站以交友的名义与受害人初步建立感情，然后以缺钱等名义让受害人为其汇款，最终失去联系。

4. 警惕"钓鱼网站"诈骗

利用欺骗性的电子邮件和伪造的银行、金融机构网站进行诈骗活动，进而窃取资金。因此，在打开类似邮件和访问网站时一定要仔细甄别，认真核实，切勿着急操作。

5. 警惕电信诈骗

电信诈骗有以下几类。

（1）电话类诈骗：冒充公检法人员，谎称破财消灾，冒充领导或熟人诈骗，谎称补贴退税，冒充军人、武警订购物资，机票诈骗。

（2）短信类诈骗：以中奖、低息贷款为诱饵，但携带木马内容的短信诈骗。

（3）网络类诈骗：利用 QQ、微信冒充熟人诈骗，网络兼职刷信誉诈骗，网购诈骗。

（4）校园贷：慎用专门针对大学生的分期购物平台及 P2P 贷款平台，此外其他传统电商平台提供的信贷服务也要慎重使用。

在使用网络时，用户一定要增强防范意识，谨慎使用个人信息，不随意填写和泄露个人信息，培养勤俭意识，摒弃超前消费、过度消费和从众消费等错误观念。树立理性的消费观，在没有能力的条件下，拒绝过度消费、超前消费。切记，天上不会掉"馅饼"，只会掉"陷阱"。

（六）保护隐私

1. 容易被侵犯的个人隐私

在网络上容易被侵犯的个人隐私主要包含：个人资料，如姓名、年龄、住址、身份证号、工作单位等；信用和财产状况，如信用卡号、电子消费卡号、上网账号和密码、交易账号和密码等；网络资料，如邮箱地址、网络活动踪迹等。

2. 保护隐私的方式

（1）正确收发电子邮件。在网吧收发电子邮件时，不要从某些个人站点提供的入口进入，以防页面里含有记录用户名和密码的代码。用完邮箱退出时，一定要单击网页里的"退出登录"，不能直接关闭页面或从邮箱页面转到其他页面。

（2）禁用 Cookie。Cookie 是网站在用户本地存储用户信息的最常用的方法，通过它可以暂存有关浏览活动的信息（如在线购物的项目、名称、密码等），为防止隐私数据泄露，可以通过浏览器安全级别进行设置。

（3）谨慎使用 QQ 和微信等各类通信工具。在网吧使用 QQ 和微信后，要删除号码和聊天记录。如果经常到网吧上网，建议申请密码保护功能。另外，输入密码时要隐蔽。

（4）使用私有浏览（无痕模式）和私密搜索，以及加密浏览器和虚拟专用网络。为保护个人隐私，可以使用如 DuckDuckGo 这类隐私搜索引擎工具进行搜索，也可以使用如 Tor（洋葱头）浏览器来保障信息安全性。虚拟专用网络（VPN）可对外隐藏用户真实 IP 地址及其所属的互联网服务提供商（ISP）信息。它带有安全度很高的专门加密算法并可避免用户网络行为被跟踪。

（5）不下载不明来源的文件。一些窥探和数据抓取软件会伪装成本地应用或者文档，如 PDF 文件、破解软件、破解注册机，一旦运行这些文件就会启动木马、窃取用户信息。如果非得使用，可以将其下载到虚拟机中运行，并断开虚拟机与互联网的连接，以提高主系统的安全性。

六、预防计算机犯罪

计算机信息网络已经成为国防、金融、航空、财税、教育、尖端科技等领域不可或缺的重要支柱。

黑客攻击、非法入侵、网上诈骗、网上盗窃等名目繁多的计算机犯罪活动与日俱增，严重威胁着信息网络的安全。

计算机犯罪指在信息活动领域中，利用计算机信息系统或计算机信息知识作为手段；或者针对计算机信息系统，对国家、团体或个人造成危害，依据法律规定应当予以刑罚处罚的行为。

（一）计算机犯罪类别

（1）非法侵入计算机信息系统：违反国家规定，侵入国家事务、国防建设、尖端科学技术等重要领域的计算机信息系统。

（2）破坏计算机信息系统：破坏计算机信息系统功能、破坏计算机信息系统数据和应用程序以及制作和传播计算机病毒等破坏性程序。

（3）利用计算机网络进行的政治性犯罪行为：带政治色彩的黑客活动、在网上泄露国家机密、在互联网上发布和传播有害的政治言论、利用计算机进行非法宗教活动等。

（4）利用互联网传播个人隐私。

（5）利用计算机散布有损企业形象、信誉的谣言，造谣、诽谤、损害他人商业信誉。

（6）利用计算机网络进行金融犯罪。

（7）在互联网上进行淫秽色情活动。

（8）其他与互联网相关的犯罪形式：如网上赌博、网上传授犯罪方法、网上诈骗（非法集资）、网上盗窃、通过网上聊天引发的犯罪。

（二）计算机犯罪预防

1. 增强计算机网络法律意识

为了加强计算机信息系统的安全保护和国际互联网的安全管理，依法打击计算机违法犯罪活动，我国在近几年先后制定了一系列有关计算机安全管理方面的法律法规和部门规章制度等，经过多年的探索与实践，已经形成了比较完整的行政法规和法律体系。但是随着计算机技术和计算机网络的不断发展与进步，这些法律法规也必须在实践中不断地加以完善和改进。其他关于网络安全的各类法律条文，都明令任何破坏计算机、网络以及社会安全的行为随时都会面临法律的严厉制裁。

比如，《中华人民共和国刑法》第二百八十五条：违反国家规定，侵入国家事务、国防建设、尖端科学技术领域的计算机信息系统的，处三年以下有期徒刑或者拘役。

《中华人民共和国刑法》第二百八十六条：违反国家规定，对计算机信息系统功能进行删除、修改、增加、干扰，造成计算机信息系统不能正常运行，后果严重的，处五年以下有期徒刑或者拘役；后果特别严重的，处五年以上有期徒刑。

2. 自觉抵制和防范网上不良信息

（1）学会对各种信息加以甄别，增强是非判断力。例如，微信或网络上的不实言论不要进行转发，也不要宣传和制造任何谣言。

（2）保持头脑清醒，筑起坚固的思想道德防线，不翻墙、不越界，保护国家信息安全，维护国家和平。同时，拒绝网络暴力，争做文明网友。

（3）树立科学健康和谐的网络道德观，不做任何违背道德伦理的事情。

（4）千万不要自以为是高手或抱有侥幸心理，一定要防微杜渐，避免触碰法律红线。

总之，网络安全与日常生活息息相关，网络隐患无处不在，各种犯罪活动层出不穷，在使用过程中一定要提高警惕，树立正确的网络安全观念，加强防范意识，减少不必要的损失。

（三）软件知识产权

1. 软件知识产权的概念

知识产权是指人类通过创造性的智力劳动而获得的一项智力性的财产权，知识产权不同于动产和不动产等有形物，它是在生产力发展到一定阶段后，才在法律中作为一种财产权利出现的。知识产权是经济和科技发展到一定阶段后出现的一种新型的财产权。计算机软件是人类知识、经验、智慧和创造性劳动的结晶，是一种典型的由人的智力创造性劳动产生的"知识产品"，一般软件知识产权指的是计算机软件的版权。

知识产权包括专利权、商标权、版权（也称著作权）、商业秘密专有权等。其中，专利权与商标权又统称为"工业产权"。随着科技的进步，知识产权的外延在不断扩大。

软件知识产权是计算机软件人员对自己的研发成果依法享有的权利。由于软件属于高新科技范畴，目前国际上有关软件知识产权的保护法律还不是很健全，大多数国家都是通过著作权法来保护软件知识产权的，与硬件密切相关的软件设计原理还可以申请专利保护。

2. 知识产权法律适用

（1）著作权：将研发成果中的文档、程序或其他媒质视为作品，适用著作权法进行保护。

（2）设计专利权：应用端的工程技术、技巧性设计方案，可以申请专利保护。

（3）商标权：产品名称、软件界面等表现的是智力成果，可以申请商标保护。

3. 软件著作权的主要内容

软件著作权包括人身权和财产权，这是法律授予软件著作权的专有权利。人身权是指发表权、开发者身份权；财产权是指使用权、使用许可和获得报酬权、转让权。

（1）发表权即决定软件是否公之于众的权利。

（2）开发者身份权即表明开发者身份的权利以及在其软件上署名的权利。

（3）使用权即在不损害社会公共利益的前提下，以复制、展示、发行、修改、翻译、注释等方式使用软件的权利。

（4）使用许可权和获得报酬权，即许可他人以使用权规定的部分或者全部方式使用软件的权利和由此而获得报酬的权利。

（5）转让权是指权利人向他人同时转让使用权、使用许可和获得报酬权，即将所有的财产权让予他人。

《计算机软件保护条例》是我国第一部专门针对计算机软件保护的法律法规，是计算机软件保护的总纲领。我国还先后制定了《中华人民共和国著作权法》《关于禁止销售盗版软件的通告》等。全球各国政府都非常重视对软件违法犯罪行为的打击与制裁。

任务四　信息素养与社会责任

【任务描述】

本任务要求理解信息素养的概念，了解信息素养构成要素，以及如何培养我们的信息素养以适应信息化社会。

一、信息素养的概念

信息素养（information literacy）是信息化时代的人们应该具备的一种基本素质。"素养"是经训练和实践而获得的一种道德修养；"信息素养"是指人们在信息方面形成的修养。

（一）信息素养的定义

信息素养是一个发展的概念。1974 年美国信息产业协会主席保罗·柯斯基（Paul Zurkowski）首次提出"信息素养是人们在解决问题时利用信息的技术和技能"。

1989 年美国图书馆协会（American Library Association，ALA）给出了比较权威的定义，即信息素养是个体能够认识到需要信息，并且能够对信息进行检索、评估和有效利用的能力。信息素养包括：文化素养（知识方面）、信息意识（意识方面）和信息技能（技术方面）三个层面。

1997 年澳大利亚学者 Bruce 提出信息素养包括信息技术理念、信息源理念、信息过程理念、信息控制理念、知识建构理念、知识延展理念和智慧理念等。

1998 年美国图书馆协会和教育传播与技术协会从信息素养、独立学习和社会责任三个方面制定了信息素养人的九大信息素养标准，从三个方面进一步明确和丰富了信息素养在信息意识层面、技术层面、道德和社会责任等层面的要求（表4-7）。

表 4-7　美国图书馆协会和教育传播与技术协会的信息素养标准

方面	具体内容
信息素养	能够有效地、高效地获取信息； 能够熟练地、批判性地评价信息； 能够精确地、创造性地使用信息
独立学习	能探求与个人兴趣有关的信息； 能欣赏作品和其他对信息进行创造性表达的内容
社会责任	能力争在信息查询和知识创新中做到最好； 能认识信息对民主化社会的重要性； 能履行与信息和信息技术相关的符合伦理道德的行为规范； 能积极参与小组的活动来探求和创建信息

2000 年美国大学和研究型图书馆协会标准委员会制定了高校学生应具备的信息素养五条标准。

（1）能明确所需信息的类型和范围。

（2）能有效且高效率地评估所需信息。

（3）能批判性地评估信息和它的来源，并将遴选的信息纳入自己的知识基础和价值系统中去改为知识库和价值体系中去。

（4）无论是个体还是团体的一员，都能有效地利用信息达成某一特定目的。

（5）懂得有关信息技术的使用所产生的经济、法律和社会问题，并在获取和利用信息时遵守道德和法律。

进入 21 世纪以来，信息素养的概念内涵由最初的"利用信息解决问题的技术、技能"逐渐发展，最后成为包括信息意识、信息技能、信息伦理道德等涉及社会、政治、经济、法律等各个领域的综合性概念。

总之，信息素养是一个综合性的、动态的概念。它既包括高效地利用信息资源和使用信息工具的能力，也包括获取识别信息、加工处理信息、传递创造信息的能力，还包括独立自主学习的态度和方法、批判精神以及强烈的社会责任感和参与意识，并将它们用于实际问题的解决中。

（二）信息问题的解决方案

如何用信息技术分析和解决实际问题是信息素养的核心内涵。

1990 年，美国迈克·艾森堡（Mike Eisenberg）博士和鲍勃·伯克维茨（Bob Berkowitz）博士提出了 Big6 方案，即用网络主题探究模式来培养学生信息能力和解决问题的能力。

信息问题的解决过程可以分解为如下六个环节。

（1）任务确定：确定任务及所需要的信息。

小组需要从工作任务中提取出信息问题的任务，并明确完成这项任务所需的信息。人们可以使用电子邮件、邮件列表、新闻组、实时聊天、视频会议等即时沟通工具就任务和信息问题进行交流、讨论。

（2）搜寻信息的策略：从可能的信息来源中选择合适的信息来源。

研究如何搜寻信息，需要确定可能的信息来源，如现场调查、查阅图书、浏览互联网、期刊检索等。对各种信息来源进行分析，从信息获取的便捷性、经济性、技术性、有效性等方面分析，列出资源途径的优先顺序，并根据小组成员特点分配搜寻任务。

（3）检索和获取信息：检索信息来源并查找所需的信息。

不同的信息来源决定了检索和获取信息的技术路径不同，因此要研究制定合适的检索方式和检索策略。例如通过搜索引擎查找信息，需要从分析问题的过程中提取关键字，构建搜索策略。在检索过程中，从信息源中筛选出可用的信息，摘录信息纲要、记录信息位置、记录信息来源等，并使用适当的工具来管理经过挑选和整理的信息。

（4）信息的使用：从信息来源中感受信息并筛选出有关的信息。

阅读获得信息的原文，把握原文思想，挑选适合引用的文字。对比不同来源的信息，评估信息的可靠性、准确性、权威性，分析该信息产生的背景，挑出存在的偏见和矛盾。从多个资源中整合信息，综合主要思想构成新的概念并进行验证。判断所获取的信息是否能够解决面临的问题，必要时扩展新的信息。

（5）信息的集成：整合多种来源的信息并将其展示、表达出来。

分析解决问题是信息获取的出发点和落脚点，把新旧信息应用到形成新发现、研制新方案、设计新产品、开发新功能的过程中，从而实现特定的目的。

（6）评价反思：评判学习过程的效率及学习成果的有效性。

持续改进是质量保证的基本环节。首先，评价问题的解决过程，对信息来源、检索策略、信息集成和利用进行评价，总结以往的经验、教训和其他可以选择的策略。其次，对问题解决的结果进行评价，评价新信息的作用和贡献，评价有待改进的环节和方面，包括与信息使用有关的经济、法律和社会问题等。

此六个环节是相互作用的，尤其是评价环节更为重要，它将直接引导解决实际问题过程中关注的方向。但目前对学生的评价，由于受可操作性、量化要求以及历史原因的影响，并未采用过程式、作品式的评价，而是基本沿用过去的计算机知识和技术的考核方式，即过度重视"检索和获取"环节的考核。这种做法将 Big6 方案中的"检索和获取"环节误解为信息技术教育的培养目标，把会上网、会下载素材并将其组织成作品看成就是具备信息素养。

二、信息素养构成要素

信息素养的构成可归纳为信息知识、信息意识、信息能力和信息道德四个要素，是一个不可分割的统一整体，其中信息知识是基础，信息意识是先导，信息能力是核心，信息道德是保证。

扫一扫
信息素养和
信息意识

（一）信息知识

信息知识是指对与信息技术有关的知识的了解，包括信息技术的基本常识、信息系统的工作原理以及对信息技术新发展的了解。

（二）信息意识

1. 信息意识的概念

信息意识是指客观存在的信息和信息活动在人们头脑中的能动，具体表现在如下几个

方面。

（1）是指人们捕捉、判断、整理和利用信息的意识，即人从信息角度对万事万物的认识。

（2）是对信息与信息价值所特有的感知力、判断力和洞察力，即人对信息的敏感程度。只有在强烈的信息意识的引导和驱动下，及有强烈的求知欲、发现欲和浓厚的兴趣，才有可能使学生自觉地追寻信息，主动地用信息手段分析和解决实际问题。

（3）是对现代信息技术的快速认知能力。在信息社会里，人们很大程度上依赖信息技术来获得信息。

信息意识包括信息经济与价值意识、信息获取与传播意识、信息保密与安全意识、信息污染与守法意识、信息动态变化意识等内容。

2. 信息意识的培养

信息意识的培养，就是树立推崇信息、追求新信息、掌握即时信息的观念并强化这种意识的过程。信息意识的培养，特别是对于大学生信息意识的培养，主要有以下几个方面的要求。

（1）能够准确地明确信息问题。这是指能将学习、生活当中的实际问题、某一项任务或科学研究课题等转变为能够被现有的信息资源系统或其他人所理解和"应答"的信息问题。

（2）能够高效地获取所需要的信息。获取信息是明确信息问题和制订计划后的重要环节。获取信息的技能至少包括传统的图书馆技能、信息检索技能、计算机技能、社会调查能力及各种科学探究方法等。

（3）能批判性地评价信息及其来源。批判性思维和评价能力几乎在信息活动的各个环节发生作用。主要包括对信息问题的评价和调整、对信息来源的评价和调整、对信息获取方式和策略的评价和调整、对信息的评价和筛选。

（4）能够有效地分析与综合利用信息，产生新的观点、计划和作品，并通过各种表达形式与他人交流信息成果。这是指要能够对筛选的信息进行分析和综合，概括出中心思想，得出新的结论或观点，并将其与自身的知识体系整合，从而产生个体的新知识或人类的新知识。同时还需灵活运用写作技能、多媒体信息技术等将其充分表达出来，并有效地与他人交流。

（5）了解有关信息技术的使用所产生的经济、法律和社会问题，并能在获取和使用信息的过程中遵守法律和公德。这是指在获取、使用和交流信息以及使用信息技术时，能够辩证地看待言论自由与审核制度，懂得尊重信息作者的知识产权，遵守基本的信息安全法规，并理解和维护信息社会的各项道德规范。

（三）信息能力

信息能力是指信息接收者有效利用信息设备和信息技术，获取信息、加工处理信息以及创造新信息的能力。具体地说，信息处理能力是指人们通过各种方法和技术查找、获取、分析和整理信息资源，以文本、数据、图像和多媒体等形式为媒介，对信息进行组织、传递和展示的能力。主要表现为获取信息的能力、识别信息的能力、运用信息工具的能力、表现信息的能力、处理信息的能力、创造信息的能力、发布与传递信息的能力几个方面。

1. 获取信息的能力

所谓获取信息的能力，是指对于给定的目标，能熟练地选择适当的方法，有效地获取信息的能力。有效获取信息有利于我们正确认识问题、理解问题、明确问题和解决问题。获取信息应基于给定的目标，选择一定的信息源，以实现信息的有效获取。获取信息时，还应注意及时评价获取信息的方法和效果。评价是实现有效获取信息的重要步骤。

2. 识别信息的能力

所谓识别信息的能力，是指从众多的信息中，选择必要的信息，判断其内容，并从中提取出适当信息的能力。随着信息技术的广泛应用，信息的发布、修改、传递变得越来越容易。浩瀚的信息资源往往良莠不齐，存在很多垃圾信息、有害信息，甚至是虚假信息，信息获取者往往需要对收集到的信息进行甄别，自觉抵制垃圾信息、有害信息，摒弃虚假信息。

3. 运用信息工具的能力

能熟练使用各种常用信息收集、存储、传递、处理等设备工具和软件，特别是网络传播工具。

4. 表现信息的能力

所谓表现信息的能力，是指以一定的表现方法，采取一定的形式，对信息进行整理、表现的能力。在收集信息时，我们不仅要接受信息，还要善于表现信息，即能准确地概述、综合和表述所需要的信息，使之简洁明了、通俗易懂且富有个性特色。

5. 处理信息的能力

所谓处理信息的能力，是指对收集到的信息，能通过适当处理，读取其中隐含的、有意义的信息的能力。在我们阅读信息时，有些有意义的内容并不是显性的，需要我们对信息进行适当的处理后，才能从中读懂更为重要、更深层次的内容。

6. 创造信息的能力

所谓创造信息的能力，是指基于自己的认识、思考、研讨，产生新信息的生长点，去创造新信息的能力。信息社会是一种创新型的社会，创造信息对信息社会的发展具有重要的意义。如发表一篇论文，发表一篇演讲，撰写一份报告，拍摄一部电影等，都是基于自己的一些认识、思考所创造的新信息。

7. 发布与传递信息的能力

所谓发布与传递信息的能力，是指能基于信息接收者——受众的立场，在信息处理的基础上，对信息进行发布与传递的能力。信息社会的发展为人们提供了丰富的发布信息、传递信息的手段。例如，利用电视播放系统，特别是利用因特网，人们可以十分便利地发布、传递信息。发布、传递信息时，应根据受众的情况、特点，选择发布、传递信息的手段和形式。

（四）信息道德

信息道德是指个人在信息活动中的道德情操，能够合法、合情、合理地利用信息解决个人和社会所关心的问题，使信息产生合理的价值。特别是在基础教育阶段就应该培养学生的信息伦理道德素养，使他们能够遵循信息伦理规范，不从事非法活动，并掌握防范计算机病毒和抵御计算机犯罪的能力。

三、信息素养的培养

（一）善于搜集有效信息

要形成良好的信息搜集意识，善于主动地利用多种渠道、多种方式，高效率地搜集、吸纳有效信息。一方面，要博学多才，能够迅速有效地发现和掌握有价值的信息；另一方面，要处处留意，及时记录、整理搜集到的信息。

（二）能正确整合信息资源

整合信息就是对搜集到的信息进行鉴别、分类、储存的过程。对于各种信息要善于筛选、分类、判断和选择，认真鉴别，加以取舍，去伪存真，去粗取精，消化、吸收有效信息。要注意了解信息的来源渠道，看其是否有较高的权威性，对于非一手信息应追根溯源，从而判断其真实性。

（三）能科学加工、运用信息

要善于对自己所掌握的信息进行开发、加工，从中发现发展机遇和发展方向，以进行科学决策，指导工作的进行。滞后的信息将会因时差而减值，因此，一定要增强信息敏感性，见微知著，做到见事早、行动快。

（四）始终恪守信息道德

对应该公开的信息，要本着公开透明的原则，让他人真正拥有信息知情权。对于涉密信息，必须做到守口如瓶，不该看的不看，不该问的不问，不该说的不说，时时处处确保涉密信息的安全。要尊重他人的劳动成果和知识产权，维护产权人的合法权益，遏制各种侵权行为的滋生和蔓延。要尊重隐私信息，隐私权是受法律保护的，作为职业人，应当尊重他人的隐私信息，不打探、不泄露、不宣扬。

四、信息社会中人的责任

在信息社会中，虚拟空间与现实空间并存，人们在虚拟实践、交往的基础上，发展出了新型的社会经济形态、生活方式以及行为关系。信息社会责任是指信息社会中的个体在文化修养、道德规范和行为自律等方面应尽的责任。每个信息社会成员都需要明确其身上的信息社会责任。

（一）遵守信息相关法律

法律是最重要的行为规范系统，信息相关法律凭借国家强制力，对信息行为起强制性调控作用，进而维持信息社会秩序，具体包括规范信息行为、保护信息权利、调整信息关系、稳定信息秩序。

2017年6月，我国开始实施的《中华人民共和国网络安全法》是为了保障网络安全，维护网络空间主权和国家安全、社会公共利益，保护公民、法人和其他组织的合法权益，促进经济社会信息化健康发展而制定的法律。其中第十二条规定：国家保护公民、法人和其他组织依法使用网络的权利，促进网络接入普及，提升网络服务水平，为社会提供安全、便利的网络服务，保障网络信息依法有序自由流动。任何个人和组织使用网络应当遵守宪法法律，遵守公共秩序，尊重社会公德，不得危害网络安全，不得利用网络从事危害国家安全、荣誉和利益，煽动颠覆国家政权、推翻社会主义制度，煽动分裂国家、破坏国家统一，宣扬恐怖主义、极端主义，宣扬民族仇恨、民族歧视，传播暴力、淫秽色情信息，编造、传播虚假信息扰乱经济秩序和社会秩序，以及侵害他人名誉、隐私、知识产权和其他合法权益等活动。

（二）恪守信息社会行为规范

法律是社会发展不可缺少的强制手段，但是信息相关法律能够规范的信息活动范围有限。

对于高速发展的信息社会环境而言，每个人都必须提高自身素质，加强自我约束，只有每个人都约束好自己，网络环境才能清明。

（三）杜绝网络暴力

在互联网上每个网民都可以到不同的站点用匿名的方式发表自己的思想、主张，其中不文明用语屡见不鲜，各种无视事实的"网络谣言"层出不穷，导致网络空间环境恶化。此外，一则信息可能在短短几分钟内传播给数千乃至上万人。如果信息不实，可能会误导网民；即使信息本身是真实的，网上的批评和非议也很可能形成网络暴力，造成对当事人的过度审判。

当面对未知、疑惑或者两难局面时，扬善避恶是最基本的出发点，其中的"避恶"更为重要。每个网民都要从自身做起，如同在真实世界中一样，做事前要审慎思考，杜绝对国家、社会和他人造成直接或间接的危害。

（四）积极应对人文挑战

信息科技革命所带来的环境变化与人文挑战已在我们身边悄然发生，也已受到越来越多的关注。信息科技的发展是以推动社会进步为目的的。如何在变革中保留文化传承，并持续发扬光大，进而维护人、信息、社会和自然的和谐，是每个信息社会成员需要思考的问题。

课程思政

筑牢网络与信息安全防护墙

党的二十大报告中强调："推进国家安全体系和能力现代化，坚决维护国家安全和社会稳定。"近年来，数字化在带来种种便利的同时，也加大了信息泄露风险。从网络偷窥、非法获取个人信息、网络诈骗等违法犯罪活动，到网络攻击、网络窃密等危及国家安全行为，伴随万物互联而生的风险互联，给社会生产生活带来了不少安全隐患。如何有效保障网络与信息安全，是数字时代的重要课题。

网络与信息安全关乎个人安全、企业安全，更关乎国家安全。党的十八大以来，以习近平同志为核心的党中央高度重视、统筹推进网络安全和信息化工作，将网络与信息安全保障体系放在了前所未有的高度来建设。从网络安全法的施行到民法典的颁布实施，从数据安全法的出台到个人信息保护法的制定，在数字经济发展和法治建设进程中，有关网络与信息安全保障的法律制度逐步建立并不断发展完善。2014年以来，中央网信办等部门连续9年在全国范围内举办国家网络安全宣传周活动，有力推动全社会网络安全意识和防护技能的提升。法治的保驾护航，多方主体的共同参与，为筑牢网络与信息安全防护墙奠定了坚实基础。

网络与信息安全是我们面临的新的综合性挑战。新一代信息技术发展的一个重要突破，就是极大提升了数据处理能力。与此同时，被互联网记录和存储的个人、企业等信息，相对更容易被泄露和传播。从这个角度看，网络与信息安全攻防战是一场长期博弈，技术越进步，网络与信息安全保障体系就越需要进行安全加固。当前，通过网络窃密泄密等行为时有发生，一些社交平台、网络公司对敏感信息的不当处理，也增加了信息泄露的风险。我们要进一步增强政治敏锐性，既挖掘技术创新红利，也强化信息安全保障，多想办法为网络与信息安全"上锁"，最大程度降低信息泄露风险，特别是堵住敏感信息泄露的漏洞。

健全网络与信息安全保障体系，不仅需要强化技术治理水平与能力，也需要尽快织密管理的"篱笆网"，从制度完善、法治建设等各方面入手，构建起网上与网下同心聚力、技术与管理相得益彰的信息安全格局。无论是加快相关法律条例的研究跟进、系统配套，还是加强相关部门的协调共治，或是进一步明确运营商、企业、社交平台等的权责，注重系统整顿、抓好源头治理，在信息管理上始终坚持严防死守，才能确保收集起来的信息不被泄露，打赢打好网络与信息安全保卫战。

"网络安全为人民，网络安全靠人民。"实际上，在数字网络节点上的每一个行为主体，都是保障信息安全的一道关口。对于相关单位、企业来说，需要清醒认识到网络和信息安全的重要性，强化信息安全保护意识和措施，进一步规范重要信息披露程序，防止各类信息泄密事件发生。对于公众而言，也需要提高警惕、增强安全意识，未经核实不轻易向他人提供信息，不随意点击网址链接、下载来历不明的软件等，防止个人信息被盗用。都自觉成为信息安全卫士，不仅能维护自身数字权益，更能提高网络与信息安全的整体保障水平。

信息时代，网络与信息安全深刻影响着每一个人。建好国家网络与信息安全保障体系，不断提升网络与信息安全保护能力，我们才能安全地享受数字生活，为维护国家安全和发展利益提供有力保障。

（来源：《人民日报》有改动）

思考练习

一、选择题

1. 常用的 Internet 接入硬件设备不包括（   ）。

A. 调制解调器　　　　　　B. 网卡　　　　　　C. 网线　　　　　　D. 路由器

2. 如果未经授权的实体得到了数据的访问权，这属于破坏了信息的（   ）。

A. 可用性　　　　　　B. 完整性　　　　　　C. 保密性　　　　　　D. 可控性

3. 在 Internet 中实现信息浏览查询服务的是（   ）。

A.DNS　　　　　　B.FTP　　　　　　C.WWW　　　　　　D.ADSL

4. 在计算机信息检索系统中，不属于常用检索技术的有（   ）。

A. 布尔逻辑检索　　　　　　B. 截词检索　　　　　　C. 位置检索　　　　　　D. 手工检索

5. 布尔逻辑检索中检索符号"OR"的主要作用是（   ）。

A. 提高查准率　　　　　　　　　　　　　B. 提高查全率

C. 排除不必要信息　　　　　　　　　　　D. 减少文献输出量

6. 在使用搜索引擎搜索时，如果返回结果过少，或者根本没有返回结果，那么可能的原因为（ 　　）。

A. 主题词太多

B. 主题词不规范、不准确

C. 限制过多

D. 以上都是

7. 在信息化社会，下列（ 　　）行为可能导致个人隐私漏露。

A. 自己的任何证件绝不外借

B. 参与用微信或支付宝扫码就可以领取相关礼品的活动

C. 不随意留个人电话和真实姓名

D. 及时清除快递单上的个人信息

8. 在构成信息安全威胁的其他因素中，不包括（ 　　）。

A. 黑客攻击

B. 病毒传播

C. 网络犯罪

D. 宣传自己的图书

9. 保障信息安全最基本、最核心的技术是（ 　　）。

A. 信息加密技术

B. 信息确认技术

C. 网络控制技术

D. 杀毒技术

10. 当你感觉 Windows 运行速度明显变慢，而打开任务管理器后发现 CPU 使用率已达到100%，那么很有可能遭遇了（ 　　）。

A. 特洛伊木马

B. 拒绝服务攻击

C. 口令攻击

D. 病毒攻击

11. 防火墙的一般功能不包括（ 　　）。

A. 限制未经授权的用户进入内部网络

B. 防止入侵者对系统的访问

C. 限制内部用户访问特殊站点

D. 检查系统配置的正确性和安全漏洞

12. 常见的计算机恶意代码有（ 　　）。

A. 木马

B. 僵尸程序

C. 蠕虫和病毒

D. 以上都是

13. 下列哪项不属于计算机病毒的预防措施（ 　　）？

A. 及时更新系统补丁

B. 定期升级杀毒软件

C. 开启 Windows 7 防火墙

D. 清理磁盘碎片

14. 计算机染上病毒后可能出现的现象为（ 　　）。

A. 系统出现异常启动或者经常死机

B. 程序或数据突然丢失

C. 磁盘空间突然变小

D. 以上都是

15. 为了保证公司网络的安全运行，预防计算机病毒的破坏，可以在计算机上采用以下哪种方法（ 　　）？

A. 磁盘扫描

B. 安装浏览器加载项

C. 开启防病毒软件

D. 修改注册表

二、填空题

1. 计算机网络技术经历了_____个发展阶段。

2. TCP/IP 参考模型是 Internet 使用的参考模型，共分为 4 层，从低到高依次是_____、_____、_____和_____。

3. 中文学术检索系统有_____、_____、维普网等。

4. _____是一种网络互连设备，用于连接两个协议不同的网络。

5. 信息检索的流程包括分析信息需求、_____、提炼检索词、构造检索式、调整检索策略、_____。

6. 计算机病毒的主要特点有：_____、_____、_____、_____。

7. 目前国内常用的杀毒软件主要有：_____、_____和_____等。

8. "information literacy" 一般翻译为_____。

9. 信息素养的构成可归纳为_____、_____、_____和_____四个要素。

10. 信息接收者有效利用信息设备和信息技术，获取信息、加工处理信息以及创造新信息的能力被称为_____。

三、简答题

1. 简述信息检索的基本原理。

2. 简述信息检索的基本流程。

3. 计算机病毒的传播途径有哪些？

4. 如何进行计算机病毒预防？

四、操作题

1. 收集侵犯个人信息的典型案例，试分析出现问题的原因并提出防范措施。

2. 收集法律规范中关于网络行为的禁止性条款，说说该如何维护网络的风清气正。

项目五

算法与程序设计

项目概述

历史告诉人们，科学技术是在不断发现问题、解决问题的过程中得到发展的。计算机之所以能够处理复杂的问题全依靠程序的运行，而高质量的程序基于优秀的算法。本项目主要介绍算法与程序设计的相关知识，使读者了解问题求解的一般过程以及算法设计的基本方法，理解算法在解决实际问题过程中的地位和作用。

学习目标

◆ **知识目标**

1. 掌握计算、计算思维、算法、程序设计等的相关概念。
2. 了解计算思维中的思维方式。
3. 熟悉算法的表示及算法设计的基本方法。

◆ **能力目标**

1. 能运用计算思维去求解问题。
2. 会用流程图编写算法。

◆ **素质目标**

1. 培养专注、专心、负责的工作态度。
2. 培养独立思考、综合分析问题的能力。

任务一　计算与计算思维

【任务描述】

　　本任务要求掌握计算和计算思维的概念，熟悉计算思维的本质和思维方式，了解计算机求解问题的基本过程，能利用计算思维解决简单计算问题。

【知识讲解】

一、计算

（一）计算的概念

　　我们的生活中，计算无处不在。当今的每个学科都需要进行大量的计算。天文学家需要利用计算机来分析星位移动；生物学家需要利用计算机发现基因组的奥秘；数学家需要利用计算机计算圆周率的更精确值；经济学家需要利用计算机分析在众多因素作用下某个企业、城市、国家的发展方向，从而进行宏观调控；工业领域需运用计算机精确计算生产过程中材料、能源、加工及时间等要素并设计最优配置方案。

　　计算是依据一定的法则对有关符号串进行变换的过程。

　　计算的可行性是计算机科学的理论基础。计算的可行性理论起源于对数学基础问题的研究。可计算性理论是计算机科学的理论基础之一。可计算性理论确定了哪些问题可能用计算机解决，哪些问题不可能用计算机解决。

（二）计算的分类

　　计算可以分为硬计算和软计算两类。

1. 硬计算

　　硬计算（传统计算）这个术语首先由美国加州大学的 Zadeh 教授于 1996 年提出，长久以来它被用于解决各种不同的问题。

　　让我们一起看看用硬计算解决一个工程问题时要遵循的步骤。

　　（1）首先辨识与该问题相关的变量，继而分为两组，即输入（或条件变量，也称为前件）和输出（或行动变量，也称为后件）。

　　（2）用数学方程表示输入输出的关系。

　　（3）用解析方法或数值方法求解方程。

　　（4）基于数学方程的解，决定相应的控制行动。

　　硬计算的主要特征是严格、确定和精确，但是硬计算并不适合处理现实生活中的许多不确定、不精确的问题。

2. 软计算

软计算通过对不确定、不精确及不完全真实的信息进行容错来获得低代价的解决方案和提高健壮性。它模拟自然界中智能系统的生化过程（如人的感知、脑结构、进化和免疫等）来有效处理日常工作。软计算包括以下几种计算模式：模糊逻辑、人工神经网络、遗传算法和混沌理论等。这些模式是互补及相互配合的，因此在许多应用系统中组合使用。

二、计算思维

（一）计算思维的概念

2006 年 3 月，美国卡内基·梅隆大学计算机系主任周以真（Jeannette M.Wing）教授在美国计算机权威杂志 Communication of the ACM 上定义并发表了计算思维（computational thinking）的概念。她认为：计算思维是运用计算机科学的基础概念进行问题求解、系统设计以及人类行为理解等的涵盖计算机科学领域的一系列思维活动。她指出，计算思维是每个人的基本技能，不仅仅属于计算机科学家。每个学生在培养解析能力时不仅要掌握阅读、写作和算术（reading，writing，and aeithmetic，3R），还要学会计算思维。这种思维方式对于学生从事任何事业都是有益的。简单地说，计算思维就是计算机科学解决问题的思维。

近年来，移动通信、普适计算、物联网、云计算、大数据这些新概念和新技术的出现，在社会经济、人文科学、自然科学的许多领域引发了一系列革命性的突破，极大地改变了人们对于计算和计算机的认知。

（二）计算思维的特性

1. 计算思维是人的思维

思维是人所特有的一种属性，也是由疑问引发并以问题解决为终点的一种思想活动。计算思维是用人的思维驾驭以计算设备为核心的技术工具来解决问题的一种思维方式，它以人的思维为主要源泉，而计算设备仅仅是进行计算和问题求解的一种必要的物质基础。所以，计算思维是人在解决问题的过程中所反映的思想、方法，并不是计算机或其他计算设备的思维。

2. 计算思维具有双向运动性

计算思维属于思维的一种，具有归纳和演绎的双向运动性。但是，计算思维中的归纳和演绎更多地表现为"抽象"和"分解"。其中，"抽象"是对待求解的问题进行符号标识或系统建模的一种思维过程，算法便是抽象的典型代表；"分解"是将复杂问题合理分解为若干待求解的小问题，予以逐个击破，进而解决整个问题的一种思维过程。

3. 计算思维具有可计算特性

计算思维具有明显的计算机学科所独有的"可计算"特性。采用计算方法进行问题求解的计算思维，要求问题求解步骤具备确定性、有效性、有限性、机械性等可计算特性。

计算思维中的"计算"并不仅限于信息加工处理，从计算过程的角度出发，计算是指依据一定法则对有关符号串进行变换的过程，即从已有的符号开始，一步一步地改变符号串，经过有限步骤，最终得到一个满足预定条件的符号串。基于此，可以说计算的本质就是递归。

（三）计算思维的目的

计算思维的目的在于问题求解。2011年，美国计算机科学教师协会、国际教育技术协会在共同提出的计算思维的操作性定义中明确指出，计算思维是一种问题求解的过程，这一过程包括问题确定、数据分析、抽象表示、算法设计、方案评估、概括迁移等六个环节。

计算方法和模型给予了人们勇气去处理那些原本无法由任何个人独自完成的问题求解和系统设计。计算思维直面机器智能的不解之谜。

三、计算思维中的思维方式

计算思维主要包括数学思维、工程思维以及科学思维中的逻辑思维、算法思维、网络思维和系统思维方式。其中运用逻辑思维精准地描述计算过程；运用算法思维有效地构造计算过程；运用网络思维有效地组合多个计算过程；运用系统思维对事情进行全面思考。

（一）逻辑思维

逻辑思维是人类运用概念、判断、推理等思维类型来反映事物本质与规律的认识过程，属于抽象思维，是思维的一种高级形式。其特点是以抽象、判断和推理作为思维的基本形式，以分析、综合、比较、抽象、概括和具体化作为思维的基本过程，从而揭露事物的本质特征和规律性联系。

例如，旅游地点安排问题。某个团队计划去西藏旅游，除拉萨市之外，还有6个城市或景区可供选择：E市、F市、G湖、H山、I峰、J湖。综合时间、经费、高原环境、人员身体状况等因素，有以下要求：

（1）G湖和J湖中至少要去一处。

（2）如果不去E市或者不去F市，则不能去G湖游览。

（3）如果不去E市，也就不能去H山游览。

（4）只有越过I峰，才能到达J湖。

如果由于气候原因，这个团队不去I峰，以下哪项一定为真？

A. 该团去E市和J湖游览

B. 该团去E市而不去F市游览

C. 该团去G湖和H山游览

D. 该团去F市和G湖游览

答案：D。

逻辑分析：条件（1）G或J；条件（2）非E或非F→非G，即E且F←G；条件（3）非E→非H；条件（4）I←J，即非I→非J。

已知：非I，根据条件（4），非J；再根据条件（1），非J，则G；根据条件（2），G则E且F；根据条件（3），H不确定。所以，必去E、F、G；必不去I、J；H不确定。

生活中有关逻辑思维的例子很多，比如常见的"数独"游戏等。

（二）算法思维

算法思维具有非常鲜明的计算机科学特征。算法思维是思考使用算法来解决问题的方法。这是学习编写计算机程序时需要开发的核心技术。

2016 年 3 月，谷歌公司的围棋人工智能 AlphaGo 战胜李世石，总比分定格在 4 : 1，标志着此次人机围棋大战，最终以机器的完胜结束。AlphaGo 的胜利，是深度学习的胜利，是算法的胜利。鼠标的每一次点击，手机上的每一次购物，天上飞行的卫星，水下游弋的潜艇——我们这个世界，正是建立在算法之上。

计算机有时就是这么处理问题的。比如五把钥匙中，有一把是正确的，如果一把一把地依次去试，最后总能开锁，这个例子体现了一种常用算法——枚举法。

（三）网络思维

网络思维有特定的所指，即强调网络构成的核心是对象之间的互动关系，可以包括基于机器的人际互动（人 – 机 – 人关系），涉及以虚拟社区为基础的交往模式、传播模式、搜索模式、组织管理模式、科技创新模式等，如社交网络、自媒体、人肉搜索、专业发展共同体；也可以包括机器间的互联（机 – 人 – 机关系），涉及 Internet、物联网、云计算网络等的运作机制，如网络协议、大数据。

（四）系统思维

系统思维就是把认识对象作为系统，从系统和要素、要素和要素、系统和环境的相互联系、相互作用中综合地考察认识对象的一种思维方法。简单地说，就是对事情进行全面思考，而不只就事论事，把想要达到的结果、实现该结果的过程、过程优化以及对未来的影响等一系列问题作为一个整体系统进行研究。

《易经》是最古老的系统思维方法，建立了最早的模型与演绎方法。在古希腊则有非加和性整体概念，但西医以分解和还原论方法占主导地位。现代西方心身医学的"社会 – 心理 – 生物"综合医学模式的兴起，开启了中西医学的又一轮对话，并促进了系统医学与系统生物科学在 20 世纪末至 21 世纪初的发展。

四、计算思维的本质

计算思维的本质是抽象（abstraction）和自动化（automation）。抽象指的是将待求解的问题用特定的符号语言标识并使其形式化，从而达到机械执行的目的（即自动化），算法就是抽象的具体体现。自动化就是自动执行的过程，它要求被自动执行的对象一定是抽象的、形式化的，只有抽象、形式化的对象经过计算后才能被自动执行。由此可见，抽象与自动化是相互影响、彼此共生的。

日常生活中，我们经常要使用家用电器。以微波炉为例，使用微波炉的人恐怕没有几个深入了解过微波的加热原理、电路通断的控制、计时器的使用等，但这不意味着他们不能加热食品。那些复杂难懂的理论及控制系统，由专家和技术人员负责处理。他们将电器元件封装起来，复杂的理论被简化成说明书上通俗易懂的操作步骤。微波、控制电路的复杂性超出一般人的理解范围。然而，当那些电路的通断和现象被抽象以后，就可以仅凭那些按钮去操作，并且可以预见产生的结果，将抽象、复杂的问题转化为可解决的问题。所有可能用到的程序都被提前储存起来，操作者的指令通过按钮转化为信号，从而调用程序进行执行，自动地控制电路的开合、微波的发射，最后将信号转化为热量。

（一）抽象

在计算思维中，抽象思维最为重要的用途是产生各种各样的系统模型，作为解决问题的基础，因此建模是抽象思维更为深入的认识行为。抽象思维是对同类事物去除其现象的次要方面，抽取其共同的主要方面，从个别中把握一般，从现象中把握本质的认知过程和思维方法。在计算机科学中，抽象思维的一般过程和方法为：分离→提纯→区分→命名→约简。"分离"即暂时不考虑事物（研究对象）与其他事物的总体联系。任何一种对象总是处于与其他事物千丝万缕的联系之中，是复杂整体的一部分。但任何具体的科学研究不可能对事物间各种各样的关系都加以考察，必须将研究对象临时"分离"出来。"提纯"就是观察分析隔离出来的现实事物，提取出淹没在各种现象和差异中的"共性"要素，即在共性中寻找差异，在差异中寻找共性。"区分"即对研究对象各方面的要素进行分类，并考虑这种区分的必要性和可行性。"命名"即给每个需要区分的要素赋予恰当的名称，以反映"区分"的结果。命名体现了抽象化是"现实事物的概念化"，以概念的形式命名和区分所理解的要素。"约简"就是撇开非本质要素，以简略的形式（如模型）表达或表征"区分"和"命名"要素及其之间的关系，形成抽象化的最终结果。

（二）自动化

自动化可从自动执行和自动控制两方面来考察。

1. 自动执行

自动化首先体现为自动执行，即预先设计好的程序或系统可自动运行。这需要一组预定义的指令及预定义的执行顺序，一旦执行，这组指令就可根据安排自动完成某个特定任务。这源自冯·诺依曼的预置程序的计算机思想，且从电子计算机时代起一直被延续。

2. 自动控制

自动执行体现了程序执行后的必然效果。人机交互并非总是线性的，往往因时而变，程序应能随时响应用户的需要。比较直观的是面向对象程序设计，它提出了事件驱动机制，即"触发－响应"机制：程序通过事件接收用户发出的指令或响应系统环境的变化。例如，对屏幕元素"按钮"来说，"单击鼠标"是"按钮"的一个事件；对屏幕元素"文本框"来说，"敲键"和"内容改变"都是"文本框"对象的事件。当然，触发事件的不一定是行为，也可能是系统环境的变化（如时钟）。在程序中，每类对象对其可能发生的事件都有对应的事件处理程序，特定事件的发生将触发相应事件处理程序的执行，这个过程称为"事件驱动"。在现实生活中，由于人类意识和行为的复杂性，有"刺激"并不一定有外显的"反应"产生；在计算机中，"触发－响应"也不一定是纯机械的，自动控制及智能控制的发展使得系统的事件触发机制变得更加智能化、人性化。自动控制是能按规定程序对机器或装置进行自动操作或控制的过程，其基本思想源自控制论。具体而言，自动控制是在无人直接参与的情况下，利用外加设备装置（即控制装置或控制器），使机器设备（统称为被控对象）的某个工作状态或参数（即被控制量）自动按照预定规律运行。例如，一个装置能自动接收所测得的物理变量（如通过传感器获得外界的温度、湿度数据），并进行自动计算，从而自动调节（如增温、除湿）。20世纪80年代以来，随着人工智能技术的发展，自动控制开始走向智能控制。智能控制是指无须人的干预，能够独立驱动智能机器自主实现其目标的过程，即智能化的自动控制。自动控制不仅体现在计算机程序中，在社会事务的处理方面也屡见不鲜。例如，广泛建立的应急预案就是针对特定事件的产生而"自动执行"的快速反应机制。毋庸置疑，自动化技术的发展有利于将人类从复杂、耗时、烦琐、机械、危险的劳动环境中解放出来，并大大提高工作效率，尤其在诸多智能产品走向日常生活的当下，自动化技术正改变人们的生产、生活和学习方式，也正改变着人们的思维方式。理解自动化的必要性、掌握自动执行和自动控制的基本思想方法，能够辨识自动化的限度，并理解人类在自动执行和控制系统中的功能和价值，这将成为普通大众正确认识高科技产品的关键，也是人类在高科技面前保持人类自信的基石。这种思维能力必将成为新时代公民的重要素养之一。

计算思维的概念正在走出计算机科学乃至自然科学领域，向社会科学领域拓展，成为一种新的具有广泛意义的思想方法，有着重要的社会价值。

任务二　算法与程序设计

【任务描述】

计算机能解决实际问题是依靠程序的运行，而程序的核心是算法。本任务要求了解程序和算法的相关概念，熟悉算法复杂度、算法的描述方法和常用算法设计策略，了解程序设计语言的相关概念和相关知识。

【知识讲解】

一、程序

（一）程序的定义

计算机系统能完成各种工作的核心是程序，那么程序是如何设计的？程序的核心又是什么？

在日常生活中，大家都知道做任何事情都要有一定的先后次序，这些按一定的顺序安排的工作即操作序列，称为程序。

【例题 5-1】　下面是某学校颁奖大会的程序。

（1）主持人宣布颁奖大会开始并介绍出席颁奖大会的领导；

（2）校长讲话；

（3）领导宣布获奖名单；

（4）颁奖；

（5）获奖代表发言；

（6）主持人宣布颁奖大会结束。

简单地说，程序主要用于描述完成某项功能所涉及的对象和动作规则。如上述的主持人、领导、校长、话、名单、奖、代表等都是对象；而宣布、介绍、讲、颁等都是动作。这些动作的先后顺序以及它们所作用的对象，要遵守一定的规则。如"颁"的作用对象是"奖"而不是"话"；不能先颁奖，后宣布获奖名单。

可见，程序的概念是很普遍的。但是，随着计算机的出现和普及，程序这一概念成为计算机的专用名词，用于描述计算机处理数据、解决问题的过程。

【例题 5-2】 教师节到了，学校要为教龄满 30 年的教职工颁发荣誉证书，要求从存放教职工档案的"d:\zg.dat"文件中提取出教龄满 30 年的教职工的姓名和所在部门。其 C 语言程序代码如下。

```c
#include "stdafx.h"
#include <stdlib.h>
int main( )
{ char Xm[80]，char bm[80]；
    int jl;
    FILE *fp;
    fp = fopen("d:\zg.dat", "r");
    while ( !feof ( fp ) )
    {  fscanf ( fp, "%s", xm );
       fscanf ( fp, "%s", bm );
       fscanf ( fp, "% d", &jl ) ;
       if ( jl>=30 ) cout<<" 姓名 ": <<xm<<" 所在部门 :"<<bm<<endl;
    }
    fclose ( fp ) ;
    return 0;
}
```

（二）程序的组成和特性

从例题 5-2 可以看到，一个程序包括以下两个方面的内容。

1. 对数据的描述

要指定欲处理的数据类型和数据的组织形式，也就是数据结构。例如教职工的姓名、所在部门、教龄等都具有相应的数据类型，且数据文件 d:\zg.dat 指定了它们之间的组织形式。

2. 对操作的描述

如 fopen 函数打开文件并返回指向文件的指针、fscanf 函数从文件中读入数据、if 语句判断是否满足条件等，都是对操作的描述。这些动作的先后顺序以及它们所作用的数据，要遵守一定的规则，即求解问题的算法。

扫一扫

计算机程序的
运行原理

著名计算机科学家沃思（Wirth）提出了一个经典公式：

$$程序 = 数据结构 + 算法$$

实际上，一个程序除了以上两个主要的要素外，还应当采用程序设计方法进行设计，并且用一种计算机语言来表示。因此，程序设计人员应具备算法、数据结构、程序设计方法和语言工具这 4 个方面的知识。

二、算法

（一）算法的概念

计算机是一种按照程序，高速、自动地进行计算的机器。用计算机解题时，任何答案的获得都是按指定顺序执行一系列指令的结果。因此，用计算机解题前，需要将解题方法转换成一系列具体的、在计算机上可执行的步骤。这些步骤能清楚地反映解题的过程，这个过程就是通常所说的算法。

扫一扫

算法的概念

通俗地说，算法就是解决问题的方法和步骤，解决问题的过程就是算法实现的过程。

与程序一词类似，算法一词也不仅是计算机的专用术语。早在公元前 300 年，欧几里得在其著作《几何原本》中阐述了著名的欧几里得算法，即辗转相除法，用于求两个正整数的最大公约数。当然随着计算机的诞生和发展，其为算法的研究、应用和发展也增添了许多魅力。

（二）算法的两个要素

【例题 5-3】　利用求圆周率公式 2（$\frac{\pi}{4} = 1 - \frac{1}{3} + \frac{1}{5} - \frac{1}{7} + \frac{1}{9} - \frac{1}{11} + \cdots$）验证祖冲之花了 15 年时间计算出的圆周率。

分析：该公式的算法主要是对通项式 $t_i = (-1)^{i-1} \frac{1}{2i-1}$，$i=1$，2，$\cdots$，进行累加，直到某项 t_i 的绝对值小于精度，即 $|t_i| < 10^{-8}$ 为止。

算法步骤如下。

（1）置初态。累加器 pi ← 0，计数器 i ← 1，第 1 项 t ← 1，正负符号变化 s ← 1。

（2）重复执行下面语句，直到某项绝对值小于精度后转到（3）。

·求累加和：pi ← pi+t；

·为下一项做准备：i ← i+1、s ← -1*s、t ← s*1/（2*i-1）；

（3）输出。显示结果 4*pi。

（4）结束。

从例题 5-3 可以看出，一个算法由一系列操作组成，而这些操作又是按一定的控制结构所规定的次序执行的，说明算法是由操作与控制结构两个要素组成。

1. 操作

计算机最基本的操作功能如下。

（1）算术运算：加、减、乘、除、取余等。

（2）关系运算：大于、大于等于、小于、小于等于、等于、不等于等。

（3）逻辑运算：与、或、非、异或等。

（4）数据传送：输入、输出、赋值等。

2. 控制结构

各操作之间的执行顺序为算法的控制结构，有顺序结构、选择结构、循环结构，称为算法的 3 种基本结构。

（1）顺序结构。最简单、最常用的一种结构，计算机按照语句 A 和语句 B 出现的先后次序依次执行。

（2）选择结构。在处理问题时根据可能出现的情况进行分析和处理。

（3）循环结构。计算机与人处理问题时的最大区别是计算机可以永不疲劳地重复算法所设计的操作，这是通过循环结构来实现的。循环结构有两种形式：当型和直到型。区别是前者先判断后循环，有可能循环体语句"A"一次也不执行；后者先执行循环体语句"A"，然后判断条件，至少执行一次。

（三）算法的特性

著名计算机科学家 Donald E.Knuth 曾把算法的性质归纳为以下 5 点，我们以例题 5-3 例进行解释。

（1）有穷性。任意一个算法在执行有穷个计算步骤后必须终止。例如在进行累加时，当某项绝对值小于精度（即 $|t|<10^{-8}$）时循环终止。

（2）确定性。每一个计算步骤必须有精确的定义，无二义性。例如求通项、累加时都是确定的。

（3）可行性。一个算法包含的步骤必须是有限的，并在一个合理的时间限度内可以执行完毕。例如，每次求得通项的绝对值都在精度要求的范围内进行判断，并且通项的绝对值在向循环终止方向发展。

（4）输入。一般有 0 个或多个输入，它们取自某一个特定的集合。本例为 0 个输入，因为算法本身有确定的初值。

（5）输出。一般有若干个输出信息，其通常反映对输入数据的加工结果。由于算法需要给出解决特定问题的结果，因此没有输出结果的算法是毫无意义的。在本例中输出为圆周率的值。

（四）算法复杂度

算法复杂度是指算法在编写成可执行程序后，运行时所需要的资源。资源包括时间资源和内存资源。评价一个算法主要从时间复杂度和空间复杂度两方面进行考虑。

1. 时间复杂度

算法的时间复杂度是指执行算法所需要的计算工作量。为什么要考虑时间复杂性呢？因为有些系统需要用户提供程序运行时间的上限，一旦达到这个上限，系统将强制结束程序，而且有时可能还需要程序提供一个满意的实时响应。

和算法执行时间相关的因素包括：问题中数据存储的数据结构、算法采用的数学模型、算法设计的策略、问题的规模、实现算法的程序设计语言、编译算法产生的机器代码的质量、计算机执行指令的速度等。

一般来说，计算机算法是问题规模 n 的函数 $f(n)$，算法的时间复杂度也因此记作 $T(n)=O(f(n))$。

一个算法的执行时间大致等于其所有语句执行时间的总和。语句的执行时间是指该条语句的执行次数与执行一次所需时间的乘积。一般随着 n 的增大，$T(n)$ 增长较慢的算法为最优算法。

2. 空间复杂度

算法的空间复杂度是指算法需要消耗的内存空间。其计算和表示方法与时间复杂度类似，一般都用复杂度的渐近度来表示。在同时间复杂度相比，空间复杂度的分析要简单得多。考虑程序的空间复杂度的原因主要有：在多用户系统中运行时，需指明分配给该程序的内存大小；可提前知道是否有足够可用的内存来运行该程序；一个问题可能有若干个内存需求各不相同的解决方案，从中择取一个；利用空间复杂度来估算一个程序所能解决问题的最大规模。

（五）算法的描述方式

算法的描述方式主要有以下几种。

1. 自然语言

自然语言就是人们日常所用的语言，具有方便、无须再专门学习等优点。但用自然语言描述算法的缺点也有很多：自然语言的歧义性易导致算法执行的不确定性；自然语言语句太长会导致算法的描述太长；当算法中循环和分支较多时，就很难清晰地表达其逻辑；翻译成程序设计语言不易。因此，人们又设计出流程图等图形工具来描述算法。

【例题 5-4】 已知圆半径，计算圆的面积。

我们可以用自然语言表达出以下的算法步骤：

第一步，输入圆半径 r；

第二步，计算面积 $S=3.14×r×r$；

第三步，输出面积 S。

2. 流程图

程序的流程图简洁、直观、无二义性，是描述程序的常用工具，一般采用美国国家标准化协会（ANSF）规定的一组图形符号，关于流程图的知识本项目任务三中会详细介绍。

3. 盒图（N-S 图）

盒图层次感强、嵌套明确；支持自顶向下、逐步求精的设计方法；容易转换成高级语言。其缺点是不易扩充和修改，不易描述大型复杂算法。盒图中基本控制结构的表示符号如图 5-1 所示。

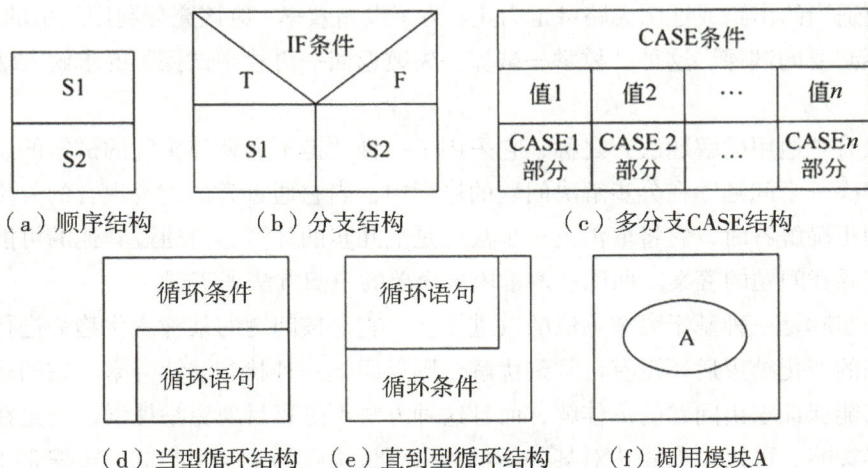

（a）顺序结构　　　　（b）分支结构　　　　（c）多分支CASE结构

（d）当型循环结构　　（e）直到型循环结构　　（f）调用模块A

图 5-1　盒图中基本控制结构的表示符号

4. 伪代码

伪代码是用介于自然语言和计算机语言之间的文字和符号来描述算法的工具。它不用图形符号，书写方便，语法结构有一定的随意性，目前还没有一个通用的伪代码语法标准。

常用的伪代码是用简化后的高级语言来进行编写的，如类似C、类似C++、类似Pascal 等。

5. 程序设计语言

以上算法的描述方式都是为了方便人与人的交流，但算法最终是要在计算机上实现的，用程序设计语言进行算法的描述，并进行合理的数据组织，就构成了计算机可执行的程序。

与人类社会使用语言交流相似，如果人要与计算机交流，就必须使用计算机语言。于是人们模仿人类的自然语言，人工设计出一种形式化的语言，即程序设计语言。后面会详细讲述。

（六）常用的算法设计策略

掌握一些常用的算法设计策略，有助于我们在进行问题求解时，快速找到有效的算法。

1. 枚举法

枚举法，也称为穷举法。其基本思路为：对于要解决的问题，列举出它的所有可能的情况，逐个判断有哪些是符合问题所要求的条件，从而得到问题的解。简单地说，枚举法就是按问题本身的性质，一一列举出该问题的所有可能解，并在逐一列举的过程中，检验每个可能解是否是问题的真正解，若是，我们采纳这个解，否则抛弃它。在列举的过程中，既不能遗漏也不应重复。

枚举法也常用于对密码的破译，即将密码进行逐个推算直到找出真正的密码为止。例如，一个已知是 4 位并且全部由数字组成的密码，其可能共有 10000 种组合，因此最多尝试 10000 次就能找到正确的密码。理论上利用这种方法可以破解任何一种密码，问题只在于如何缩短破解时间。

2. 回溯法

在迷宫游戏中，如何能通过迂回曲折的道路顺利地走出迷宫呢？在迷宫中探索前进时，遇到岔路就从中先选出一条尝试前进。如果此路不通，便退回原位另寻他途。如此反复，直到最终找到适当的出路或证明无路可走为止。为了提高效率，应该充分利用给出的约束条件，尽量避免不必要的试探。这种"枚举—试探—失败返回—再枚举试探"的求解方法就称为回溯法。

回溯法有"通用的解题法"之称，它采用了一种"走不通就掉头"的试错的思想，它尝试分步去解决一个问题。在分步解决问题的过程中，当它通过尝试发现现有的分步答案不能得到有效的正确解答时，它将取消上一步甚至是上几步的计算，再通过其他的可能的分步解答再次尝试寻找问题的答案。回溯法通常用最简单的递归方法来实现。

回溯法实际是一种基于穷举算法的改进算法。它是按问题的某种变化趋势进行穷举，若在某一状态的变化结束后还没有得到最优解，则返回上一种状态继续穷举。它的优点与穷举法类似，都能保证求出问题的最佳解，而且这种方法不是盲目地穷举搜索，而是在搜索过程中通过限界策略，可以中途停止对某些不可能得到最优解的子空间的进一步搜索（类似于人工智能中的剪枝技术），故它比穷举法效率更高。

运用这种算法的技巧性很强，不同类型的问题解法也各不相同。与贪心算法类似，这种方法也是用于求解组合优化问题的算法设计方法。不同的是，它在问题的整个可能解空间中进行搜索，因此设计出来的算法的时间复杂度通常比贪心算法更高。

扫一扫

枚举法的应用

回溯法的应用很广泛，很多算法都用到了回溯法，例如八皇后、迷宫等问题。

拓展阅读

八皇后问题

八皇后问题是一个古老而著名的问题，该问题最早是由国际象棋棋手马克斯·贝瑟尔于 1848 年提出的。之后陆续有数学家对其进行了研究，其中包括高斯和康托，并且将其推广为更一般的 n 皇后摆放问题。八皇后问题的第一个解是在 1850 年由弗朗兹·诺克给出的。费朗兹·诺克也是首先将问题推广到更一般的 n 皇后摆放问题的人之一。1874 年，冈德尔提出了一个通过行列式来求解的方法，这个方法后来又被格莱舍进行了改进。

在国际象棋中，皇后是最有威力的一个棋子；只要对方的棋子与它在同一行或同一列或同一斜线（包括正斜线和反斜线）上，它就能把对方棋子吃掉。那么，在 8×8 格的国际象棋棋盘上摆放八个皇后，使其不能相互攻击，即任意两个皇后都不能处于同一行、同一列或同一条斜线上，问共有多少种解法？比如，（1，5，8，6，3，7，2，4）就是其中一个解，如图 5-2 所示。

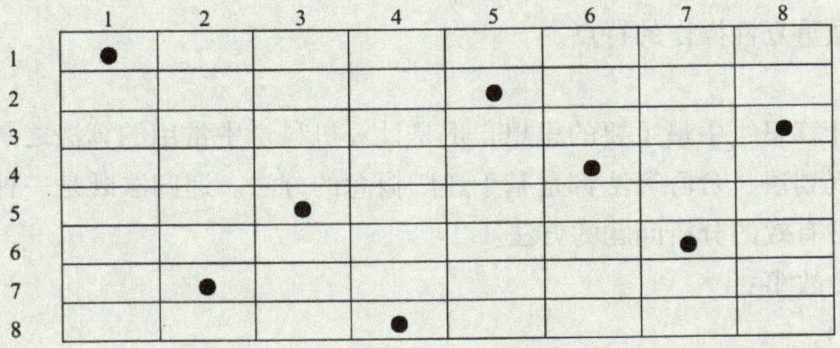

图 5-2　八皇后问题

用回溯法求解的步骤如下。

先对棋盘中的行和列分别用 1～8 进行编号，并以 x_i 表示第 i 行上皇后所在的列数，如 $x_2=5$ 表示第 2 行的皇后位于第 5 列上，它是一个由 8 个坐标值 x_1～x_8 所组成的 8 元组。下面是这个 8 元组解的产生过程。

（1）先令 $x_1=1$。此时 x_1 是 8 元组解中的一个元素，是所求解的一个子集或"部分解"。

（2）决定 x_2。显然 $x_2=1$ 或 2 都不能满足约束条件，x_2 只能从 3～8 中取一个值。暂令 $x_2=3$，这时部分解变为（1，3）。

（3）决定 x_3。这时由于 x_3 为 1～4 都不能满足约束条件，因此 x_3 至少应取 5。令 $x_3=5$，这时部分解变为（1，3，5）。

（4）决定 x_4。这时部分解为（1，3，5），取 $x_4=2$ 可满足约束条件，这时部分解变为（1，3，5，2）。

（5）决定 x_5。这时部分解为（1，3，5，2），取 $x_5=4$ 可满足约束条件，这时部分解变为（1，3，5，2，4）。

（6）决定 x_6。这时部分解为（1，3，5，2，4），若让 x_6 为6、7、8则发现这些值都位于已放置皇后的右斜线上，因此 x_6 暂时无解，只能向 x_5 回溯。

（7）重新决定 x_5。已知部分解为（1，3，5，2），且 x_5=4已证明失败，6、7又都位于已放置皇后的右斜线上，故只能取 x_5=8，这时部分解变为（1，3，5，2，8）。

（8）重新决定 x_6。此时 x_6 的可用列4、6、7都不能满足约束条件，回溯至 x_5 也不再有选择余地，因为 x_5 已经取最大值8，只能向 x_4 回溯。

（8）重新决定 x_4。

……

通过"枚举—试探—失败返回—再枚举试探"的过程，最终得出一个满足所有约束条件的8元组完全解。

3. 递推法

递推法是按照一定的规律来计算序列中的每个项，通常是通过计算前面的一些项来得出序列中指定项的值。

递推法是一种归纳法，其思想是把一个复杂而庞大的计算过程转化为简单过程的多次重复，每次重复都在旧值的基础上递推出新值，并用新值代替旧值。该算法利用了计算机运算速度快、适合做重复性操作的特点。

4. 递归法

递归法是计算思维中最重要的思想，也是计算机科学中常用的算法之一，很多算法，如分治法、动态规划法、贪心算法都是基于递归概念的方法。递归法既是一种有效的算法设计方法，也是一种有效的分析问题的方法。

先来听一个故事：

从前有座山，

山里有个庙，

庙里有个老和尚，

给小和尚讲故事。

故事讲的是：

从前有座山，

山里有个庙，

庙里有个老和尚，

给小和尚讲故事。

故事讲的是：

从前有座山，

山里有个庙，

……

这个故事就是一种语言上的递归，但是计算机科学中的递归不能这样没完没了地重复，即不能无限循环。所以需要注意：计算机中的递归法一定要有一个递归出口，即必须有明确的递归结束条件。

递归法求解问题的基本思想为：对于一个较为复杂的问题，可以把原问题分解成若干个相对简单且类同的子问题，这样较为复杂的原问题就变成了相对简单的子问题；而简单到一定程度的子问题可以直接求解；这样，原问题就可通过递推得到求解。简单地说，递归法就是通过调用自身，只需少量的程序就可通过描述出多次重复计算。

学习用递归解决问题的关键就是找到问题的递归式，也就是用小问题的解来构造大问题的关系式。通过递归式可以知道大问题与小问题之间的关系，从而解决问题。

5. 分治法

任何一个可以用计算机求解的问题所需的计算时间都与其规模有关。问题的规模越小，越容易直接求解，解题所需的计算时间也越少。

例如，对于 n 个元素的排序问题，当 $n=1$ 时，不需任何计算；$n=2$ 时，只要做一次比较即可排好序；$n=3$ 时只要做 3 次比较即可；而当 n 较大时，问题就不那么容易处理了。要想直接解决一个规模较大的问题，有时是相当困难的。

分治法就是把一个复杂的问题分成两个或更多相同或相似的子问题，再把子问题分成更小的子问题，直到子问题可以简单地直接求解，原问题的解即为子问题解的合并。在计算机科学中，分治法是一种很重要的算法，是很多高效算法的基础。

分治法的精髓：分是将问题分解为规模更小的子问题；治是将这些规模更小的子问题逐个击破；合是将已解决的子问题合并，最终得出原问题的解。

适合用分治法解决的问题一般具有以下几个特征。

（1）原问题的规模缩小到一定的程度就可以很容易地解决。

（2）原问题可以分解为若干个规模较小的相同问题，即原问题具有最优子结构性质。

（3）利用原问题分解出的子问题的解可以合并为原问题的解。

（4）原问题所分解出的各个子问题是相互独立的，即子问题之间不包含公共的子问题。

上述的第一条特征是绝大多数问题都可以满足的，因为问题的计算复杂性一般是随着问题规模的增加而增加的；第二条特征是应用分治法的前提，它也是大多数问题可以满足的，此特征反映了递归思想的应用；第三条特征是关键，能否利用分治法取决于问题是否具有第三条特征（如果具备了第一条和第二条特征，而不具备第三条特征，则可以考虑用贪心算法或动态规划法）；第四条特征涉及分治法的效率，如果各子问题是不独立的，则需重复地解公共子问题，此时一般建议选择动态规划法。

根据分治法的分割原则，应将原问题分为多少个子问题才较为适宜呢？各个子问题的规模应如何确定？实践证明，在用分治法设计算法时，最好将一个问题分成大小相等的 k 个子问题。这种使子问题规模大致相等的做法是出自一种平衡子问题的思想，且它通常比子问题规模不等的做法更好。

6. 贪心算法

贪心算法又称为贪婪算法，是用来求解最优化问题的一种算法。它的策略是根据当前已有的信息做出有利的选择，而且一旦做出了选择，不管将来有什么结果，这个选择都不会改变。换言之，贪心算法并不是从整体最优考虑，它所做出的选择只是在某种意义上的局部最优。这种局部最优选择并不总能获得整体最优解，但通常能获得近似最优解。

7. 动态规划法

动态规划法是运筹学的一个分支，是一种用于求解决策过程最优化的数学方法。20世纪50年代初美国数学家Bellman等在研究多阶段决策过程的优化问题时，提出了著名的最优化原理。其把多阶段过程转化为一系列单阶段问题，利用各阶段之间的关系，逐个求解，从而创立了解决这类过程优化问题的新方法——动态规划法。1957年Bellman出版了*Dynamic Programming*，这是该领域的第一本著作。

动态规划法的基本思想与分治法类似，也是将待求解的问题分解为若干个子问题（阶段），按顺序求解子问题，前一子问题的解，为后一子问题的求解提供了有用的信息。在求解任一子问题时，列出各种可能的局部解，通过决策保留那些有可能达到最优的局部解，丢弃其他局部解。依次解决各子问题，最后一个子问题的解就是原问题的解。

由于用动态规划法解决的问题多数有重叠子问题这个特点，为减少重复计算，对每一个子问题只解一次，并将其不同阶段的不同状态保存在一个二维数组中。因此，适合使用动态规划法求解的问题应具备以下两个要素：一是具备最优子结构（如果一个问题的最优解包含子问题的最优解，那么该问题就具有最优子结构）；二是子问题重叠。

动态规划法与分治法的不同之处在于，动态规划法允许这些子问题不独立（即各子问题可包含公共的子问题）。它对每个子问题只解一次，并将结果保存起来，以避免每次碰到时都要重复计算。这是动态规划法效率高的原因之一。

动态规划法在经济管理、生产调度、工程技术和最优控制等方面得到了广泛的应用。

用动态规划法求解问题时一般包括以下4个步骤。

（1）分析最优解的结构，刻画其结构特征。

（2）递归地定义最优解的值。

（3）按自底向上的方式计算最优解的值。

（4）用第（3）步中的计算过程的信息来构造最优解。

三、程序设计语言

（一）程序设计语言的概念

与人类社会使用语言交流相似，如果人要与计算机交流，就必须使用计算机语言。于是人们模仿人类的自然语言，人工设计出一种形式化的语言，即程序设计语言。

传统程序设计语言的基本构成元素包括常量、变量、运算符、内部函数、表达式、语句、自定义过程或函数等。

现代程序设计语言增加了类、对象、消息、事件和方法等。

（二）程序设计语言的分类

自20世纪60年代以来，世界上公布的程序设计语言已有上千种之多，但是只有很小一部分得到了广泛的应用。从发展历程来看，程序设计语言可以分为4代。

1. 机器语言

机器语言（machine language）是用二进制代码表示的计算机能直接识别和执行的一种机器指令的集合。机器语言具有灵活、直接执行和速度快等特点。编程人员需要熟记计算机的全部指令代码的含义，因此机器语言具有难记忆、难编程、易出错等缺点。

2. 汇编语言

汇编语言（assemble language）是为特定计算机或计算机系列设计的。汇编语言用助记符代替操作码，用地址符代替操作数。由于这种"符号化"的做法，因此汇编语言也称为符号语言。用汇编语言编写的程序称为汇编语言"源程序"。汇编语言程序比机器语言程序易读、易检查、易修改，同时又保留了机器语言程序执行速度快、占用存储空间小的优点。汇编语言也是面向机器的一种低级语言，不具备通用性和可移植性。

3. 高级语言

高级语言（high level language）是第 3 代语言（3GL），是由各种有意义的词和数学公式按照一定的语法规则组成的，它更便于阅读、理解和修改，编程效率高。高级语言不是面向机器的，而是面向问题的，与具体机器无关，具有很好的通用性和可移植性。高级语言的种类很多，有面向过程的语言，例如 Fortran、BASIC、Pascal、C 等；有面向对象的语言，例如 C++、Java 等。

不同的高级语言有不同的特点和应用范围。Fortran 语言是 1954 年提出的，是出现得最早的一种高级语言，适用于科学和工程计算；BASIC 语言是初学者的语言，简单易学，人机对话功能强；Pascal 语言是结构化程序语言，适用于教学、科学计算、数据处理和系统软件开发，目前逐步被 C 语言所取代；C 语言程序简练、功能强，适用于系统软件、数值计算、数据处理等，是高级语言中使用较多的语言之一；C++、C# 等面向对象的程序设计语言，给非计算机专业的用户在 Windows 环境下开发软件带来了福音；Java 语言是一种基于 C++ 的跨平台分布式程序设计语言。

4. 非过程化语言

前面讲述的通用语言都是"过程化语言"。编码的时候，要详细描述问题求解的过程，告诉计算机每一步应该"怎样做"。

第 4 代语言（4GL）语言是非过程化的，是面向应用的，只需说明"做什么"，不需描述算法细节。目前的 4GL 语言有：查询语言（比如数据库查询语言 SQL）和报表生成器；NATURAL、FOXPRO、MANTIS、IDEAL、CSP、DMS、INFO、LINC、FORMAL 等应用生成器；Z、NPL、SPECINT 等形式规格说明语言等。这些具有 4GL 特征的软件工具产品具有缩短应用开发过程、降低维护成本、最大限度地减少调试中出现的问题等优点。

（三）语言处理程序

程序设计语言能够把算法翻译成机器能够理解的可执行程序。这里把计算机不能直接执行的非机器语言源程序翻译成能直接执行的机器语言的语言翻译程序称为语言处理程序。

1. 源程序

用各种程序设计语言编写的程序称为源程序，计算机不能直接识别和执行。

2. 目标程序

源程序必须由相应的汇编程序或编译程序翻译成机器能够识别的机器指令代码后，计算机才能执行，这正是语言处理程序所要完成的任务。翻译后的机器语言程序称为目标程序。

3. 汇编程序

将汇编语言源程序翻译成机器语言程序的翻译程序称为汇编程序，如图 5-3 所示。

4. 编译方式和解释方式

编译方式是将高级语言源程序通过编译程序翻译成机器语言目标代码，如图 5-4 所示；解释方式是对高级语言源程序进行逐句解释，解释一句就执行一句，但不产生机器语言目标代码。例如 BASIC 语言大都是按这种方式处理的，大部分高级语言都采用编译方式。

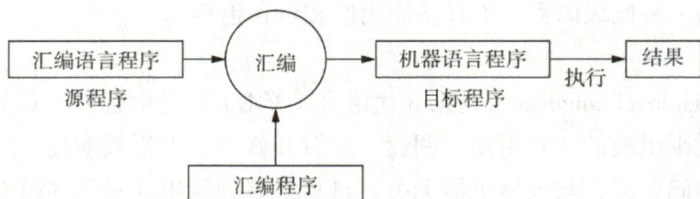

图 5-3　汇编过程

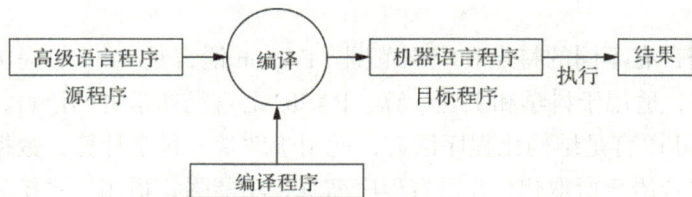

图 5-4　编译过程

任务三　程序流程图

【任务描述】

本任务要求了解流程图的基本概念和应用；掌握算法设计的基本方法与应用，熟悉根据流程图判断算法功能、得出算法结果的方法。

【知识讲解】

一、流程图概念与应用

流程图是描述算法的常用工具，采用一些图框、线条以及文字说明来形象、直观地描述算法处理过程。美国国家标准化协会（American National Standard Institute，ANSI）规定了一些常用的流程图符号，如表 5-1 所示。

扫一扫

流程图

对于十分复杂难解的问题，框图可以画得粗略、抽象一些，首先表达出要解决问题的轮廓，然后再细化。流程图也存在缺点：使设计人员过早考虑算法控制流程，而不去考虑全局结构，不利于逐步求精；随意性太强，结构化不明显；不易表示数据结构；层次感不明显。

表 5-1　流程图的常用符号

符号名称	图形	功能
起止框		表示算法的开始和结束
输入输出框		表示算法的输入输出操作
处理框		表示算法中的各种处理操作
判断框		表示算法中的条件判断操作
流程线		表示算法执行方向
连接点		表示流程图的延续

如前面例题 5-4 已知圆半径，计算圆的面积。用流程图表示的算法如图 5-5 所示。

【例题 5-5】　计算 $1+2+3+\cdots+n$ 的值，n 由键盘输入。

分析：这是一个累加的过程，每次循环累加一个整数值，整数的取值范围为 $1 \sim n$，需要使用循环。

用流程图表示的算法如图 5-6 所示。

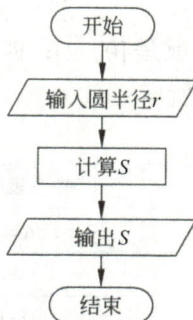

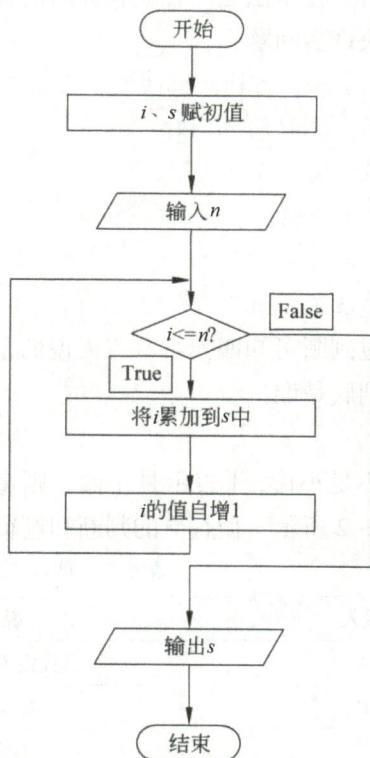

图 5-5　用流程图表示的例题 5-4 的算法　　图 5-6　用流程图表示的累加算法

知识链接

累加法和累乘法是两种常用的数学计算方法，分别用于求一系列数字的和与积。它们的计算步骤相对简单，适用于处理大量数据的求和与求积问题。累加法和累乘法在实际问题中被广泛应用，如统计销售额、计算增长率等。此外，累加法和累乘法在编程中也常用来计算数组中元素的总和和乘积。

二、算法设计的基本方法与应用

应用计算机解决实际问题，首先要进行算法设计。对于初学者可能感觉无从下手，的确很多算法是前人花费了很多时间的经验总结。人们通过长期的研究开发工作已经总结了一些基本的算法设计方法。前面我们也介绍了常用的算法设计策略，如枚举法、回溯法、递推法、分治法、贪心算法和动态规划法等。这里列出几种相对简单而典型的算法，读者可用程序设计语言编写代码并通过上机调试来验证。

（一）枚举法

枚举法亦称穷举法或试凑法。它的基本思想是采用搜索的方法，根据题目的部分条件确定答案的大致搜索范围，然后在此范围内对所有可能的情况逐一验证，直到所有情况验证完。若某个情况符合题目的条件，则为本题的一个答案；若全部情况验证完后均不符合题目的条件，则问题无解。枚举法是一种比较耗时的算法，其利用的是计算机快速运算的特点。用枚举的思想可解决许多问题。

【例题5-6】 利用计算机破案。某天晚上，张三家里被盗，侦查过程中发现 A、B、C、D 四人到过现场。在讯问他们时：

A 说："我没有偷东西。"

B 说："C 是小偷。"

C 说："小偷是 D。"

D 说："C 在冤枉好人。"

侦查员经过判断可知四人中有三人说的是真话，一人说的是假话，四人中有且只有一人是小偷，小偷到底是谁？

1. 分析

用 0 表示不是小偷，1 表示是小偷，则每个人的取值范围就是 [0，1]；四人说的话和关系表达式如表 5-2 所示，侦查员的判断和逻辑表达式如表 5-3 所示。

表 5-2 四人说的话和关系表达式

四人	说的话	关系表达式
A	我没有偷东西	A=0
B	C 是小偷	C=1
C	小偷是 D	D=1
D	C 在冤枉好人	D=0

表 5-3　侦查员的判断和逻辑表达式

侦查员的判断	逻辑表达式
四人中有三人说的是真话	（A=0）+（C=1）+（D=1）+（D=0）=3
四人中有且只有一人是小偷	A+B+C+D=1

2. 算法分析

在每个人的取值范围 [0，1] 的所有可能中进行搜索，如果表 5-2 的组合条件同时满足，即为凶手。

3. 伪代码

```
For A=0 To 1
  For B=0 To 1
    For C=0 To 1
      For D=0 To 1
        If((A=0))+(C=1)+(D=1)+(D=0))=3 And(A+B+C+D=1)    // 要同时满足
          Print A，B，C，D        //输出的值是 1 的为小偷，结果显示 C 为 1，
                                    即 C 是小偷
```

【例题 5-7】　某专业期末考 A、B、C 3 门课程，考试安排在周一到周六。排考的顺序规则为：先考 A，后考 B，最后考 C。为减轻学生负担，一天只考一门课程。为防止学生过早离校，最后一场考试只能安排在周五或周六，请列出所有可行的方案。

分析：解决该问题的关键是根据安排日期的规定，每门课程的搜索日期范围不同。一旦设置好搜索范围，后续的逻辑判断就会变得较为简单。

相应的伪代码如下。

```
For A=1 To 4
  For B=A+1 To 5        //B 课程总比 A 晚考
    For C=5 To 6        //C 最早周五考
      If（B<C）          // 排除 B=C 的情况，不能在同一天考
        Print A，B，C    //输出的值是 A、B、C 分别安排在考试周的星期几
```

从以上两道例题可知，枚举法能有效解决问题的关键在于以下 3 点。

（1）确定搜索的范围，尽量不遗漏但又避免出现问题求解以外的范围。

（2）确定满足的条件，把所有可能的条件一一罗列。

（3）用枚举法解决问题时效率不高，因此，为提高效率，应根据问题的情况，尽量减少内循环层数或每层循环的次数。

（二）递推法

递推法又称迭代法，是利用问题本身所具有的某种递推关系求解问题的一种方法。其基

本思想是从初始值出发，通过归纳新值与旧值之间的递推关系式，将复杂的计算过程拆解为简单操作的多次重复。每次迭代均基于旧值推导出新值，并以新值更新旧值，直至得到最终结果。

【例题5-8】 利用迭代法求高次方程$x=\sqrt[3]{a}$的根的近似解，精度ε为10^{-5}，迭代公式为$x_{i+1}=\frac{2}{3}x_i+\frac{a}{3x_i^2}$。

算法步骤如下。

（1）选择方程的近似根作为初值赋值给x_1。

（2）将x_1的值保存于x_0，通过迭代公式求得新近似根x_1。

（3）若x_1与x_0的差的绝对值大于指定的精度ε，继续执行第（2）步；否则x_1就是方程的近似解。

算法流程图如图5-7所示。算法伪代码请读者自行设计。

（三）排序

在日常生活和工作中，许多问题的处理过程依赖于数据的有序性，例如考试成绩的排序。把无序数据整理成有序数据就是排序。排序是计算机程序中经常要用到的基本算法。下面主要介绍常用的选择排序和冒泡排序。

图5-7 用迭代法求解【例题5-8】

在数学中同类数据可用a_0，a_1，a_2，…，a_{n-1}来表示，在计算机中则是存放在数组a[n]中，每个元素分别为a[0]，a[1]，a[2]，…，a[n−1]，用下标0，1，2，…，n−1来标识数组中不同的数，下标变量a[0]，a[1]，a[2]，…，a[n−1]表示每个元素存放的数值。

1. 选择排序

选择排序是较简单且易于理解的算法，基本方法是每次在无序数中找到最小（递增）数的下标，然后将其存放在无序数的第一个位置。假定序列中有n个数，要求按递增的次序排序，其排序算法如下。

（1）从n个数中找出最小数的下标，一轮比较结束后，最小数与第1个数交换位置。通过这一轮排序，第1个数已确定好。

（2）在余下的$n-1$个数中再按步骤（1）的方法选出最小数的下标，最小数与第2个数交换位置。

（3）依此类推，重复步骤（2），即可得出递增序列。

【例题5-9】 对已知的6个数（n=6），排序的过程如图5-8所示。其中右边数据中有双下划线的数表示每一轮找到的最小数的下标位置，与要排序序列中的最左边有单下划线的数交换后的结果。

图5-8 选择排序过程示意图

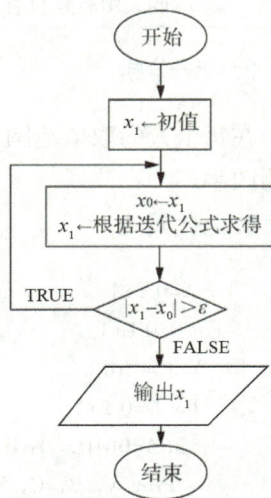

相应的伪代码如下。

```
For i=0 To n-2              //n 个数进行 n-1 轮比较
{
  min ← i                  // 每一轮内，假定当前下标 i 对应的元素为这一轮初始的最小值
  For j =i+1 To n-1
   If a[j] <a [min]
    min ← j                // 下一个元素值小，替换 min
  a[i] 元素与 a[min] 元素交换     // 一轮结束后，将最小的元素放在 a[i] 的位置
}
```

2. 冒泡排序

冒泡排序与选择排序相似，选择排序要求在每一轮中寻找最值小（递增次序）的下标，然后与应放位置的数交换位置；而冒泡排序则是在每一轮排序时将相邻两个数组的元素进行比较，次序不对时立即交换位置，一轮比较结束小数上浮，大数沉底。有 n 个数则进行 $n-1$ 轮上述操作。

【例题 5-10】　假定 a 数组有 n 个数，要求用冒泡排序算法按递增的次序排序，步骤如下。

（1）从第一个元素开始，对数组中两两相邻的元素进行比较，即 a[0] 与 a[1] 比。若为逆序，则 a[0] 与 a[1] 交换，然后 a[1] 与 a[2] 比较，直到 a[n-2] 与 a[n-1] 比较，这时一轮比较完毕，一个最大的数"沉底"，成为数组中的最后一个元素 a[n-1]，一些较小的数如同气泡一样"上浮"。

（2）对 a[0]~a[n-2] 的 $n-1$ 个数进行与步骤（1）相同的操作，将次大值放入 a[n-2] 元素内，完成第二轮排序。依此类推，进行 $n-1$ 轮排序后，整个数组将按升序排列。排序过程如图 5-9 所示。

						原始数据	8 6 9 2 3 7
a[0]	a[1]	a[2]	a[3]	a[4]	a[5]	第1轮比较	6 8 2 3 7 9
a[0]	a[1]	a[2]	a[3]	a[4]		第2轮比较	6 2 3 7 8 9
a[0]	a[1]	a[2]	a[3]			第3轮比较	2 3 6 7 8 9
a[0]	a[1]	a[2]				第4轮比较	2 3 6 7 8 9
a[0]	a[1]					第5轮比较	2 3 6 7 8 9

图 5-9　冒泡排序过程示意图

相应的伪代码如下。

```
For i=0 To n-2            //n 个数进行 n-1 轮比较
 For j =0 To n-2-i        // 每一轮内
  If a[j] >a[j+1]         // 若相邻两个次序不对
   a[j] 与 a[j+1] 元素交换    // 则交换位置，小数上浮，大数下沉
```

选择排序和冒泡排序的共同点和不同点如下。

（1）共同点。每一轮比较仅使得一个数确定了其在数组中的位置，若有 n 个数，则要进行 $n-1$ 轮比较。

（2）不同点。选择排序在每一轮比较中是为了找出最小位置的下标，一轮比较结束后交换位置。冒泡排序在每一轮中是进行两两比较，次序不对就交换位置，花费时间略多一点。

【优化问题】从图 5-10 可以看到，第 3 轮比较结束后，实际数组已完成排序，后面两轮比较是多余的。如何让计算机判断数组已完成排序呢？解决办法是增加一个逻辑变量，在每一轮进行比较前设置其初值为 TRUE，若在比较中发生了交换，则将其值变为 FALSE

相应的伪代码如下。

```
For i= 0 To n–2            //n 个数进行 n–1 轮比较
{
    noswap ← true
    For j =0 To n–2–i              // 每一轮内
        If a[j] >a[j+1]            // 若相邻两个次序不对
        {
            a[j] 与 [a+1] 元素交换       // 交换位置，小数上浮，大数下沉
            noswap ← false           // 一旦交换过，noswap 设置为 false
        }
        If noswap 数据已经有序提前结束   // 一轮比较结束，根据 noswap 值判断数据排序否
}
```

（四）查找

查找在日常生活中经常遇到，利用计算机快速运算的特点，可方便地实现查找。查找的方法有很多种，对不同的数据结构有对应的方法。例如对无序数据，用顺序查找；对有序数据，采用二分法查找；对某些复杂的结构，可用树形查找方法。

【例题 5-11】 以存放在 a[1·n] 数组中的数据为例，查找某个指定的关键值 key，找出与其值相同的元素的下标。下面介绍顺序查找和二分法查找。

1. 顺序查找

顺序查找很简单，即将关键值与数组中的元素逐一进行比较。用顺序查找法时，不要求数组中的数有序，查找效率比较低。有 n 个数的数组平均查找次数为（$n+1$）/2。顺序查找的流程图如图 5-10 所示。算法伪代码请读者自行设计。

2. 二分法查找

二分法查找是在数据量很大时采用的一种高效查找法。采用二分法查找时，数据必须是有序的。假设数组是递增有序的。实现的方法是已知查找区间的下界 low、上

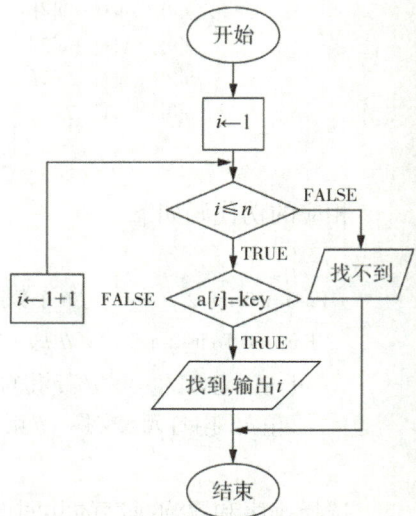

图 5-10 顺序查找流程图

界 high，当 high ≥ low 时，中间项 mid=（low+high）/2。key 值与中间项 a[mid] 进行比较时，有以下 3 种情况。

$$
\begin{cases}
\text{key} > \text{a[mid]}，则 \text{low=mid+1}，后半部分作为继续查找的区域 \\
\text{key} < \text{a[mid]}，则 \text{high=mid-1}，前半部分作为继续查找的区域 \\
\text{key=a[mid]}，则查找成功，结束查找
\end{cases}
$$

这样每次查找区间可缩小一半，直到找到 key 值或者区间内没有要查找的值。

假设有一组有序数 a[n]（n=11），要查找的数 key 为 21。其查找过程如图 5-11 所示，流程图如图 5-12 所示。

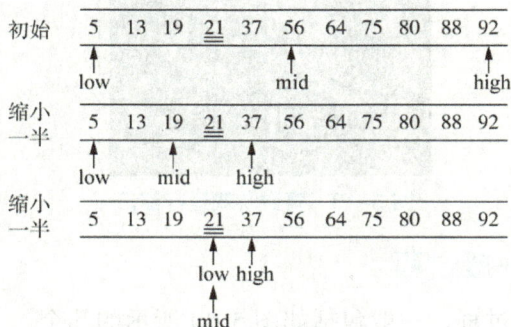

图 5-11　二分法查找示意图

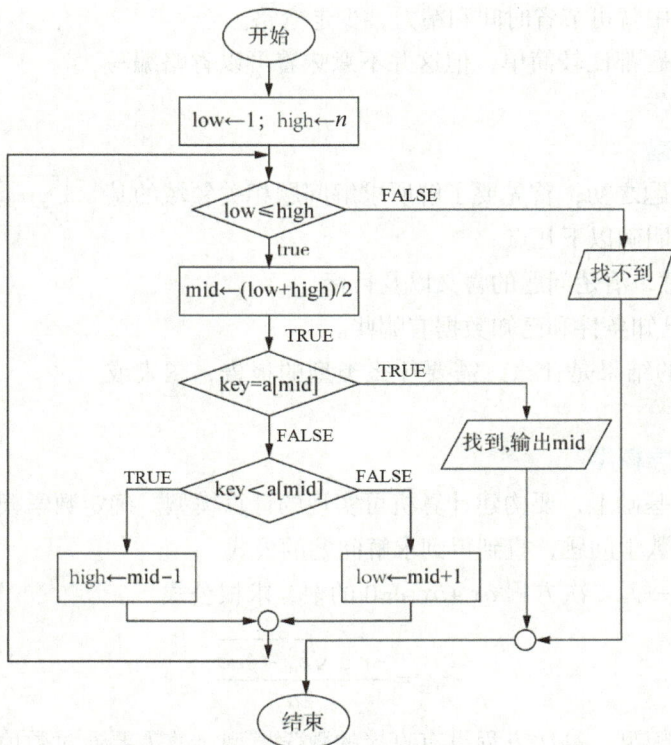

图 5-12　二分法查找流程图

从上述内容可以看出，对于有 n 个元素的数据序列，用顺序查找法查找某值时平均花费的时间为 $t=\dfrac{n+1}{2}$；用二分法查找时平均花费的时间为 $t=\log_2 n$。

【例题 5-12】 利用二分法查找，设计人与计算机的猜数游戏。由计算机随机生成一个 [1，100] 内的任意整数 key，让用户猜这个数。用户输入一个数 x 后，计算机根据以下 3 种情况 $x>key$（太大）、$x<key$（太小）、$x=key$（成功）给出提示。若猜中则结束游戏；但如果 6 次后还没有猜中也会结束游戏并公布正确答案。运行窗口如图 5-13 所示，请读者自行设计算法。

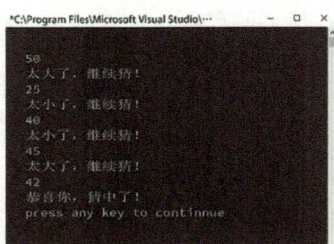

图 5-13　猜数游戏运行窗口

三、程序设计的一般过程

编写程序解决问题的过程，一般包括如图 5-14 所示的几个步骤。在处理过程中，每个步骤都是很重要的。前两个步骤做好了，那么在后面的步骤中就可节省时间和精力，少走弯路。

本书涉及的问题都比较简单，但这并不意味着可以省略编写代码之前的准备工作。

（一）分析问题

在开始解决问题之初，首先要了解所求解问题相关领域的基本知识，并理解和明确以下几点。

（1）分析题意，清楚问题的含义以及目标。

（2）问题的已知条件和已知数据有哪些。

（3）要求解的结果是什么，需要什么类型的报告、图表或信息。

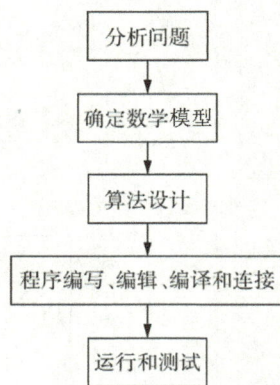

图 5-14　程序设计步骤

（二）确定数学模型

在分析问题的基础上，要构建计算机可实现的计算模型。确定数学模型就是把实际问题直接或间接转化为数学问题，直到得到求解问题的公式。

例如，对求解一元二次方程 $ax^2+bx+c=0$ 的根，求根公式

$$x_{1,2}=\frac{-b\pm\sqrt{b^2-4ac}}{2a}$$

就是解本题的数学模型。高次方程没有直接的数学模型，故需要通过数值模拟的方法求得方程的近似解。

建模是计算机解题的难点，也是计算机解题成功的关键。

（三）算法设计

算法是求解问题的方法和步骤，设计从给定的输入到期望的输出的处理步骤。学习程序设计最重要的是学习算法思想，掌握常用算法并能自己设计算法。

求解一元二次方程根的算法如下。

（1）输入方程的 3 个系数 a、b、c。

（2）根据判别式值的 3 种情况（< 0、$=0$、> 0），做出求解结果的判断和处理。

（3）输出结果。

对于求解大问题、复杂问题，需要将其分解成若干个小问题，每个小问题将作为程序设计的一个功能模块。算法是某个具体模块功能的实现方法和步骤，是对问题处理过程的进一步细化。

例如，计算机基础教学网站的功能结构图如图 5-15 所示。

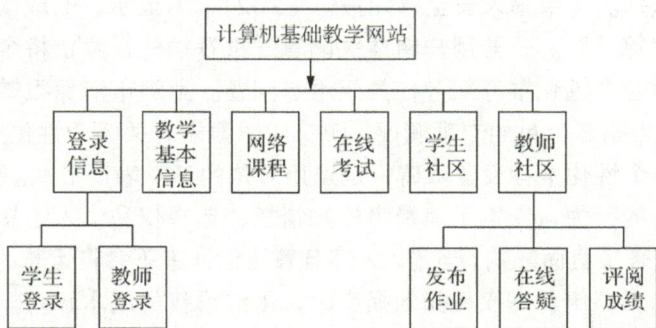

图 5-15　计算机基础教学网站的功能结构图

（四）程序编写、编辑、编译和连接

编写程序代码时，首先要选择编程语言，然后按照算法并根据语言的语法规则写出源程序。

当然，计算机是不能直接执行源程序的，在编译方式下必须通过编译程序将源程序翻译成目标程序，这期间编译器会对源程序进行语法和逻辑结构的检查。这是一个不断重复进行的过程，需要有耐心和毅力，还需要有调试程序的经验。

生成的目标程序还不能立即被执行，还需通过连接程序将目标程序和程序中所需的系统中固有的目标程序模块（如调用的标准函数、执行输入输出操作的模块）进行链接，最终生成可执行文件。

（五）运行和测试

程序运行后得到计算结果。但要知道，数学公式是在公理和定理的前提下依照严密的逻辑推理得到的，所以数学公式的正确性是不容置疑的，而程序是由人设计的。但是如何保证程序的正确性，如何证明和验证程序的正确性是一个极为困难的问题，比较实用的方法就是测试。

测试的目的是找出程序中的错误。测试是以程序通过编译，以及没有语法和连接上的错误为前提的。在此基础上，通过让程序试运行一组数据，检查程序是否会产生预期结果。这组测试数据应是以任何程序都可能产生有错误为前提精心设计出来的，称为测试用例。

例如，对求解一元二次方程 $ax^2+bx+c=0$ 的根，测试用例可分别考虑当为

$$a=0、b=0、c=0、b^2-4ac \geq 0、b^2-4ac <0$$

等各种特殊情况时，对应输入 a、b、c 的值，并观察程序运行的结果。

课程思政

加强共治，规范算法应用发展

近年来，算法的广泛运用让用户需求和产品、服务得以快速精确匹配，大大降低了信息传播和获取的成本，提升了用户的消费体验。无论是看新闻、刷视频，还是线上购物、外出就餐，互联网平台个性化推荐日益影响着用户的日常生活。同时，也有一些平台滥用算法，造成"信息茧房""大数据杀熟""诱导沉迷"等问题。

为了实现个性化推荐的精准高效，平台需要借助算法收集处理用户的个人信息，实现对用户的跟踪识别。《中国大安全感知报告（2021）》显示，七成受访者担心个人喜好与兴趣被算法"算计"。一些用户希望关闭算法推荐功能，停止将个人信息分享给平台使用。然而，平台个性化推荐却存在关闭难等问题。上海市消保委曾对消费者常用的10 个 APP 开展了为期 8 个月的专项测评，测评结果显示，关闭个性化推荐最多需 7 步。平台为消费者关闭个性化推荐设置障碍，是滥用算法的又一表现形式。

类似滥用算法的行为，侵害了消费者的知情权、选择权和个人信息权益，也给网络空间的传播秩序带来了负面影响。当前，大部分算法设计者不会将运算的细节公之于众。由于未掌握相关信息，用户在权益受到损害时，依法维权的成本较高。此外，算法推荐技术每一次根据用户行为数据进行的特定推荐，无不隐藏着平台的价值判断。一旦算法的设计与应用失当，个体在认知判断、行为决策以及价值取向等多个方面，很可能会受到单一算法的不良影响。因此，算法规制不能仅靠平台自觉，还需建立全方位监督体系，更好保护用户权益。

从实施个人信息保护法，到公布《网络数据安全管理条例(征求意见稿)》，再到制定《互联网信息服务算法推荐管理规定》……针对算法滥用乱象，我国先后出台并完善有关制度，加强相关领域的规范。监管部门及时推出政策举措，也强化了针对算法乱象的整治。2022 年 4 月，中央网信办牵头开展"清朗·2022 年算法综合治理"专项行动，推动算法综合治理工作常态化和规范化。事实证明，运用法治方法规范算法应用，引导算法向上向善，才能共同营造清朗安全的网络空间。

算法内容专业性较高、技术更新速度快等特点，决定了算法治理是一项长期工作，需要汇聚合力。监管部门应加强事中、事后的过程监管，依法严厉打击相关违法违规行为，增强网络执法威慑力。企业应落实主体责任，为用户提供良好的、更具安全感的使用体验。比如，有的信息聚合平台为了避免用户陷入"信息茧房"，不断优化推荐机制、提高内容推荐的多样性，扩大信息覆盖面；多家互联网平台企业签署承诺书，承诺不非法收集、使用消费者个人信息，不利用数据优势"杀熟"。如果用户选择关闭个性化推荐服务，企业也不妨探索采用其他方式为用户提供优质信息。

随着人工智能技术的快速发展，算法正深度嵌入人们的日常生活。可以预见，通过建章立制、强化监管、鼓励自律等，算法应用及相关行业将会迎来更健康与可持续的发展。凝聚众智、加强共治，着力规范算法应用与发展，算法技术必将为推动高质量发展提供新助力。

（来源：《人民日报》有改动）

思考练习

一、选择题

1. 关于计算思维，下面说法错误的是（　　　）。

A. 周以真教授在美国计算机权威杂志 *Communication of the ACM* 上定义并发表了计算思维（computational thinking）

B. 计算思维就是计算机科学解决问题的思维

C. 计算思维是属于计算机科学家的思维

D. 计算思维成为人们认识和解决问题的基本能力之一

2. （　　　）具有非常鲜明的计算机科学特征。

A. 逻辑思维　　　　　　B. 算法思维　　　　　　C. 网络思维　　　　　　D. 系统思维

3. 程序的核心是（　　　）。

A. 计算　　　　　　　　B. 计算思维　　　　　　C. 算法　　　　　　　　D 程序设计

4. 人类应具备的三大思维能力是（　　　）。

A. 抽象思维、逻辑思维、形象思维　　　　　　B. 实验思维、理论思维、计算思维

C. 逆向思维、演绎思维、发散思维　　　　　　D. 计算思维、理论思维、辩证思维

5. "人"计算和"机器"计算有什么差异（　　　）。

A. "人"计算宁愿使用复杂的计算规则，以便减少计算量并获取结果

B. "机器"计算需使用简单的计算规则，以便能够做出执行这些规则的机器

C. "机器"计算的计算规则可能很简单，但计算量却大，机器仍然能够完成

D. 以上说法都正确

6. 下列叙述中正确的是（　　　）。

A. 算法的复杂度包括时间复杂度与空间复杂度

B. 算法的复杂度是指算法控制结构的复杂程度

C. 算法的复杂度是指算法程序中指令的数量

D. 算法的复杂度是指算法所处理的数据量

7. 下面属于良好程序设计风格的是（　　　）。

A. 源程序文档化　　　　　　　　　　　　B. 程序效率第一

C. 随意使用无条件转移语句　　　　　　　D. 程序输入输出的随意性

8. 计算机语言发展大致经历了机器语言、汇编语言和高级语言阶段。可以被计算机直接执行的语言是_____语言，Java语言属于_____语言。下列选项正确的是（　　　）。

A. 机器；高级　　　　B. 高级；机器　　　　C. 高级；汇编　　　　D. 汇编；高级

9. 计算机在执行高级语言程序时，翻译成机器语言并立即执行的程序是（　　　）。

A. 高级程序　　　　B. 编译程序　　　　C. 解释程序　　　　D. 汇编程序

10. 使用机器语言编程时，程序代码是（　　　）。

A. 二进制　　　　B. 十进制　　　　C. 八进制　　　　D. 十六进制

11. 高级语言更接近自然语言，并不特指某种语言；也不依赖特定的计算机系统，因而更容易掌握和使用，通用性也更好。以下不属于高级语言的是（　　　）。

A.Java语言　　　　B.Python语言　　　　C. 汇编语言　　　　D.VB语言

12. 下列选项中不属于计算机程序设计语言分类的是（　　　）。

A. 机器语言　　　　B. 汇编语言　　　　C. 高级语言　　　　D. 自然语言

13. 下面关于"对象"概念的描述正确的是（　　　）。

A. 属性就是对象　　　　　　　　　　B. 操作是对象的动态属性

C. 任何对象都必须有继承性　　　　　D. 对象是对象名和方法的封装体

14. 某公园对8岁及以下的儿童和70岁及以上的老人免票，如果年龄变量用age来表示，那么以下语句正确的是（　　　）。

A.if age<=8:　　　　　　　　　　　B.if age<=8 or age>=70:

C.if age<=8 and age>=70:　　　　　D.if age>=70:

15. 数据量很大时可采用的一种高效查找法是（　　　）。

A. 顺序查找　　　　　　　　　　　　B. 二分法查找

C. 树形查找　　　　　　　　　　　　D. 以上查找方法一起用

二、填空题

1. 计算可以分为_____和_____两类。

2. 计算思维的本质是_____和_____。

3. _____具有非常鲜明的计算机科学特征。

4. 从发展历程来看，程序设计语言可以分为_____、_____、_____和非过程化语言。

5. _____语言也叫编程语言。

6. 机器语言直接使用_____代码表示指令。

7. 第一个广泛应用的高级语言是_____语言。

8. 布尔型数据只有_____和False两种值。

9. _____是用介于自然语言和计算机语言之间的文字和符号来描述算法的工具。

10. 由于绘制流程图较费时，自然语言易产生歧义性和难以清楚地表达算法的逻辑流程等缺陷，因而采用_____。

三、简答题

1. 什么是计算思维？计算思维有哪些特性？

2. 什么是算法？算法的表示形式有几种？

3. 常用的算法设计策略有哪些？

4. 简述程序设计的一般过程。

四、操作题

1. 下面的算法用于实现输入两个数并显示出其中的较大数，请用流程图表示。

（1）输入 A，B 两个数；

（2）比较这两个数，判断哪个数更大，将较大数放入变量 BIG 中；

（3）显示较大数。

2. 分别用伪代码和流程图编写一个算法，要求输入 10 个数，并显示每个数及其平方数。

项目六

数据库技术

项目概述

　　数据库技术产生于 20 世纪 60 年代，是数据管理的核心技术。数据库技术是计算机科学与技术的重要分支，是计算机科学与技术中发展最快的领域之一，也是应用最广的技术之一，它极大地促进了计算机应用向各行各业的渗透。今天大数据应用、云计算技术的迅猛发展，更加凸显出数据库技术的重要性。因此，为了充分有效地管理和利用各类信息资源，提升科学研究和决策管理的水平和能力，作为当代大学生，都应该具备一定的数据库基础知识。

学习目标

◆ 知识目标

1. 掌握数据库的相关概念。
2. 了解数据管理技术的产生和发展。
3. 熟悉数据模型及其分类。
4. 了解关系数据库及其应用。
5. 熟悉数据建模过程。

◆ 能力目标

1. 会用 E-R 图绘制概念模型。
2. 能把 E-R 图转换为关系模型。

◆ 素质目标

1. 增强文化自信，助推国产软件高质量发展。
2. 培养科技强国的意识和信念。

任务一　数据库概念

【任务描述】

本任务要求掌握数据库系统的基本概念，了解数据管理技术的发展历史，熟悉数据库系统的组成和数据模型的分类。

【知识讲解】

一、数据库的相关概念

数据、数据库、数据库管理系统和数据库系统，是与数据库技术密切相关的4个基本概念。

（一）数据

数据（data）是数据库中存储的基本对象。对于数据，大多数人的第一个反应就是数字，例如93、1000、99.5、–330.86、¥6880、$726等。其实数字只是最常见的一种数据，是对数据的一种传统和狭义的理解。广义的理解认为数据的种类很多，例如文本（text）、图形（graph）、图像（image）、音频（audio）、视频（video）、互联网上的博客、微信中的聊天记录、学生的档案记录、个人的网购记录、医院的病人病历等都是数据。

为了认识世界、传递知识，人们需要描述事物。可以对数据做如下定义：描述事物的符号记录称为数据。描述事物的符号可以是数字，也可以是文字、图形、图像、音频、视频等。数据有多种表现形式，它们都可以经过数字化后存入计算机中。

在现代计算机系统中数据的概念是广义的。早期的计算机系统主要用于科学计算，处理的数据是数值型数据，如整数、实数、浮点数等。现在的计算机存储和处理的对象十分广泛，用于表示这些对象的数据也随之变得越来越复杂。

数据的表现形式需要结合解释才能被完全理解，数据和关于数据的解释是不可分的。例如，93是一个数据，它可以是一个学生某门课程的考试成绩，也可以是某个人的体重，还可以是计算机科学与技术专业2018级的学生人数。数据的解释是指对数据含义的说明，数据的含义称为数据的语义，数据与其语义是不可分的。

在日常生活中，人们可以直接用自然语言（如汉语）描述事物。例如，可以这样描述某校一个计算机科学与技术专业学生的基本情况：学号为20180002、姓名为刘××的女生，1999年9月1日出生，计算机科学与技术专业学生。在计算机中则常用如下的形式描述：

（20180002，刘××，女，1999–09–01，计算机科学与技术）

即把学生的学号、姓名、性别、出生日期、主修专业等组织在一起，构成一条记录。这里的学生记录就是描述学生的数据，这样的数据是有结构的。记录是计算机中表示和存储数据的一种格式或一种方法。

（二）数据库

数据库（database，DB），顾名思义，是存放数据的仓库。只不过这个仓库是在计算机存储设备上，而且数据是按一定的格式存放的。

人们采集一个应用所需要的大量数据之后，应将其保存起来以供进一步加工处理，并从中抽取有用信息。在数据采集手段越来越方便的今天，数据量急剧增加，过去人们把数据存放在文件柜里，现在将其存储在数据库中是最佳选择。借助数据库技术保存和管理大量复杂的数据，可以充分地利用这些宝贵的信息资源。

什么是数据库

所谓数据库，就是长期存储在计算机内有组织、可共享的大量数据的集合。数据库中的数据按一定的数据模型组织、描述和存储，具有较小的数据冗余（data redundancy）、较高的数据独立性（data independence）和可扩展性（extensibility），并可共享。

（三）数据库管理系统

数据库管理系统（DBMS）是位于用户与操作系统之间的数据管理软件。它和操作系统一样是计算机的基础软件，也是一种大型且复杂的软件系统。它的主要功能包括以下几个方面。

1. 数据定义功能

数据库管理系统提供数据定义语言（data definition language，DDL），用户通过它可以方便地对存储在数据库中的数据对象的组成与结构进行定义。

2. 数据组织、存储和管理功能

数据库管理系统要分类组织、存储和管理各种数据，包括数据字典、用户数据、数据存取路径等。要确定以何种文件结构和存取方式在存储器上组织这些数据，以及如何实现数据之间的联系。数据组织和存储的基本目标是提高存储空间利用率和方便存取，可提供多种存取方法（如索引查找、哈希查找、顺序查找等）来提高存取效率。

3. 数据操纵功能

数据库管理系统还提供数据操纵语言（data manipulation language，DML），用户可以用它操纵数据，实现对数据库的基本操作，如查询、插入、删除和修改等。

4. 数据库的事务管理和运行管理功能

数据库在建立、运行和维护时由数据库管理系统统一管理和控制，以保证事务的正确运行、数据的安全性与完整性、多用户对数据的并发使用以及发生故障后的系统恢复。

5. 数据库的建立和维护功能

数据库的建立和维护功能包括数据库初始数据的输入和转换功能，数据库的转储和恢复功能，数据库的重组、性能监视和数据分析等功能。这些功能通常是由一些实用程序或管理工具完成的。

6. 其他功能

另外，还包括数据库管理系统与网络中其他软件系统的通信功能、一个数据库管理系统与另一个数据库管理系统或文件系统的数据转换功能、异构数据库之间的互访和互操作功能等。

（四）数据库系统

数据库系统（database system，DBS）是指引入数据库后的计算机系统，一般是指由数据库、数据库管理系统（及其应用开发工具）、应用系统和数据库管理员（database administrator，DBA）组成的存储、管理、处理和维护数据的系统。应当指出的是，数据库的建立、使用和维护等工作只靠一个数据库管理系统远远不够，还要有专门的人员来完成，这些人被称为数据库管理员。

数据库系统可以用图 6-1 表示。其中数据库提供数据的存储功能，数据库管理系统提供数据的组织、存取、管理和维护等基础功能，应用系统根据应用需求使用数据库，数据库管理员负责数据库管理系统的运行。图 6-2 是引入数据库管理系统后计算机系统的层次结构。

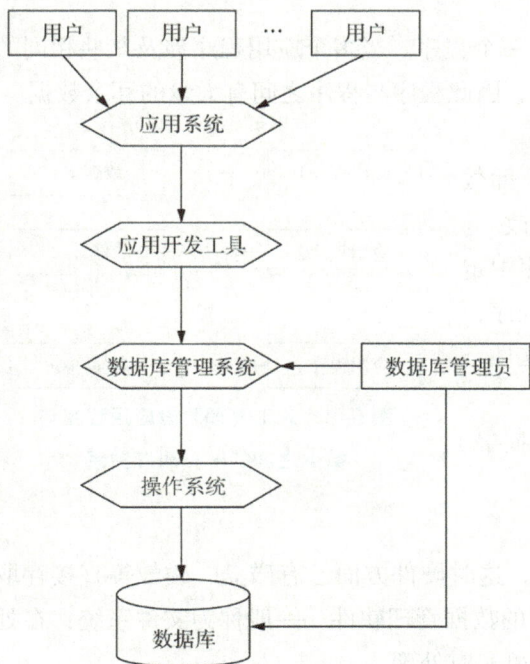

图 6-1　数据库系统　　　　　图 6-2　引入数据库管理系统后计算机系统的层次结构

在不引起混淆的情况下，人们常常把数据库系统简称为数据库。

二、数据管理技术的产生和发展

数据管理技术是为满足数据管理任务的需要而产生的。数据管理是指对数据进行分类、组织、编码、存储、检索和维护，它是数据处理的中心问题。数据处理是指对各种数据进行收集、存储、加工和传播的一系列活动的集合。

在应用需求的推动下，在计算机硬件、软件发展的基础上，数据管理技术经历了人工管理、文件系统、数据库系统三个阶段。

（一）人工管理阶段

20 世纪 40 年代中期至 50 年代中期，计算机主要用于科学计算。当时的硬件状况是外存只有纸带、卡片、磁带，没有磁盘等直接存取存储设备；软件状况是没有操作系统，没有管理数据的专门软件；数据处理方式是批处理。

人工管理数据具有如下特点。

1. 数据不保存

当时的计算机主要用于科学计算，一般不需要长期保存数据，只是在计算时将数据输入，任务完成后数据便不再保留。不仅对用户数据是如此处理的，对系统软件有时也是这样处置的。

2. 应用程序管理数据

数据需要由程序员在应用程序中设计、说明（定义）和管理，没有相应的软件系统负责数据的管理工作。应用程序不仅要规定数据的逻辑结构，而且要规定数据的物理结构，包括存储结构、存取方法、输入方式等。因此程序员的负担很重。

3. 数据不共享

数据是面向应用程序的，一组数据只能对应一个程序。当多个应用程序涉及某些相同的数据时必须各自定义，无法互相利用、互相参照，因此程序与程序之间有大量的冗余数据。

4. 数据不具有独立性

数据独立性是指数据与应用程序相互独立，即数据的结构发生变化后，应用程序不必做相应的修改。

在人工管理阶段，数据由程序员在应用程序中定义，数据结构一旦发生变化，就需要修改应用程序，数据完全依赖于应用程序，称之为数据缺乏独立性，这就加重了程序员的负担。

在人工管理阶段，应用程序与数据（表现为数据集）之间的一一对应关系可用图 6-3 表示。

图 6-3　人工管理阶段应用程序与数据之间的一一对应关系

（二）文件系统阶段

20 世纪 50 年代后期至 20 世纪 60 年代中期，这时硬件方面已有磁盘、磁鼓等直接存取存储设备；软件方面表现为操作系统中已有专门的数据管理软件，一般称为文件系统；在处理方式上不仅能够进行批处理，而且能够进行联机实时处理。

用文件系统管理数据具有如下特点。

1. 数据可以长期保存

由于计算机主要用于数据处理，因此一般将数据长期保留在外存上以方便反复进行查询、修改、插入和删除等操作。

2. 数据由专门的软件进行管理

文件系统把数据组织成相互独立的数据文件，利用"按文件名访问，按记录进行存取"的管理技术，提供了对文件进行打开与关闭、对记录进行读取和写入等存取方式。

文件系统实现了记录内的结构性，但是文件系统仍存在以下缺点。

（1）数据共享性弱，冗余度高。在文件系统中，一个（或一组）文件基本上对应于一个应用程序，即文件仍然是面向应用的。当不同的应用程序具有部分相同的数据时也必须建立各自的文件，而不能共享相同的数据，因此数据的冗余度高，浪费存储空间。同时，相同数据的重复存储与各自管理容易造成数据的不一致性，给数据的修改和维护带来了困难。

（2）数据独立性弱。文件系统中的文件是为某一特定应用服务的，文件的逻辑结构是针对具体的应用进行设计和优化的，因此要想为文件中的数据再增加一些新的应用会很困难；而且，当数据的逻辑结构改变时，应用程序中文件结构的定义必须修改，应用程序中对数据的使用也要改变，因此数据依赖于应用程序，缺乏独立性。可见，文件系统仍然是一个不具有弹性的无整体结构的数据集合，即文件之间是孤立的，不能反映现实世界事物之间的内在联系。

在文件系统阶段，应用程序与数据（表现为文件组）之间的关系如图6-4所示。

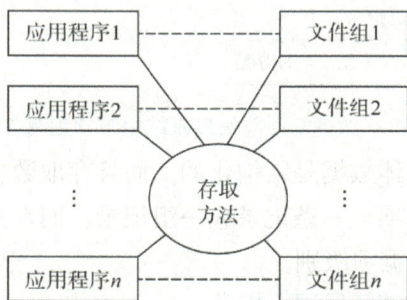

图6-4　文件系统阶段应用程序与数据之间的对应关系

（三）数据库系统阶段

自20世纪60年代后期以来，计算机管理的对象规模越来越大，应用范围越来越广泛，数据量急剧增长。同时，多种应用、多种语言互相交错地共享数据集的要求越来越强烈。

这时硬件方面已有大容量磁盘和磁盘阵列，硬件价格下降；软件方面则表现为软件价格上升，编制和维护系统软件及应用程序所需的成本相对增加；在处理方式上更多地应用联机实时处理，并开始提出和考虑分布式处理。在这种背景下，以文件系统作为数据管理手段已不能满足应用的需求，于是为满足多用户、多应用共享数据的需求，使数据为尽可能多的应用服务，数据库技术便应运而生，出现了专门统一管理数据的软件系统——数据库管理系统。

数据库系统阶段具有如下特点。

1. 整体数据的结构化

数据库系统阶段实现了整体数据的结构化，这是数据库的主要特征之一，也是数据库系统阶段与文件系统阶段的本质区别。

所谓整体数据的结构化，是指数据库中的数据不再是仅仅针对某一个应用，而是面向整个组织或企业的多种应用需求；不仅数据本身是结构化的，而且整体数据也是结构化的，即数据之间是相互联系的。也就是说，不仅要考虑某个应用的数据结构，还要考虑整个组织的数据结构。

例如，一个学校的信息系统不仅要考虑教务处的课程管理、学生选课管理、成绩管理，还要考虑学生处的学生学籍管理、研究生院的研究生管理、人事处的教师人事管理、科研处的科研管理等。因此，学校信息系统中的学生数据就要面向各个部门的应用，而不仅仅是面向教务处的学生选课应用。图6-5为"××教务管理"信息系统中与学生有关的数据结构。

图6-5所示的数据组织方式为各部门的应用提供了必要的记录，使整体数据结构化了。这就要求在描述数据时不仅要描述数据本身，还要描述数据之间的联系。

记录的结构和记录之间的联系由数据库管理系统维护，从而减轻了程序员的负担，提高了工作效率。

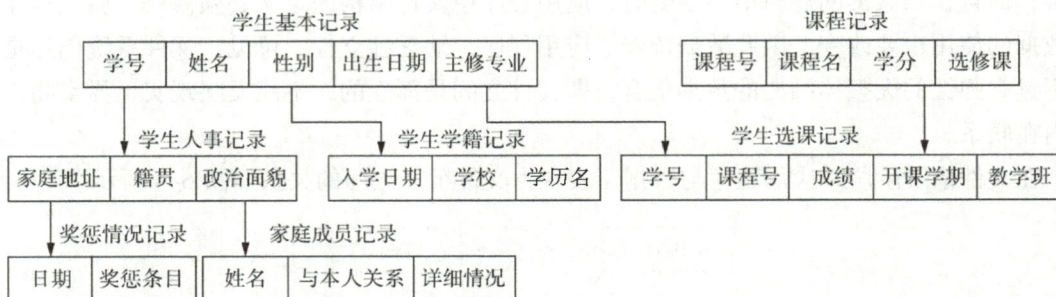

图 6-5 "××教务管理"信息系统中与学生有关的数据结构

在数据库系统中，不仅整体数据是结构化的，而且存取数据的方式也很灵活，可以存取数据库中的某一个或一组数据项、一条记录或一组记录；而在文件系统中，数据的存取以记录为单位，无法精确到单个数据项级别。

2. 数据的共享性强、冗余度低且易于扩充

数据库系统从整体角度看待和描述数据，数据不再是面向某个应用，而是面向整个系统。因此，数据可以被多个用户或多个应用通过不同的接口、不同的编程语言共享使用。这种较强的数据共享性可以大大降低数据的冗余度，节省存储空间，还能避免数据的不相容性与不一致性。

所谓数据的不一致性，是指同一数据不同副本的值不一样。采用人工管理或文件系统管理时，由于数据被重复存储，不同的应用使用和修改不同的副本就很容易造成数据的不一致，而在数据库中数据共享则减少了数据冗余造成的不一致现象。

数据库中数据的共享性强，不仅便于增加新的应用，还易于扩充，这也是数据库系统"弹性大"的原因。我们可以选取整体数据的各种子集用于不同的应用系统，当应用需求改变或增加时，只要重新选取不同的子集或加上一部分数据即可满足新的需求。

3. 数据的独立性强

数据的独立性强是数据库数据的一个显著优点。数据独立性已成为数据库领域的一个常用术语和重要概念，其目标是使应用程序与数据（定义）分离。数据的独立性包括数据的物理独立性和数据的逻辑独立性。

数据的物理独立性，是指用户的应用程序与数据库中数据的物理存储是相互独立的。也就是说，数据在数据库中怎样存储是由数据库管理系统管理的用户程序不需要了解，这样当数据的物理存储改变时应用程序不用改变。

数据的逻辑独立性，是指用户的应用程序与数据库的逻辑结构是相互独立的。也就是说，数据的逻辑结构改变时用户程序可不变。

数据的独立性把数据的定义从应用程序中分离出去，而存取数据的方法又由数据库管理系统负责提供，从而简化了应用程序的编制，大大减少了应用程序的维护和修改工作。

4. 数据由数据库管理系统统一管理和控制

数据库数据的共享将会带来数据库的安全隐患，且因这种共享是并发性的，即多个用户

可以同时存取数据库中的数据，甚至可以同时存取数据库中的同一个数据，这又会带来不同用户间相互干扰的隐患。另外，数据库中数据的正确性与一致性也必须得到保障。为此，数据库管理系统还必须提供以下几方面的数据管理功能。

（1）数据的安全性（security）保护。数据的安全性是指保护数据以防不合法使用造成数据泄露和破坏。每个用户只能依照规定对某些数据按指定方式进行使用和处理。

（2）数据的完整性（integrity）检查。数据的完整性是指数据的正确性、有效性和相容性。完整性检查将数据控制在有效的范围内，并保证数据之间满足一定的关系。

（3）数据的并发性（concurrency）控制。当多个用户的并发进程同时存取、修改数据库时，可能会因相互干扰而得到错误的结果或使数据库的完整性遭到破坏。因此，必须对多用户的并发操作加以控制和协调，以保证一个用户事务的执行不受其他事务的干扰，从而避免造成数据的不一致性。

（4）数据库的恢复（recovery）。计算机系统的硬件或软件故障、操作失误以及蓄意破坏等会影响数据库中数据的正确性，甚至造成数据库部分或全部数据的丢失。数据库管理系统必须具有将数据库从错误状态恢复到某一已知的正确状态（亦称为完整状态或一致状态）的功能，即数据库的恢复功能。

在数据库系统阶段，应用程序与数据（表现为数据库）之间的对应关系可用图 6-6 表示。

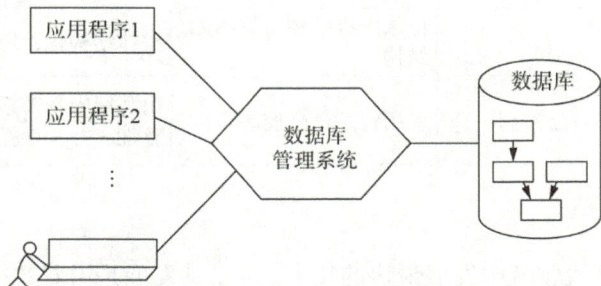

图 6-6　数据库系统阶段应用程序与数据之间的对应关系

综上所述，数据库是长期存储在计算机内的有组织、可共享的大量数据的集合。它可以供各种用户共享，具有最小的冗余度和较强的数据独立性。数据库管理系统在数据库建立、运维时对数据库进行统一控制，以保证数据的完整性和安全性，并在多用户同时使用数据库时进行并发控制，在发生故障后对数据库进行恢复。

数据库系统的出现，使信息系统从以加工数据的程序为中心转向以共享数据库为中心的新阶段，即以软件为中心向以数据为中心的计算平台的迁移。这样既便于数据的集中管理，又能简化应用系统的研制和维护，提高了数据的利用率和决策的可靠性。

数据库技术的发展经历了 20 世纪 60 年代的网状数据库、层次数据库，20 世纪 70 年代的关系数据库，以及 20 世纪 80 年代的以面向对象模型为主要特征的数据库系统。随着大数据应用的迅猛发展，又陆续出现了众多新型的数据模型和数据库管理系统。

数据库技术与网络通信技术、面向对象程序设计技术、并行或分布式计算技术、云计算技术、人工智能技术、新硬件技术等互相渗透、互相结合，成为当前数据库技术发展的主要特征。

知识链接

数据管理技术三个阶段的比较（表 6-1）

表 6-1　数据管理技术三个阶段的比较

对比项	人工管理阶段	文件系统阶段	数据库系统阶段
应用领域	科学计算	科学计算、数据管理	大规模数据管理
主要硬件	无直接存取存储设备	磁盘、磁鼓	大容量磁盘、磁盘阵列
主要软件	没有操作系统，没有管理数据的专门软件	有文件系统	有数据库管理系统
数据处理方式	批处理	联机实时处理、批处理	联机实时处理、分布式处理、批处理
数据管理者	人（程序员）	文件系统	数据库管理系统
数据面向对象	某一应用程序	某一应用	现实世界（部门、企业、跨国组织等）
数据共享程度	不共享，冗余度极高	共享性弱，冗余度高	共享性强，冗余度低且易扩充
数据独立性	不独立，完全依赖应用程序	独立性弱	具有较强的物理独立性和一定的逻辑独立性
数据结构化	无结构	记录内有结构、整体无结构	整体结构化，用数据模型描述
数据控制能力	应用程序自己控制	应用程序自己控制	由数据库管理系统提供数据安全性、完整性、并发性控制和数据库恢复功能

三、数据模型

　　数据库技术是计算机领域中发展最快的技术之一，其发展是沿着数据模型的主线推进的。模型，特别是具体模型对人们来说并不陌生。一张地图、一组建筑设计沙盘、一架精致的模型飞机都是具体的模型，一眼望去就会使人联想到真实生活中的事物。模型是对现实世界中某个对象特征的模拟和抽象。例如，模型飞机是对真实飞机的模拟与抽象，能够复现飞机的起飞、飞行和降落等基本功能，并保留了飞机的关键结构特征，包括机头、机身、机翼和机尾等核心组成部分。

　　数据模型（data model）也是一种模型，它是对现实世界数据特征的抽象。也就是说，数据模型是用来描述数据、组织数据和对数据进行操作的。

　　由于计算机不可能直接处理现实世界中的具体事物，所以人们必须事先把具体事物转换成计算机能够处理的数据，也就是首先要数字化，将现实世界中具体的人、物、活动等用数据模型这个工具来进行抽象、表示和处理。通俗地讲，数据模型就是对现实世界的模拟。

　　现有的数据库系统均是基于某种数据模型的，数据模型是数据库系统的核心和基础。因此，了解数据模型的基本概念是学习数据库的基础。

　　数据模型是数据库中数据的存储方式，是数据库系统的核心和基础。在几十年的数据库发展史中，出现了如图 6-7 所示的 3 种重要的数据模型。

层次模型	网状模型	关系模型
用树形结构来表示实体及实体间的联系，如1968年IBM公司推出的IMS（information management system）	用网状结构来表示实体及实体间的联系，如DBTG系统	用一组二维表表示实体及实体间的关系，如Microsoft Access

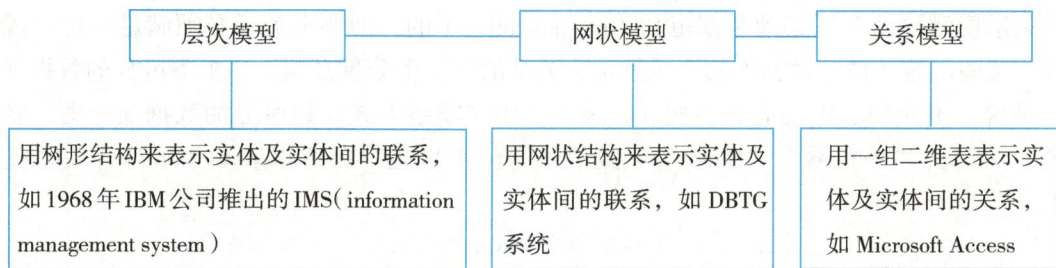

图 6-7　3 种重要的数据模型

在这 3 种数据模型中，前两种现在已经很少见到了，目前应用最广泛的是关系模型。自20 世纪 80 年代以来，软件开发商提供的数据库管理系统几乎都是支持关系模型的。

每一种数据库管理系统都是基于某种数据模型的。例如，Microsoft Access、SQL Server和 Oracle 是基于关系模型的数据库管理系统。在建立数据库之前，必须首先确定选用何种类型的数据模型，即确定采用什么类型的数据库管理系统。

下面介绍关系模型及其基本知识。

关系模型与以往的模型不同，它建立在严格的数学概念基础之上。从用户观点看，关系模型由一组关系组成，每个关系的数据结构是一张规范化的二维表。例如，表 6-2 所示的学生表即为一个典型的关系模型的数据结构。下面以表 6-2 为例，介绍关系模型中的一些术语。

表 6-2　关系模型的数据结构示例：学生表

学号	姓名	性别	出生日期	主修专业
20180001	李 × ×	男	2000-03-08	信息安全
20180002	刘 ×	女	1999-09-01	计算机科学与技术
20180003	王 ×	女	2001-08-01	计算机科学与技术
20180004	张 ×	男	2000-01-08	计算机科学与技术
20180005	陈 × ×	男	2001-11-01	信息管理与信息系统
20180006	赵 ×	男	2000-06-12	数据科学与大数据技术
20180007	王 × ×	女	2001-12-07	数据科学与大数据技术

（1）关系：一组关系对应一张二维表，如表 6-2 所示。

（2）元组：表中的一行即为一个元组。

（3）属性：表中的一列即为一个属性，每列的名称即为属性名。如表 6-2 中共有 5 列，对应 5 个属性（学号，姓名，性别，出生日期，主修专业）。

（4）码：又称为码键或键，是表中的某一个属性或一组属性，其值可以唯一确定一个元组。如表 6-2 中的属性"学号"可以唯一确定一个学生，该属性也就成为本关系的码。

（5）域：在表 6-2 中，域表示某一属性的取值范围。例如，属性"性别"的域是（男，女），"主修专业"的域是学生所在学院所有专业名称的集合。

（6）分量：元组中的一个属性值。例如，表 6-2 中的"李勇"即为元组（20180001，李 ×，男，2000-03-08，信息安全）的一个分量。

（7）关系模式：对关系的描述，一般表示为关系名（属性 1，属性 2，…，属性 n）。例如，表 6-2 的关系可描述为：学生（学号，姓名，性别，出生日期，主修专业）。

关系模型要求关系必须是规范化（normalization）的，即要求关系必须满足一定的规范条件。这些规范条件中最基本的一条就是，关系的每一个分量必须是一个不可分的数据项。也就是说，不允许表中还有表。例如，表6-3中"联系方式"是可分的数据项，即"联系方式"又分为"手机号""Email""微信号"三个数据项，所以表6-3不符合关系模型要求。

表6-3　非规范化的表示例

学号	姓名	性别	出生日期	主修专业	联系方式		
					手机号	Email	微信号
20180001	李×	男	2000-03-08	信息安全	183×××	××@qq.com	××@ruc
⋮	⋮	⋮	⋮	⋮	⋮	⋮	⋮

可以将关系术语和现实生活中的表格所使用的术语做一个粗略对比，如表6-4所示。

表6-4　关系术语与现实生活中的表格所使用术语的对比

关系术语	现实生活中表格的术语
关系名	表名
关系模式	表头（表格的描述）
关系	（一张）二维表
元组	记录或行
属性	列
属性名	列名
属性值	列值
分量	一条记录中的一个列值
非规范关系	表中有表（大表中嵌有小表）

关系模型最大的优点是简单。一个关系就是一个数据表格，用户容易掌握，只需要用简单的查询语句就能对数据库进行操作。用关系模型设计的数据库系统是用查表方法查找数据的，而用层次模型和网状模型设计的数据库系统是通过指针链查找数据的，这是关系模型和其他两类模型的一个很大的区别。

拓展阅读

数据建模

把现实世界中的具体事物抽象、组织为某一数据库管理系统支持的数据模型，这个过程称为数据建模（data modeling）。

在数据库系统中，数据建模过程通常分两步进行。

1.建立概念模型

首先将现实世界抽象为信息世界。也就是把现实世界中的客观对象抽象为某一种信息结构，这种信息结构并不依赖于具体的计算机系统，不是某一个数据库管理系统支持的数据模型，而是概念级的模型，因此称为概念模型（conceptual model）。

概念模型是按用户的观点来对数据建模，主要用于数据库设计。从现实世界到概念模型的建模任务由数据库设计人员完成，也可以通过数据库设计工具辅助设计人员完成。

2.将概念模型转换为数据模型

接下来将信息世界转换为机器世界，即把概念模型转换为计算机上某一数据库管理系统支持的数据模型。

数据模型是按计算机系统的观点对数据建模，是数据库管理系统支持的，用于数据库管理系统的实现。从概念模型到数据模型的转换由数据库设计人员完成，也可以通过数据库设计工具辅助设计人员完成。

上述抽象的过程可以用图6-8表示。

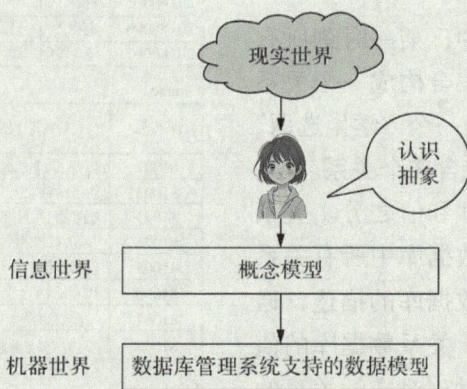

图6-8　现实世界中客观对象的抽象过程

任务二　关系数据库

【任务描述】

本任务要求了解关系数据库系统的基本概念和基本关系运算，掌握"选择、投影、连接"运算的识别和判断方法，熟悉E-R图的基本构成、应用和绘制方法，了解常用数据库管理系统的应用场景。

【知识讲解】

一、关系数据库

支持关系模型的数据库系统称为关系数据库系统。在关系模型中，实体以及实体间的联系都是用关系来表示的。例如，"学生"实体、"课程"实体、学生与课程之间先修课程的多对多联系都可以分别用一个关系模式来描述。

"学生"关系模式：Student（Sno，Sname，Ssex，Sbirthdate，Smajor），包括学号、姓名、性别、出生日期和主修专业等属性。

"课程"关系模式：Course（Cno，Cname，Ccredit，Cpno），包括课程号、课程名、学分、先修课（直接先修课）等属性。

"学生选课"关系模式：SC（Sno，Cno，Grade，Semester，Teachingclass），包括学号、课程号、成绩、开课学期、教学班等属性。

在一个关系数据库中，某一时刻所有关系模式对应的关系的集合构成一个关系数据库。例如图 6-9 就是一个"学生选课"数据库示例，该数据库包含 3 个关系。

关系数据库也有类型和值之分。关系数据库的类型就是关系数据库中所有关系模式的集合，是对关系数据库的描述，通常称为关系数据库模式。关系数据库的值是这些关系模式在某一时刻对应的关系的集合，通常称为关系数据库。

二、关系代数

关系代数是一种抽象的查询语言，它用对关系的运算来表达查询。

任何一种运算都是将一定的运算符作用于一定的运算对象上，得到预期的运算结果。所以运算对象、运算符、运算结果是运算的三大要素。

关系代数的运算对象是关系，运算结果亦为关系。关系代数用到的运算符包括两类：集合运算符和专门的关系运算符，如表 6-5 所示。

关系型数据库与关系型数据库服务

Student

学号	姓名	性别	出生日期	主修专业
20180001	李×	男	2000-03-08	信息安全
20180002	刘×	女	1999-09-01	计算机科学与技术
20180003	王×	女	2001-08-01	计算机科学与技术
20180004	张×	男	2000-01-08	计算机科学与技术
20180005	陈××	男	2001-11-01	信息管理与信息系统
20180006	赵×	男	2000-06-12	数据科学与大数据技术
20180007	王××	女	2001-12-07	数据科学与大数据技术

Course

课程号	课程名	学分	先修课
81001	程序设计基础与C语言	4	
81002	数据结构	4	81001
81003	数据库系统概论	4	81002
81004	信息系统概论	4	81003
81005	操作系统	4	81001
81006	Python语言	3	81002
81007	离散数学	4	
81008	大数据技术概论	4	81003

SC

学号	课程号	成绩	开课学期	教学班
20180001	81001	85	20192	81001-01
20180001	81002	86	20201	81002-01
20180001	81003	87	20202	81003-01
20180002	81001	80	20192	81001-02
20180002	81002	98	20201	81002-01
20180002	81003	71	20202	81003-02
20180003	81001	81	20192	81001-01
20180003	81001	76	20201	81002-01
20180004	81001	56	20192	81001-02
20180004	81002	97	20201	81002-01
20180005	81003	68	20202	81003-01

图 6-9 "学生选课"数据库示例

表 6-5　关系代数运算符

运算符		含义
集合运算符	∪	并
	−	差
	∩	交
	×	笛卡儿积
专门的关系运算符	σ	选择
	∏	投影
	⋈	连接
	÷	除

按运算符的不同，关系代数的运算可分为传统的集合运算和专门的关系运算两类。其中，传统的集合运算将关系看成元组的集合，其运算是从关系的"水平"方向，即行的角度来进行；专门的关系运算不仅涉及行，而且涉及列。比较运算符和逻辑运算符用于辅助专门的关系运算符进行操作。

上述 8 种关系代数运算中并、差、笛卡儿积、选择和投影 5 种运算为基本关系运算。其他 3 种运算，即交、连接和除，均可以用上述 5 种基本运算来表达，为组合关系运算。引进它们并不会增加语言的运算能力，但可以简化表达。

（一）传统的集合运算

传统的集合运算是二目运算，包括并、差、交、笛卡儿积 4 种运算。

设关系 R 和关系 S 具有相同的目 n（即两个关系都有 n 个属性），且相应的属性取自同一个域，t 是元组变量（$t \in R$，表示 t 是 R 的一个元组）。

并、差、交、笛卡儿积运算的定义如下。

1. 并

关系 R 与关系 S 的并记作

$$R \cup S = \{t \mid t \in R \lor t \in S\}$$

其结果仍为 n 目关系，由属于 R 或属于 S 的元组组成。

2. 差

关系 R 与关系 S 的差记作

$$R - S = \{t \mid t \in R \land t \notin S\}$$

其结果关系仍为 n 目关系，由属于 R 而不属于 S 的所有元组组成。

3. 交

关系 R 与关系 S 的交记作

$$R \cap S = \{t \mid t \in R \land t \in S\}$$

其结果关系仍为 n 目关系，由既属于 R 又属于 S 的元组组成。关系的交可以用差来表示，即 $R \cap S = R - (R - S)$。

4. 笛卡儿积

这里的笛卡儿积严格地讲应该是广义笛卡儿积，因为这里笛卡儿积的元素是元组。

两个分别为 n 目和 m 目的关系 R 和 S，其笛卡儿积是一个 $n+m$ 列的元组的集合。元组的前 n 列是关系 R 的一个元组，后 m 列是关系 S 的一个元组。若 R 有 k_1 个元组，S 有 k_2 个元组，则关系 R 和关系 5 的笛卡儿积有 $k_1 \times k_2$ 个元组。记作

$$R \times S = \{ \widehat{t_r t_s} \mid t_r \in R \wedge t_s \in S \}$$

图 6-10 为关系 R、S 以及两者之间的传统集合运算示例。

R

A	B	C
a_1	b_1	c_1
a_1	b_2	c_2
a_2	b_2	c_1

S

A	B	C
a_1	b_2	c_2
a_1	b_3	c_2
a_2	b_2	c_1

$R \cup S$

A	B	C
a_1	b_1	c_1
a_1	b_2	c_2
a_2	b_2	c_1
a_1	b_3	c_2

$R \cap S$

A	B	C
a_1	b_2	c_2
a_2	b_2	c_1

$R \times S$

$R \times A$	$R \times B$	$R \times C$	$S \times A$	$S \times B$	$S \times C$
a_1	b_1	c_1	a_1	b_2	c_2
a_1	b_1	c_1	a_1	b_3	c_2
a_1	b_1	c_1	a_2	b_2	c_1
a_1	b_2	c_2	a_1	b_2	c_2
a_1	b_2	c_2	a_1	b_3	c_2
a_1	b_2	c_2	a_2	b_2	c_1
a_2	b_2	c_1	a_1	b_2	c_2
a_2	b_2	c_1	a_1	b_3	c_2
a_2	b_2	c_1	a_2	b_2	c_1

$R - S$

A	B	C
a_1	b_1	c_1

图 6-10 关系 R、S 以及两者之间的传统集合运算示例

（二）专门的关系运算

专门的关系运算包括选择、投影、连接、除等运算。为了叙述方便，这里先引入几个记号。

（1）设关系模式为 $R(A_1, A_2, \cdots, A_n)$，它的一个关系设为 R_o，$t \in R$，表示 t 是 R 的一个元组。$T[A_i]$ 则表示元组 t 在属性 A_i 上的一个分量。

（2）若 $A = \{A_{i1}, A_{i2}, \cdots, A_{ik}\}$，其中 $A_{i1}, A_{i2}, \cdots, A_{ik}$ 是 $A_1, A_2, \cdots, A_n$ 的一部分，则称 A 为属性列或属性组。$T[A] = (T[A_{i1}], T[A_{i2}], \cdots, T[A_{ik}])$ 表示元组 t 在属性列 A 上诸分量的集合，$\overline{A}$ 则表示 $\{A_1, A_2, \cdots, A_n\}$ 中去掉 $\{A_{i1}, A_{i2}, \cdots, A_{ik}\}$ 后剩余的属性列。

（3）R 为 n 目关系，S 为 m 目关系。$t_r \in R$，$t_s \in S$，$\widehat{t_r t_s}$ 称为元组的连接（join）或元组的串接。它是一个 $n+m$ 列的元组，前 n 个分量为 R 中的一个 n 元组，后 m 个分量为 S 中的一个 m 元组。

（4）给定一个关系 $R(X, Z)$，X 和 Z 为属性列。当 $t[X]=x$ 时，x 在 R 中的象集（images set）定义为

$$Zx=\{t[Z]|t \in R, t[X]=x\}$$

它表示 R 中属性列 X 上值为 x 的诸元组在 Z 上分量的集合。

例如，图 6-11 中

$$x_1 \text{ 在 } R \text{ 中的象集 } Z_{x1}=\{Z_1, Z_2, Z_3\}$$

$$x_2 \text{ 在 } R \text{ 中的象集 } Z_{x2}=\{Z_2, Z_3\}$$

$$x_3 \text{ 在 } R \text{ 中的象集 } Z_{x3}=\{Z_1, Z_3\}$$

下面给出这些专门的关系运算的定义。

1. 选择（selection）

选择又称为限制（restriction）。它是在关系 R 中选择满足给定条件的诸元组，记作

$$\sigma F(R)=\{t \mid t \in R \wedge F(t)=' \text{真} '\}$$

其中，F 表示选择条件，它是一个逻辑表达式，取逻辑值"真"或"假"。

逻辑表达式 F 的基本形式为

$$X_1 \theta Y_1$$

其中，θ 表示比较运算符，它可以是 $>$、$\geqslant$、$<$、$\leqslant$、$=$ 或 $<>$；X_1，Y_1 是属性名，或为常量，或为简单函数；属性名也可以用其序号来代替。在基本的选择条件上可以进一步进行逻辑运算，即进行求非（$\neg$）、与（$\wedge$）、或（$\vee$）运算。条件表达式中的运算符如表 6-6 所示。

选择运算实际上是从关系 R 中选取使逻辑表达式 F 为"真"的元组。这是从行的角度进行的运算。

R	
x_1	Z_1
x_1	Z_2
x_1	Z_3
x_2	Z_2
x_2	Z_3
x_3	Z_1
x_3	Z_3

图 6-11　象集举例

表 6-6　条件表达式中的运算符

运算符		含义
比较运算符	$>$	大于
	$\geqslant$	大于或等于
	$<$	小于
	$\leqslant$	小于或等于
	$=$	等于
	$<>$	不等于
逻辑运算符	$\neg$	非
	$\wedge$	与
	$\vee$	或

【例题 6-1】　对图 6-9"学生选课"数据库中的关系 Student、Course 和 SC 进行运算。查询信息安全专业的全体学生。

$$\sigma_{\text{Smajor}' \text{信息安全}'}(\text{Student})$$

结果如图 6-12（a）所示。

查询 2001 年之后（包含 2001 年）出生的学生。

$$\sigma_{\text{Sbirthdate} > =2001-1-1}(\text{Student})$$

结果如图 6-12（b）所示。

学号	Sname	Ssex	Sbirthdate	Smajor
20180001	李×	男	2000-03-08	信息安全

（a）查询信息安全专业的全体学生

学号	Sname	Ssex	Sbirthdate	Smajor
20180003	王×	女	2001-08-01	计算机科学与技术
20180005	陈××	男	2001-11-01	信息管理与信息系统
20180007	王××	女	2001-12-07	数据科学与大数据技术

（b）查询2001年之后（包含2001年）出生的学生

图6-12　选择运算示例

2. 投影（projection）

关系 R 上的投影是从 R 中选择若干属性列组成新的关系。记作

$$\prod A\,(R)=\{t[A]|t \in R\}$$

其中，A 为 R 中的属性列。

投影操作是从列的角度进行的运算。

【例题6-2】　查询学生的学号和主修专业，即求关系 Student 在"学号"和"主修专业"两个属性上的投影。

$$\prod_{sno,\ smajor}(\text{Student})$$

结果如图6-13（a）所示。

投影不仅取消了原关系中的某些属性列，还可能取消某些元组。因为取消了某些属性列后可能会出现重复行，应取消这些完全相同的行。

【例题6-3】　查询关系 Student 中的学生都主修了哪些专业，即查询关系 Student 在"主修专业"属性上的投影。

$$\prod_{smajor}(\text{Student})$$

结果如图6-13（b）所示。关系 Student 原来有7个元组，而投影结果取消了重复的元组，因此最终结果只有4个元组。

学号	主修专业
20180001	信息安全
20180002	计算机科学与技术
20180003	计算机科学与技术
20180004	计算机科学与技术
20180005	信息管理与信息系统
20180006	数据科学与大数据技术
20180007	数据科学与大数据技术

专业
信息安全
计算机科学与技术
信息管理与信息系统
数据科学与大数据技术

（a）查询学生的学号和主修专业　　　　　（b）查询学生的主修专业

图6-13　投影运算示例

3. 连接（join）

连接也称为 θ 连接，指从两个关系的笛卡儿积中选取其属性间满足一定条件的元组。

记作

$$R \underset{A=B}{\bowtie} S = \{\widehat{t_r t_s} \mid t_r \in R \wedge t_s \in S \wedge t_r[A] \, \theta \, t_s[B]\}$$

其中，A 和 B 分别为关系 R 和 S 上列数相等且可比的属性列；θ 是比较运算符。具体来说，连接运算是从笛卡儿积 $R \times S$ 中选取关系 R 在属性列 A 上的值与关系 S 在属性列 B 上的值满足比较关系 θ 的元组。

连接运算中有两种最为重要也最为常用的连接，一种是等值连接（equijoin），另一种是自然连接（natural join）。

θ 为 "=" 的连接运算称为等值连接。它是从关系 R 与 S 的广义笛卡儿积中选取 A、B 属性值相等的那些元组，即

$$R \underset{A=B}{\bowtie} S = \{\widehat{t_r t_s} \mid t_r \in R \wedge t_s \in S \wedge t_r[A] = t_s[B]\}$$

自然连接是一种特殊的等值连接。它要求两个关系中进行比较的分量必须是同名的属性列，并且在结果中把重复的属性列去掉。即若 R 和 S 中具有相同的属性列 B，U 为 R 和 S 的全体属性集合，则自然连接可记作

$$R \bowtie S = \{\widehat{t_r t_s} [U{-}B] \mid t_r \in R \wedge t_s \in S \wedge t_r[B] = t_s[B]\}$$

一般的连接操作是从行的角度进行运算，但自然连接还需要取消重复属性列，所以是同时从行和列的角度进行运算。

【例题 6-4】　对于图 6-14（a）（b）所示的关系 R 和 S，图 6-14（c）（d）（e）分别给出了非等值连接 $R \underset{C<E}{\bowtie} S$、等值连接 $R \underset{R.B=S.B}{\bowtie} S$ 和自然连接 $R \bowtie S$ 的结果。

R

A	B	C
a_1	b_1	5
a_1	b_2	6
a_2	b_3	8
a_2	b_4	12

（a）关系 R

S

B	E
b_1	3
b_2	7
b_3	10
b_3	2
b_5	2

（b）关系 S

$R \underset{C<E}{\bowtie} S$

A	$R.B$	C	$S.B$	E
a_1	b_1	5	b_2	7
a_1	b_1	5	b_3	10
a_1	b_2	6	b_2	7
a_1	b_2	6	b_3	10
a_2	b_3	8	b_3	10

（c）非等值连接

$R \underset{R.B=S.B}{\bowtie} S$

A	$R.B$	C	$S.B$	E
a_1	b_1	5	b_1	3
a_1	b_2	6	b_2	7
a_2	b_3	8	b_3	10
a_2	b_3	8	b_3	2

（d）等值连接

$R \bowtie S$

A	B	C	E
a_1	b_1	5	3
a_1	b_2	6	7
a_2	b_3	8	10
a_2	b_3	8	2

（e）自然连接

图 6-14　连接运算举例

两个关系 R 和 S 在做自然连接时，选择两个关系在公共属性上值相等的元组构成新的关系。此时，关系 R 中某些元组有可能在 S 中不存在公共属性上值相等的元组，从而造成 R 中这些元组在操作时被舍弃；同样，S 中某些元组也可能被舍弃。这些被舍弃的元组称为悬浮元组（dangling tuple）。例如，在图 6–14（e）的自然连接中，R 中的第 4 个元组、S 中的第 5 个元组都是被舍弃的悬浮元组。

例如，图 6–15（a）是图 6–14 中关系 R 和关系 S 的外连接，图 6–15（b）是其左外连接，图 6–15（c）是其右外连接。

A	B	C	E
a_1	b_1	5	3
a_1	b_2	6	7
a_2	b_3	8	10
a_2	b_3	8	2
a_2	b_4	12	NULL
NULL	b_5	NULL	2

（a）外连接

A	B	C	E
a_1	b_1	5	3
a_1	b_2	6	7
a_2	b_3	8	10
a_2	b_3	8	2
a_2	b_4	12	NULL

（b）左外连接

A	B	C	E
a_1	b_1	5	3
a_1	b_2	6	7
a_2	b_3	8	10
a_2	b_3	8	2
NULL	b_5	NULL	2

（c）右外连接

图 6–15　外连接运算举例

4. 除（division）

设关系 R 除以关系 S 的结果为关系 T，则 T 包含所有在 R 但不在 S 中的属性及其值，且 T 的元组与 S 的元组的所有组合都在 R 中。

下面用象集来定义除法。

给定关系 $R(X, Y)$ 和 $S(Y, Z)$，其中 X、Y、Z 为属性列。R 中的 Y 与 S 中的 Y 可以有不同的属性名，但必须出自相同的域。

R 与 S 的除运算可以得到一个新的关系 $P(X)$，P 是 R 中满足下列条件的元组在 X 属性列上的投影：元组在 X 上的分量值 x 的象集 Yx 包含 S 在 Y 上投影的集合。记作

$$R \div S = \{t_r[X] \mid t_r \in R \land \pi_Y(S) \subseteq Yx\}$$

其中，Yx 为 x 在 R 中的象集，$x = t_r[X]$。

除操作是同时从行和列的角度进行运算。

【例题 6–5】　设关系 R、S 分别为图 6–16 中的（a）和（b），$R \div S$ 的结果为图 6–16（c）。

在关系 R 中，A 可以取 4 个值 $\{a_1, a_2, a_3, a_4\}$。其中

a_1 的象集为 $\{(b_1, c_2), (b_2, c_3), (b_2, c_1)\}$

a_2 的象集为 $\{(b_3, c_7), (b_2, c_3)\}$

a_3 的象集为 $\{(b_4, c_6)\}$

a_4 的象集为 $\{(b_6, c_6)\}$

S 在 (B, C) 上的投影为 $\{(b_1, c_2), (b_2, c_1), (b_2, c_3)\}$。

显然只有 a_1 的象集 $(B, C)_{a_1}$，包含了 S 在 (B, C) 属性列上的投影，所以

$$R \div S = \{a_1\}$$

图 6-17 为例题 6-5 的除运算过程示意。

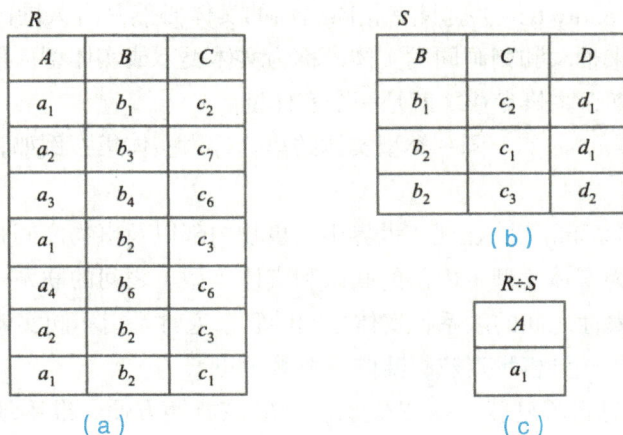

图 6-16　除运算举例

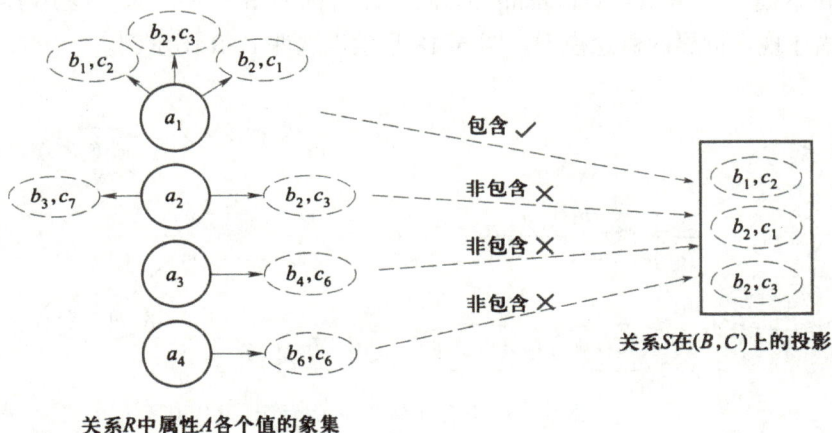

关系R中属性A各个值的象集

图 6-17　例题 6-5 的除运算过程示意图

三、概念模型

概念模型是信息世界建模的基础工具，它通过对现实世界的第一次抽象，构建了从客观事实到信息表示的桥梁。是数据库设计人员进行数据库设计的有力工具，也是数据库设计人员和用户之间进行交流的语言。因此，概念模型一方面应具有较强的语义表达能力，能够方便、直接地表达应用中的各种语义知识，另一方面还应简单、清晰、易于用户理解。

（一）信息世界中的基本概念

信息世界主要涉及以下一些概念。

（1）实体（entity）。客观存在并可相互区别的事物称为实体。实体可以是具体的人、事、物，也可以是抽象的概念或联系。例如，一个职工、一个学生、一个部门、一门课等都是实体。

（2）属性（attribute）。实体所具有的某一特性称为属性。一个实体可以用若干个属性来刻画。例如，"学生"实体可以由"学号""姓名""性别""出生日期""主修专业"等属性组成，属性组合（20180003，王 ×，女，2001-08-01，计算机科学与技术）即表征了一个学生。

（3）码（key）。唯一标识实体的属性集称为码。例如，"学号"是"学生"实体的码。

（4）实体类型（entity type）。具有相同属性的实体必然具有共同的特征和性质。用实体名及其属性名集合来抽象和刻画同类实体，称为实体类型或实体型。例如，学生（学号，姓名，性别，出生日期，主修专业）就是一个实体型。

（5）实体集（entity set）。同一类型实体的集合称为实体集。例如，全体学生就是一个实体集。

（6）联系（relationship）。在现实世界中，事物内部以及事物之间是有联系的，这些联系在信息世界中反映为实体（型）内部的联系和实体（型）之间的联系。实体内部的联系通常是指组成实体的各属性之间的联系，实体之间的联系通常是指不同实体集之间的联系。

（二）概念模型的一种表示方法：实体－联系模型

概念模型是对信息世界建模，所以概念模型应该能够方便、准确地表示上述信息世界中的常用概念。概念模型的表示方法有很多，其中最为常用的是 P. P. S. Chen 于 1976 年提出的实体－联系模型（entity-relationship model），简称 E-R 模型。该方法用 E-R 图（E-R diagram）来描述现实世界的概念模型。图 6-18 是学生选课 E-R 图示例。

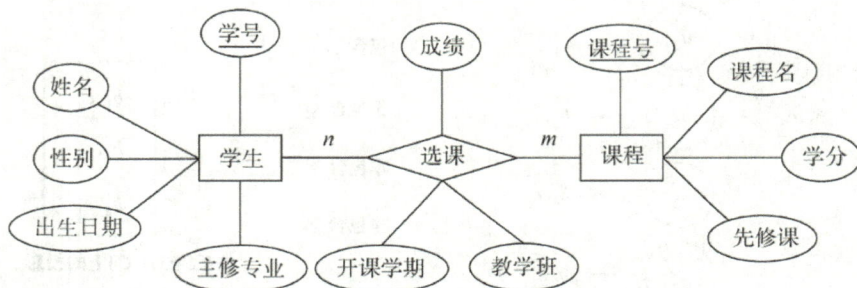

图 6-18　学生选课 E-R 图示例

图 6-18 建模了学校中的"学生"和"课程"两个客观事物："学生"实体和"课程"实体。同时反映了现实世界中事物之间的联系：一门课程可以有多个学生选修，一个学生可以选修多门课程，用"课程"实体与"学生"实体的多对多（$m:n$）联系来描述。

概念模型是各种数据模型的共同基础，它比数据模型更独立于机器、更抽象，从而更加稳定。描述概念模型的有力工具是 E-R 模型。

四、E-R 模型

P. P. S. Chen 提出的 E-R 模型是用 E-R 图来描述现实世界的概念模型。下面对实体之间的联系做进一步介绍，然后讲解 E-R 图。

（一）实体之间的联系

在现实世界中，事物内部以及事物之间是有联系的。实体内部的联系通常是指组成实体的各属性之间的联系，实体之间的联系通常是指不同实体型的实体集之间的联系。

1. 两个实体型之间的联系

两个实体型之间的联系可以分为以下 3 种。

（1）一对一联系（1：1）。如果对于实体型 A 中的每一个实体，实体型 B 中至多有一个（也可以没有）实体与之联系，反之亦然，则称实体型 A 与实体型 B 具有一对一联系，记为 $1:1$。例如，学校的某个学院只有一位教师任职院长，而一位教师只能在一个学院中任职院长，则教师与学院之间具有一对一联系，联系名为"担任院长"。

（2）一对多联系 $(1:n)$。如果对于实体型 A 中的每一个实体，实体型 B 中有 n 个实体（$n \geq 0$）与之联系；反之，对于实体型 B 中的每一个实体，实体型 A 中至多只有一个实体与之联系，则称实体型 A 与实体型 B 有一对多联系，记为 $1:n$。例如，一个学院中设置了若干个系，而每个系只能归属于一个学院，则学院与系之间具有一对多联系。又如，一门课程可以开设多个教学班，而一个教学班只能归属于一门课程，则课程和教学班之间具有一对多联系。

（3）多对多联系（$m:n$）。如果对于实体型 A 中的每一个实体，实体型 B 中有 n 个实体（$n \geq 0$）与之联系；反之，对于实体型 B 中的每一个实体，实体型 A 中也有 m 个实体（$m \geq 0$）与之联系，则称实体型 A 与实体型 B 具有多对多联系，记为 $m:n$。例如，一门课程同时有若干个学生选修，且一个学生可以同时选修多门课程，则课程与学生之间具有多对多联系。

可以用图形来表示两个实体型之间的这三类联系，如图 6-19 所示。

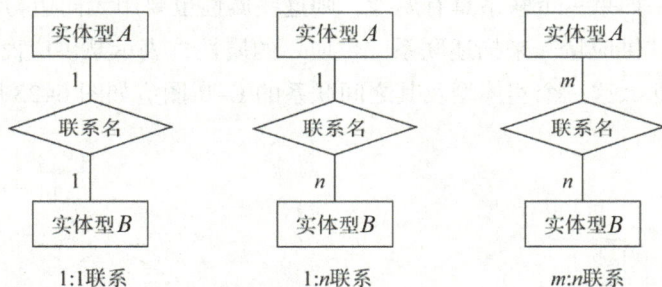

图 6-19　两个实体型之间的三类联系

2. 两个以上实体型之间的联系

通常，两个以上的实体型之间也存在一对一、一对多和多对多联系。

例如，对于学生、课程、教师三类实体型，如果每个学生都可以对其选修的多门课程中每一个授课教师单独进行课程评价，每个教师也可以针对其讲授的多门课程中每一个学生的课程评价进行意见反馈，则学生、课程、教师之间的课程评价联系是多对多的，如图 6-20（a）所示。又如，对于供应商、项目、零件三类实体型，一个供应商可以给多个项目供给多种零件，每个项目可以使用多个供应商供应的零件，每种零件可由不同的供应商提供，由此看出供应商、项目、零件三者之间是多对多的供应联系，如图 6-20（b）所示。

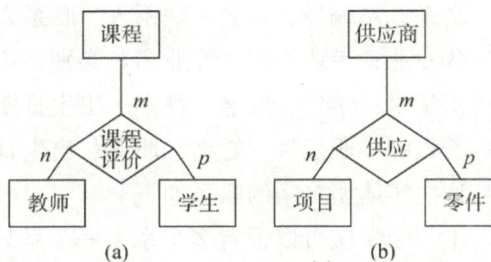

图 6-20　三个实体型之间的联系示例

3. 单个实体型内部的联系

同一个实体型内的各实体之间也可以存在一对一、一对多和多对多的联系。例如，课程实体型内部具有"先修"的联系，"先修课" Cpno 是直接先修课，即假设一门课程只能列出一门直接先修课，该门课程可以是多门课程的直接先修课，所以课程内部的"先修"是一对多的联系，如图 6-21（a）所示。这是做了简化假设的。

实际上一门课程也可以有多门直接先修课，某一门课程也可以作为多门课程的先修课，这时课程内部的"先修"是多对多的联系，如图 6-21（b）所示。

注意：实体型之间可能存在多种联系。例如，系与教师之间存在一对多的工作联系，也可以存在一对一的系主任联系。

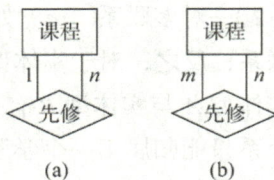

（二）E-R 图

E-R 图提供了表示实体型、属性和联系的方法。

（1）实体型用矩形表示，矩形框内写明实体名。

（2）属性用椭圆形表示，并用无向边将其与相应的实体型连接起来。例如，学生实体型具有学号、姓名、性别、出生日期属性，用 E-R 图表示时如图 6-22 所示。

（3）联系用菱形表示，菱形框内写明联系名，并用无向边分别与有关实体型连接起来，同时在无向边旁标注联系的类型（如 $1:1$、$1:n$ 或 $m:n$ 等）。

需要注意的是，如果一个联系具有属性，则这些属性也要用无向边与该联系连接起来。

例如，如果用"供应量"来描述联系"供应"的属性，表示某供应商供应了多少数量的零件给某个项目，那么这三个实体型及其之间联系的 E-R 图应如图 6-23 所示。

图 6-21　单个实体型内部的联系示例

图 6-22　实体型及属性 E-R 图

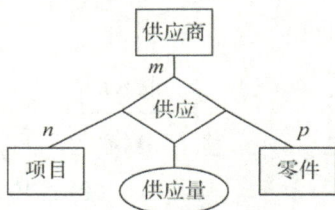

图 6-23　实体型及联系 E-R 图

下面用 E-R 图来表示"学生学籍管理"子系统的概念模型。

设"学生学籍管理"子系统涉及的 5 类实体型及其属性如下。

①学院：学院编号、学院名、建院时间。

②系：系编号、系名、联系人、联系方式。

③专业：专业编码、专业名、类别、年限。

④学生：学号、姓名、性别、出生日期。

⑤教师：职工号、姓名、职称、出生日期。

这些实体型之间的联系如下。

①一个学院可以设置多个系，一个系只能归属一个学院；一个学院只有一个教师担任院长，一个教师只在一个学院中任职院长。因此，"学院"和"系"实体型之间具有一对多联系，"学院"与"教师"实体型之间就"担任院长"关联具有一对一联系。

②一个系可以开设多个专业，一个专业只能归属一个系；一个系只能由一个教师担任系主任，一个教师只能担任一个系的系主任。因此，"系"与"专业"实体型之间具有一对多联系，"系"与"教师"实体型之间就"担任系主任"关联具有一对一联系。

③一个教师只能在一个系工作，一个系由多个教师构成。因此，"系"和"教师"实体

型之间构成一对多联系。

④一个学生只属于一个学院，一个学院有多个学生。因此，"学院"和"学生"实体型之间构成一对多联系。

⑤一个专业同时有若干个学生选择，一个学生可以选择一个专业作为主修，并可选择若干个其他专业作为辅修。因此，"专业"和"学生"实体型之间具有多对多联系。

"学生学籍管理"子系统的部分 E-R 图如图 6-24 所示。

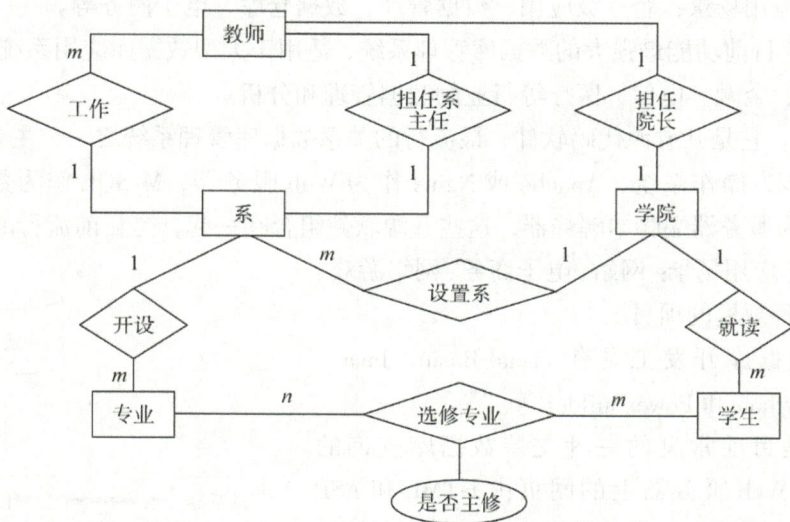

图 6-24　"学生学籍管理"子系统的部分 E-R 图

五、常见数据库应用系统及其开发工具

图 6-25 是常见的一种数据库应用系统及其开发工具。从图 6-25 中可以看到，数据库应用系统由两部分组成。

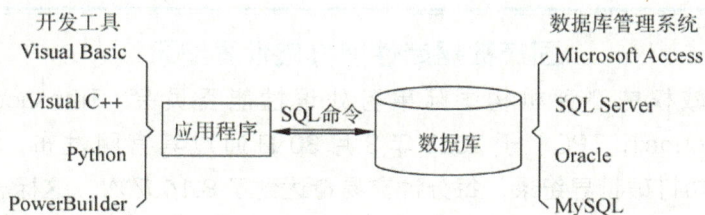

图 6-25　常见的数据库应用系统及其开发工具

（1）应用程序。由开发工具开发。

（2）数据库。由数据库管理系统建立、维护和管理。

应用程序通过 SQL 命令对数据库进行查询、插入、删除、更新等操作。因此，数据库系统开发人员不仅要掌握数据库管理系统和 SQL 命令，还需要熟悉一种系统开发工具。

数据库管理系统有很多，常用的有下列 4 种。

① Microsoft Access。适用于中、小型数据库应用系统。Microsoft Access 的应用场景广泛，无论是对于有数据源还是无数据源的情况，都能发挥重要作用。在有数据源的情况下，

Microsoft Access 可以处理考勤机、工资系统、财务系统、业务系统中的数据。这些数据通常可以 Excel 文档的格式输出，然后导入或链接到 Microsoft Access 中进行查询和分析。在无数据源的情况下，Microsoft Access 可以用于部门合同管理、办公用品管理、进销存管理、人事档案管理、员工绩效管理等场景。在这些场景中，用户需要整理需求并设计表，然后利用窗体编辑数据，进行查询和分析，最后输出结果。

②SQL Server。它是 Microsoft 公司的面向高端的数据库管理系统，适用于中、大型数据库应用系统。应用场景：企业级应用、数据管理、数据仓库、电子商务等。

③Oracle。目前功能最强大的数据库管理系统，适用于大型数据库应用系统。应用场景：大型企业应用、金融、电信、医疗等行业的数据管理和分析。

④MySQL。它是开放源代码软件，最流行的关系数据库管理系统之一，主要应用在 Web 领域。Linux 作为操作系统，Apache 或 Nginx 作为 Web 服务器，MySQL 作为数据库，PHP/Perl/Python 作为服务器端脚本解释器，这些开源软件组合在一起，是目前流行的搭建 Web 应用平台的方式。应用场景：网站、电子商务、网络游戏、数据仓库等各种规模的项目。

常用的数据库开发工具有 Visual Basic、Java、Visual C++、Python 和 PowerBuilder 等。

图 6-26 是目前常见的一种支持数据库查询的 Web 服务器。Web 服务器上的网页由 HTML 和 ASP 文件组成，用户通过浏览器访问网页时，ASP 文件通过 SQL 命令对数据库进行查询。在这种数据库系统中，开发技术主要有 ASP、PHP、JSP、ASP.NET 等。

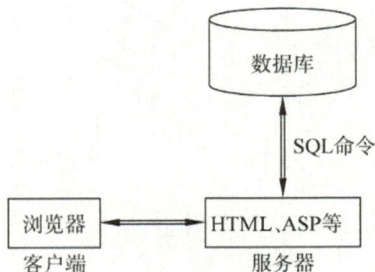

图 6-26　Web 服务器上的数据库

课程思政

国产数据库性能打破世界纪录

数据库领域权威测评机构国际事务处理性能委员会（Transaction Processing Performance Council，TPC）于 2023 年 3 月 30 日通过其官网发布，腾讯云数据库 TDSQL 性能成功打破世界纪录，每分钟交易量达到了 8.14 亿次。这标志着我国国产数据库技术取得新的突破。

据介绍，TPC-C（在线事务处理数据库）是全球数据库厂商公认的性能评价标准，被誉为数据库领域的"奥林匹克"。它模拟超大型高并发的极值场景，同时有一套严格的审计流程和标准，对数据库系统的软硬件协同能力要求极高。

为通过这一考验，腾讯云数据库把单击性能优化到极致，同时利用分布式数据库的优势，成功通过了每分钟 8.14 亿笔交易。单节点最高支持 180 万 QPS（每秒请求量）。同时，在超高压下稳定运行 8 小时无抖动，波动率仅为 0.2%，远超 TPC-C 审计要求。

在每分钟 8.14 亿笔交易的高压下，审计员还对 TDSQL 进行了两次随机物理机器断电和一次腾讯云实例的故障模拟，TDSQL 在 18 秒内迅速完成了故障容灾切换，并保持了大盘稳定。

"国产数据库持续突破性能瓶颈，这是国内基础软件坚持长期投入的结果，也是走向科技自立自强的关键一步。"中国工程院院士郑纬民表示。

中国人民大学教授杜小勇认为，TDSQL 在 TPC-C 榜单上的突破可喜可贺，这标志着国产数据库核心能力的快速发展和日趋成熟，给国产数据库的研发增强了信心，也给国产数据库的使用者增强了信心。他表示："国产数据库只有持续在各种各样的应用场景下去打磨，才能不断取得技术的突破，打造成一款真正的好产品。相信国产数据库产品和技术都会越来越好。"

据悉，腾讯云数据库 TDSQL 已服务国内排名前十银行中的 7 家，助力 20 余家金融机构完成了核心系统替换，推动金融核心数据库国产化进入规模化复制阶段。

基于 TDSQL 打造的张家港农商银行新一代核心业务系统，是国内银行首次在传统核心业务系统场景下采用国产分布式数据库，打破了该领域对国外数据库的长期依赖；昆山农商银行新一代核心系统，采用"微服务应用＋国产分布式数据库"架构，在同类银行中尚属首次。

（来源：《科技日报》有改动）

思考练习

一、选择题

1. 下列属于数据的是（　　　）。

A.￥880　　　　　　　　　　　　　　B.0

C. 微信中的聊天记录　　　　　　　　D. 以上都属于

2. 数据的共享性强、冗余度低且易于扩充属于（　　　）。

A. 人工管理阶段　　　　　　　　　　B. 文件系统阶段

C. 数据库系统阶段　　　　　　　　　D. 以上都是

3. 数据库（DB）、数据库系统（DBS）和数据库管理系统（DBMS）之间的关系是（　　　）。

A.DBS 就是 DB，也就是 DBMS　　　B.DBS 包括 DB 和 DBMS

C.DB 包括 DBS 和 DBMS　　　　　　D.DBMS 包括 DB 和 DBS

4. 下列叙述中正确的是（　　　）。

A. 数据库的数据项之间无联系

B. 数据库的任意两个表之间一定不存在联系

C. 数据库的数据项之间存在联系

D. 数据库的数据项之间以及两个表之间都不存在联系

5. 数据库系统中完成查询操作使用的语言是（　　　　）。

A. 数据操纵语言　　　　　　　　　　　　　B. 数据定义语言

C. 数据控制语言　　　　　　　　　　　　　D. 数据描述语言

6. 在数据库管理技术发展的三个阶段中，没有专门的软件对数据进行管理的是（　　　　）。

A. 文件系统阶段　　　　　　　　　　　　　B. 人工管理阶段

C. 文件系统阶段和数据库阶段　　　　　　　D. 人工管理阶段和文件系统阶段

7. 下列叙述中正确的是（　　　　）。

A. 数据库系统避免了一切冗余

B. 数据库系统减少了数据冗余

C. 数据库系统中数据的一致性是指数据类型一致

D. 数据库系统与文件系统相比能管理更多的数据

8. 能够减少相同数据重复存储的是（　　　　）。

A. 记录　　　　　　　B. 字段　　　　　　　C. 文件　　　　　　　D. 数据库

9. 按照传统的数据模型分类，数据库系统可分为（　　　　）。

A. 大型、中型和小型　　　　　　　　　　　B. 数据、图形和多媒体

C. 西文、中文和兼容　　　　　　　　　　　D. 层次、网状和关系

10. 关系模型最大的优点是（　　　　）。

A. 简单　　　　　　　B. 复杂　　　　　　　C. 快速　　　　　　　D. 广泛

11. 目前功能最强大且适用于大型数据库应用系统的数据库管理系统是（　　　　）。

A.Microsoft Access　　　B.SQL Server　　　C.Oracle　　　　　　D.MySQL

12. 数据库系统中，存储在计算机内有结构的数据集合称为（　　　　）。

A. 数据库　　　　　　B. 数据模型　　　　　C. 数据库管理系统　　D. 数据结构

13. 在关系数据库中，用于描述全局数据逻辑结构的是（　　　　）。

A. 概念模式　　　　　B. 用户模式　　　　　C. 内模式　　　　　　D. 物理模式

14.E–R 图中用来表示实体的图形是（　　　　）。

A. 菱形　　　　　　　B. 三角形　　　　　　C. 矩形　　　　　　　D. 椭圆形

二、填空题

1._____是数据库中存储的基本对象。

2. 数据库是长期存储在计算机内_____、_____的大量数据的集合。

3. 数据管理技术经历了人工管理、_____、_____三个阶段。

4. 数据库系统由_____和_____两部分组成。

5. 常用的数据库开发工具有_____、_____、_____和 PowerBuilder 等。

6. 比较运算符主要有等于、大于、_____、大于等于、_____、不等于。

7. 在关系代数运算中，并、差、笛卡儿积、_____和_____5 种运算为基本关系运算。

8. 用树形结构表示实体之间联系的模型是_____模型。

9. 在关系数据库设计中，关系模式是用来记录用户数据的_____。

10. E–R 图提供了表示_____、_____和_____的方法。

三、简答题

1. 数据管理技术在数据库系统阶段具有哪些特点？

2. 定义并解释概念模型中的以下术语。

实体、实体型、实体集、实体之间的联系

四、操作题

某学院有若干个系，每个系有若干班级和教研室，每个教研室有若干教师。其中有的教授和副教授每人各带若干研究生，每个班有若干学生，每个学生选修若干课程，每门课可供若干学生选修，某学生选修某一门课程有一个成绩。请用 E–R 图画出此应用场景的概念模型。

项目七

计算机新技术

项目概述

近年来，以物联网、云计算、大数据、人工智能等为代表的新一代信息技术产业正在酝酿着新一轮的信息技术革命。新一代信息技术产业不仅重视信息技术本身和商业模式的创新，而且强调将信息技术渗透、融合到社会和经济发展的各个行业，推动其他行业的技术进步和产业发展。新一代信息技术产业发展的过程，实际上也是信息技术融入涉及社会经济发展的各个领域创造新价值的过程。

学习目标

◆ 知识目标

1. 了解新一代信息技术的有关概念。

2. 了解新一代信息技术的主要特征。

3. 熟悉新一代信息技术主要代表技术的特点与典型应用。

◆ 能力目标

1. 能说出新一代信息技术的典型代表。

2. 能分析现实生活中新一代信息技术的典型应用案例。

◆ 素质目标

1. 通过对典型前沿信息技术应用产品的体验，培养个人自信心及民族自豪感。

2. 树立正确的信息社会价值观和责任感。

任务一　云计算

【任务描述】

本任务要求了解云计算的基本概念和云计算的部署模式，熟悉云计算的主要应用行业和典型场景。

【知识讲解】

一、云计算的基本概念

云计算（cloud computing）是一种无处不在、便捷且按需对一个共享的可配置计算机资源进行网络访问的模式。它融合了分布式计算、并行计算、网络存储、虚拟化、负载均衡等技术融合，将互联网上的资源整合成一个具有强大计算能力的系统，并借助商业模式把强大的计算能力提供给用户。

扫一扫

云计算的定义和类型

云计算的"云"是服务模式和技术的形象说法，其实就是互联网上成千上万资源汇聚的资源池，并以动态按需或可度量的方式向用户提供服务，用户只需通过网络发送服务请求，云端资源就会通过高速计算将结果返回给用户，客户端只需少量的管理即可享受高效的服务。比尔·盖茨曾说过："把你的计算机当作接入口，一切都交给互联网吧。"就是说在未来，个人计算机可以没有硬盘、无须安装诸如 Office、Photoshop 等软件，数据的处理都由云端计算机完成，当用户需要完成工作时，只需向云服务提供商购买相应的服务即可。这就好比用电不需要每家都有发电机，由国家电网供电，用户只需向电力公司购买。

云计算的核心目标是：资源集约共享、按需弹性服务、可扩展网络化运营。

二、云计算的特点与分类

（一）云计算的特点

1. 超大规模

"云"具有相当大的规模，Google 云计算已经拥有 200 多万台服务器，Amazon、IBM、Microsoft、Yahoo 等的"云"均拥有几十万台服务器。企业私有云一般拥有数百上千台服务器。"云"能赋予用户前所未有的计算能力。

2. 虚拟化

云计算支持用户在任意位置，通过各种终端获取应用服务。所请求的资源来自"云"，而不是固定的有形的实体。应用在"云"中运行时，用户无须了解其具体位置及运行的细节。用户只需要一台笔记本电脑或者一部手机，就可以通过网络服务来实现我们需要的一切，甚至包括完成超级计算这样的任务。

3. 高可靠性

"云"使用了数据多副本容错、计算节点同构可互换等措施来保障服务的高可靠性，使用云计算比使用本地计算机可靠。

4. 通用性

云计算不针对特定的应用，在"云"的支撑下可以构造出千变万化的应用，同一个"云"可以同时支撑不同的应用运行。

5. 可扩展性

用户可以利用应用软件的快速部署条件来更为简单快捷地将自身所需的已有业务以及新业务进行扩展。

6. 按需部署

计算机包含了许多应用与程序软件，不同的应用对应的数据资源库不同，所以以用户运行不同的应用需要较强的计算能力对资源进行部署，而云计算平台能够根据用户的需求快速配备计算能力及资源。

7. 极其廉价

"云"的特殊容错措施，决定了可以采用极其廉价的节点来构成"云"。"云"的自动化集中式管理使大量企业无须负担日益高昂的数据中心管理成本。"云"的通用性使资源的利用率较之传统系统大幅提升，用户可以充分享受"云"的低成本优势。云计算可以彻底改变人们未来的生活，但同时也要重视环境问题，这样才能真正为人类进步做贡献，而不是简单的提升技术。

8. 潜在的危险性

云计算除提供计算服务外，还提供了存储服务。信息社会中，"信息"是至关重要的，信息安全是选择云计算服务时必须考虑的一个重要前提。

（二）云计算的分类

云计算作为发展中的概念，尚未有全球统一的标准分类。根据目前业界基本达成的共识，可以从不同角度将其分为以下主要类别。

1. 按服务模式分类

从云计算的服务模式看，云计算可以认为包括以下几个层次的服务：基础设施即服务（IaaS），平台即服务（PaaS）和软件即服务（SaaS）。

IaaS（Infrastructure-as-a-Service）：基础设施即服务。消费者通过 Internet 可以从完善的计算机基础设施中获得服务。例如：硬件服务器租用。

PaaS（Platform-as-a-Service）：平台即服务。PaaS 实际上是指将软件研发的平台作为一种服务，以 SaaS 的模式提供给用户。因此，PaaS 也是 SaaS 模式的一种应用。但是，PaaS 的出现可以加快 SaaS 的发展，尤其是加快 SaaS 应用的开发速度。例如：软件的个性化定制开发。

SaaS（Software-as-a-Service）：软件即服务。它是一种通过 Internet 提供软件的模式，用户无须购买软件，只需向提供商租用基于 Web 的软件，来管理企业的经营活动。

2. 按运营模式分类

云计算在很大程度上是从作为内部解决方案的私有云发展而来的。数据中心最早以应用虚拟、动态、实时分享等技术来满足内部的应用需求为目，随着技术发展和商业需求的增加才逐步考虑对外租售计算能力，从而形成公共云。因此，从部署类型或者说从"云"的归属来看，云计算主要分为私有云、公共云和混合云三种形态，如表 7-1 所示。

表 7-1　云计算按运营模式分类

部署模式类型	定义
私有云	通常由企业 / 机构自己拥有，特定的云服务功能不直接对外开放
公有云	企业 / 机构利用外部云为企业 / 机构外的用户提供服务，即企业 / 机构将云服务外包给公共云的提供商。这可以减少构建云计算设施的成本
混合云	包含私有云和公共云的混合应用。保证在通过外包减少成本的同时，通过私有云实现对诸如敏感数据等部分的控制

三、云计算应用领域

（一）医疗领域

云计算正在改变全球绝大部分行业的运行模式，作为基础民生的医疗业也从中受益。

在远程医疗中，由云计算技术发展诞生的云际视界云视频会议，在技术层面上解决了早期远程医疗遗留的难题，在互动性、稳定性方面有了很好的提升，同时成本更低。早期医院搭建远程医疗的主要成本是硬件采购成本和维护成本，但是云视频会议多为按需采购，故成本大幅缩减。

远程陪护也是云计算在医疗行业的重要应用方向。医疗陪护主要集中在两大部分，一是特殊病症家属的探视难题，二是医院值班医生对病号的监测和管理。特殊病症探视难题主要集中在家属方面，由于部分医疗场景对环境要求高，家属无法近距离探视病人，引入远程探视工具，家人便可以通过画面和语音了解病人情况，有效避免了探视对医疗环境的污染问题。在日常工作中，医生需要去多个病室监测和看护病人，工作繁杂，存在当病人出现突发情况时无法及时、有效地查看情况并快速做出抉择的情况，然而，通过云计算技术引入远程监护功能，可提升医生远程监护的能力。

病历信息共享将大幅节约医疗机构的资源，加快医疗诊断速度。通过云储存技术可以实现不同医疗机构之间病历信息的共享，这对医院和病人来说具有很高的价值。

云计算技术在医疗领域的应用场景极为丰富，有效地利用云计算技术，可解决医疗领域在数据管理、远程医疗等方面的很多难题。随着信息化技术的不断发展，云计算技术与医疗领域将更好地融为一体、服务社会。

（二）教育领域

教学资源的高效共享对于教学目标的达成有着重要的作用，这一切都离不开云计算的支持。云计算为教育教学提供了强大的信息化支持。

在网络远程访问中，云计算实现了优质教学资源跨越空间的共享，极大促进了教学资源的公平分布，尤其是边远地区，在云计算的帮助下，学生可以随时随地享受存储在云端的学习资源。云教育的实现，使得学生在接受教育时所能获取的学习资源的宽度和深度不再受到限制，极大地拓宽了学生的视野，同外面的世界拉近了距离，教学目标的实现不再被困于教育资源的现实条件下。

教育云也可以在行政管理方面提供优质高效的服务，提升教育教学的效能，将教学管理、教学评估等进行整合，帮助学校的管理者做出正确的教育教学决策，从而为教育教学改革提供支持。

（三）金融领域

云计算作为推动信息资源实现按需供给、促进信息技术和数据资源充分利用的技术手段，与金融领域进行深度结合，可促进互联网时代下金融行业的可持续发展。

在银行领域，应用云计算技术搭建开放云平台，可以增强数据的安全性，从而推进零售业务、网上服务运作模式的发展，以及提高按客户需求提供个性化服务的水平；同时，可以增强银行数据的存储能力和可靠性，降低银行成本，提高银行运营效率。

在证券基金领域，云计算可以应用于客户端行情查询和交易量峰值分配等方面。通过业务系统整体上"云"，在数据库分库、分表的部署模式下，实现相当于上千套清算系统和实时交易系统的并行运算。

在保险领域，云计算可以应用于个性化定价和产品上线销售等方面。定制化云软件能够快速分析客户实时数据，提供个性化定价，还能够通过社交媒体为目标客户提供专门的保险服务。

（四）农业领域

农业信息化建设发展过程中结合云计算技术，能够促进农业综合生产力的有效提升，提高农产品生产管理的水平。

农业项目可利用云计算技术进行精准监测，利用数据分析掌握大棚种植情况；让人们在手机上对园艺设施相关问题进行监测，方便使用者进行有效管理。云计算管理技术可收集动物实时的健康信息，通过信息比对判断养殖情况，并针对出现健康问题的动物采取应对措施。农业生产经营与云计算技术的有效结合，实现了更高的生产效益。

云计算技术在农业管理与服务、农产品质量安全方面发挥了重要作用。通过云计算技术记录农产品生产、流通、消费等环节信息，极大地方便了农业管理后期追踪和安全监测，提高了服务质量。通过分析农产品信息，保证产品的质量与安全。

农业电子商务平台逐渐升级，用户量不断增加，云计算技术在农产品电子商务运营中，能提供更精准的产品购买推送，从而满足用户的需求，使得农业电子商务更加智能化。

云计算技术在农业信息化中发挥了重要价值，为农业生产提供了优良的发展环境，从根本上提高了农产品的安全性，同时也提高了农业活动的工作效率，带动了我国农业经济的长远进步和发展。

任务二 大数据

【任务描述】

本任务要求掌握大数据的基本概念和基本特征，熟悉大数据的时代背景、应用场景和发展趋势，了解大数据应用中面临的常见安全问题和风险，了解大数据安全防护的基本措施和相关法律法规。

【知识讲解】

一、大数据的基本概念

大数据或称巨量资料，指所涉及的资料量规模巨大到无法通过主流软件工具在合理时间内达到获取、管理、处理、分析的数据集合。

大数据的意义不在于掌握海量的数据信息，而是对海量数据进行专业化的挖掘，从中提取有价值的信息并加以运用。面向大数据挖掘主要包括两个方面的要求，一方面是实时性，对海量数据需要实时分析并快速反馈结果；另一方面是准确性，要从海量的数据中精准提取出隐含在其中的有价值信息，再将信息转化为有组织的知识加以分析，并应用到现实生活中。

二、大数据的结构类型

大数据包括结构化、半结构化和非结构化数据。非结构化数据逐渐成为数据的主要组成部分。IDC（internet data center）的调查报告显示：企业中 80% 的数据都是非结构化数据，这些数据年复合增长率为 60%。

（1）结构化数据通常是指用关系数据库方式记录的数据，数据按表和字段的形式进行存储，字段之间相互独立。

（2）半结构化数据是指以自描述的文本方式记录的数据，由于自描述数据无须满足关系数据库上那种非常严格的结构和关系，在使用过程中非常方便。很多网站和应用的访问日志都采用了这种格式，网页本身也是这种格式。

（3）非结构化数据通常是指语音、图片、视频等格式的数据。这类数据一般按照特定应用格式进行编码，数据量非常大，且难以简单地转换为结构化数据。

三、大数据的基本特征

大数据具有 5V 特征，即巨量性（volume）、多样性（variety）、高速性（velocity）、真实性（veracity）和低价值密度（value）。5V 中的每项都代表大数据与传统数据之间的区别。

（1）巨量性。指大数据拥有巨大的数据量，数据采集、存储和计算的量都非常大。日常生活中计算机和手机的存储容量通常为 GB 级，而大数据的起始单位一般为 PB（100 万 GB）、EB（1024 PB）或 ZB（1024 EB）级。

（2）多样性。大数据的结构类型包括结构化、半结构化和非结构化数据。广泛的数据来源，决定了大数据形式的多样性。在早期，电子表格和数据库是大多数应用程序考虑的唯一数据源。在当前信息网络中，数据类型已从单一的数据扩展到网页、社交媒体、感知数据、图片、音频和视频等。

（3）高速性。主要表现为数据的快速增长和时效性，互联网上每天都会产生海量数据，并需要对数据进行实时分析和处理，以保证数据的价值。例如，人们利用百度导航及时掌握交通实时状况，规划出行路线；通过股票交易软件查看股票的实时数据等。

（4）真实性。真实性是大数据信息的准确性的保障，大数据中的信息来自现实生活，因此，对大数据处理后得到的解释或预测是可信赖的。

（5）低价值密度。由于数据信息庞大，且存在大量不相关的信息，因此，大数据价值密度相对较低，这也是大数据的核心特征。如何从浩瀚的大数据海洋中挖掘出有价值的信息，是大数据时代需要解决的主要问题。

四、大数据应用领域

大数据的战略意义不在于掌握海量的数据信息，而在于对这些含有意义的数据进行专业化处理，通过加工实现数据的增值。下面通过一些案例，介绍大数据在一些行业中的应用。

（一）政府治理

2018 年 4 月，作为"智慧政府"基础设施的上海市大数据中心正式揭牌。上海依托大数据中心这个城市数据枢纽，打破部门"数据孤岛"，推动政务服务从"群众跑腿"向"数据跑路"转变。2018 年 10 月 17 日，上海"一网通办"总门户正式上线，运行后基本做到统一身份认证、统一总客服、统一公共支付平台、统一物流快递，数据整合共享实现突破，建成市级数据共享交换平台，推动政务数据按需 100% 共享。平台的移动端用户量在 2018 年底突破 1000 万，成为全国首个突破千万用户的政府服务移动平台。2019 年 2 月 1 日，上海政务"一网通办"移动端 APP 正式命名为"随申办市民云"，目前该移动端已实现了面向个人和法人办事的指南查询、在线预约、亮证扫码、进度查询、服务找茬这五方面的功能。政务事项也涉及交通出行、劳动就业、企业开办等多个公众高度关注的领域，实现了办事预约的全覆盖。

各地政府都有大数据项目或大数据项目的规划，如深圳的"织网工程"、无锡的"智慧无锡"、贵州的"食品安全云"、兰州的"城市运行管理服务平台"等。

（二）金融领域

金融领域可以利用大数据建立起智能的反洗钱体系。目前的反洗钱工作主要通过大额可疑信息报告制度完成，具体到可疑交易识别、预警、报告等过程，需要大量金融机构的前台与柜员来参与。这样不仅增加了信息搜集和报告的边际成本，而且还存在覆盖面窄、误报率高、时效性差等缺点。由于掌握了大数据，在反洗钱工作中可以先利用数据进行智能化排查，待发现可疑交易后再进行人工甄别，从而大大提高效率，同时也降低了误报率。

（三）医疗领域

加拿大安大略理工大学的卡罗琳·麦格雷戈（Carolyn McGregor）博士团队与 IBM 一起和众多医院合作，用一个软件来监测处理即时的病人信息，并将其用于早产儿的病情诊断。数据包括心率、呼吸、体温、血压和血氧含量，以及孕妇产检数据、电子病历、遗传数据等。软件每秒钟会读取 1260 个数据点。在明显感染症状出现之前的 24 小时，系统就能监测到由早产儿细微的身体变化发出的感染信号，及早预测和控制早产儿的病情，从而提高其存活率。利用海量的数据并找出隐含的相关性就能提早发现病情，从而提早治疗。

广东省人民医院利用大数据来调配医院床位。该医院各专业科室病床使用率差异较大。长期以来，优势专业的病人数量较多，病人候床情况较为严重，排队入院，而有些专业空床情况明显，病床使用率在 65% 左右。为此，医院利用病人数据（挂号数据、电子病历、病人基本数据等）和医院数据（各科室床位使用情况、诊疗活动、平均住院费用、平均住院周期等），构建了数据分析处理系统，模糊了临床二级分科，跨科收治病人。同时，对跨科收治病人之后的科与科之间的工作量、收入、支出、分摊成本等指标进行合理划分。这强化了入院处的集中床位调配权，缓解了病人入院排队情况，使医院更好地履行了社会责任，同时提高了医院的效益。此外，医院应用该系统后取得了明显的效果，病床使用率由 87% 提高到 92%，优势专业候床排队现象明显减少。

（四）电商领域

电商领域拥有海量的用户数据、商品数据和交易数据，具备应用大数据的天然优势。当今电商企业高度重视数据的利用，通过大数据平台深入了解用户的状态、爱好、需求等，从而提供商品推荐、促销建议等有针对性的服务。

（五）通信领域

在大数据领域，中国移动是极具优势的——截至 2023 年底其掌握 9 亿多移动用户的数据资源。中国移动的大数据产品目前主要用于网络优化、业务创新、精准营销、决策支持等方面，不仅面向内部，也对外提供服务。对内方面，中国移动大数据应用的典型案例是治理不良信息。垃圾短信和骚扰电话让用户不胜其烦，中国移动引入了大数据技术，对无法识别的垃圾短信进行搜集，采用自然语言处理方法对内容进行分析，并结合文本分析和语义理解进行深度分析，提高了垃圾短信和骚扰电话的甄别率，降低了人工成本支出。中国移动 10086 客服热线的机器人"移娃"，是大数据和人工智能相结合的产品。对外服务方面，中国移动的工业大数据、纺织平台大数据、车联网信息数据分析平台，以及智慧旅游、智慧交通等都已是成熟可用的产品。

五、数据安全及防护措施

大数据在成为社会竞争新焦点的同时，不仅带来了人类社会发展的新机遇，同时也带来了更多的数据安全风险，对人们提出了更高的数据安全防范要求。随着数据挖掘的不断深入及其在各行各业的广泛应用，大数据安全的"脆弱性"逐渐凸显，国内外数据泄露事件频发，用户隐私受到极大挑战。在数据驱动环境下，网络攻击也更多地转向存储重要敏感信息的信息化系统。大数据安全防护已成为大数据应用发展的一项重要课题。

（一）大数据安全的定义

数据安全有两方面的含义：

一是数据本身的安全，主要是指采用现代密码算法对数据进行主动保护，如数据保密、数据完整性、双向强身份认证等。

二是数据防护的安全，主要是采用现代信息存储手段对数据进行主动防护，如通过磁盘阵列、数据备份、异地容灾等手段保证数据的安全。

数据安全是一种主动的防护措施，数据本身的安全必须基于可靠的加密算法与安全体系。其中加密算法主要分为对称加密算法（swymmetric encryption）和非对称加密算法（asymmetric encryption，又称公开密钥密码体系）。

（二）大数据的安全风险

1. 大数据加大了隐私泄露风险

大量数据的汇集不可避免地加大了用户隐私泄露的风险。一方面，数据集中存储增加了泄露风险，而这些数据也是人身安全的一部分；另一方面，一些敏感数据的所有权和使用权并没有被明确界定，很多基于大数据的分析未考虑到其中涉及的个体隐私问题。

2. 大数据对现有的存储和安防措施构成威胁

大数据存储带来新的安全问题。数据大集中的后果是复杂多样的数据存储在一起，很可能会出现将某些生产数据放在经营数据存储位置的情况，致使企业安全管理不合规。大数据的数据量大小也影响到安全控制措施能否正确运行。安全防护手段的更新升级速度无法跟上数据量非线性增长的步伐，就会暴露大数据安全防护的漏洞。

3. 大数据技术成为黑客的攻击手段

在企业用数据挖掘和数据分析等大数据技术获取商业价值的同时，黑客也在利用这些大数据技术向企业发起攻击。黑客会最大限度地收集更多有用信息，如社交网络、邮件、微博、电子商务、电话和家庭住址等信息，大数据分析使黑客的攻击更加精准。此外，大数据也为黑客发起攻击提供了更多可能性。

4. 大数据成为高级可持续攻击的载体

传统的检测是基于单个时间点进行的基于威胁特征的实时匹配检测，而高级持续性威胁（APT）是一个实施过程，无法被实时检测。此外，大数据的价值低密度性，使得安全分析工具很难聚焦在价值点上，黑客可以将攻击隐藏在大数据中，给安全服务提供商的分析制造很大困难。黑客设置的任何一个会误导安全厂商目标信息提取和检索的攻击，都会导致安全监测偏离应有方向。

（三）大数据的安全防护

1. 机密性

数据机密性是指数据不被非授权者、实体或进程利用或泄露的特性。为了保障大数据安全，数据常常被加密。数据加密的基本方法有公钥加密（非对称加密）和私钥加密（对称加密），具体的有代理重加密、广播加密、属性加密、同态加密等。然而，数据加密和解密会带来额外的计算开销。因此，理想的方式是使用尽可能小的计算开销带来可靠的数据机密性。

在大数据中，数据搜索是一个常用的操作，支持关键词搜索是大数据数据安全防护的一个重要方面。已有的支持搜索的加密只支持单关键字搜索，不支持搜索结果排序和模糊搜索。

2. 完整性

数据完整性是指数据没有遭受非授权方式的篡改或使用，以保证接收者收到的数据与发送者发送的数据完全一致，确保数据的真实性。因此，用户需要对其数据的完整性进行验证。远程数据完整性验证是解决"云"中数据完整性检验的方法，其能够在不下载用户数据的情况下，仅仅根据数据标识和服务器数据的完整性进行验证。

3. 访问控制

在保障大数据安全时，必须防止非法用户对非授权的资源和数据进行访问、使用、修改、删除等操作，以及细粒度地控制合法用户的访问权限。因此，对用户的访问行为进行有效验证是大数据安全防护的一个重要方面。

（四）大数据的安全策略

大数据安全策略从技术和规则两个方面加以控制，大数据底层技术所不支持的安全机制则需要集成其他技术框架进行解决。2021 年 6 月，《中华人民共和国数据安全法》由中华人民共和国第十三届全国人民代表大会常务委员会第二十九次会议通过，自 2021 年 9 月 1 日起施行。

六、大数据的发展趋势

（一）数据资源化

所谓资源化，是指大数据成为企业和社会关注的重要战略资源，并已成为大家争相抢夺的新焦点。因而，企业必须提前制订大数据营销战略计划，抢占市场先机。

（二）与云计算的深度结合

大数据离不开云计算，云计算为大数据提供了弹性可拓展的基础设备，是产生大数据的平台之一。自 2013 年开始，大数据技术已开始和云计算技术紧密结合，预计未来两者关系将更为密切。除此之外，物联网、移动互联网等新兴计算形态，也将一起助力大数据发展，让大数据营销发挥出更大的影响力。

（三）与人工智能的深度结合

人工智能通过数据采集、处理、分析，从各行各业的海量数据中，获得有价值的信息，为更高级的算法提供素材。人工智能其实就是以大量的数据为基础，将可以通过机器来做判断的问题转化为数据问题。人工智能的飞速发展，背后离不开大数据的支持。而在大数据的发展过程中，人工智能的加入也使得更多类型、更大体量的数据能够得到迅速处理与分析。

（四）科学理论的突破

随着大数据的快速发展，就像计算机和互联网一样，大数据很有可能引发新一轮的技术革命。随之兴起的数据挖掘、机器学习和人工智能等相关技术，可能会改变数据世界里的很多算法和基础理论，实现科学技术上的新突破。

未来，数据科学将成为一门专门的学科，被越来越多的人所认知。各大高校将设立专门的数据科学类专业，也会催生一批与之相关的新的就业岗位。与此同时，基于数据这个基础平台，也将建立起跨领域的数据共享平台，之后，数据共享将扩展到企业层面，并且成为未来产业的核心一环。

另外，大数据作为一种重要的战略资产，已经不同程度地渗透到每个行业领域和部门，其深度应用不仅有助于企业经营活动，还有利于推动国民经济发展。它对于推动信息产业创新、应对大数据存储管理挑战、改变经济社会管理面貌等方面意义重大。同时，合法地获取和使用数据也是用户应该努力培养的基本信息素养。

任务三　物联网

【任务描述】

本任务要求了解物联网的概念和特征，熟悉物联网感知层、网络层和应用层的三层体系结构，了解物联网的典型应用领域以及物联网和其他技术的融合。

【知识讲解】

一、物联网的基本概念

物联网即"万物相连的互联网"，是在互联网的基础上，通过射频识别技术（RFID）、传感器、全球定位系统、激光扫描器等信息传感设备，按约定的协议将任何物体与网络相连进行信息交换和通信，以实现智能化识别、定位、跟踪、监控和管理的一种网络。

什么是物联网

物联网中的"物"成为物联网中的"物"需要满足以下 4 个基本条件：

（1）在网络中有可被识别的唯一编号。

（2）有 CPU、存储器、系统软件和应用软件等硬件和软件，以满足"物"的数据存储、和处理需求。

（3）有信息接收器和数据发送器。

（4）有数据传输链路，并遵循物联网的通信协议。

从以上对"物"的要求可知，物联网是以互联网为基础的网络，是对互联网的延伸和扩展。

二、物联网的基本特征

物联网具有全面感知、可靠传输和智能处理三大特征。

（一）全面感知

全面感知指利用 RFID、传感器、定位器等工具，随时随地获取和采集物体的信息。物体感知是物联网识别、采集信息的主要来源，它将现实世界的各类信息通过技术转化为可处理的数据和数据信息。不同种类的采集设备获取的数据内容和数据格式不同，例如，摄像头获取视频数据，温度传感器获取温度数据，GPS 获取物体的地理位置。

（二）可靠传输

可靠传输指通过无线网络和有线网络的融合，对获取的感知数据进行实时远程传递，实现信息的交互和共享。由于采集到的数据是海量的，因此，传输过程中要保证数据的准确性和实时性。

（三）智能处理

智能处理指利用云计算、数据挖掘、模糊识别等人工智能技术，对接收的海量信息进行分析和处理，实现对物体的智能化管理，并提供相应的应用和服务。

三、物联网的体系结构

物联网的体系结构主要有感知层、网络层和应用层 3 个层次，体现了物联网的 3 个基本特征。物联网体系结构如图 7-1 所示。

图 7-1　物联网的体系结构

（一）感知层

物联网的感知层是实现物联网全面感知的基础。以 RFID、摄像头、传感器等为主，通过传感器收集设备信息，利用 RFID 对电子标签或射频卡进行读写，实现对现实世界的智能识别和信息采集。例如，汽车能够显示剩余的汽油量，主要是有检测汽油液面高度的传感器。

（二）网络层

物联网的网络层负责将收集的信息安全无误地传输给应用层。网络层由互联网、移动通信网、有线通信网、云计算、专用网络和网络管理系统组成。

（三）应用层

物联网的应用层是物联网的智能层，对传输来的数据进行分析和处理，实现对物体的智能化控制。应用层为用户提供丰富的特定服务，用户也可以通过终端在应用层定制自己需要的服务，如查询信息、监测数据及控制设备等。

拓展阅读

物联网的关键技术

1.RFID

RFID 是物联网中"让物品开口说话"的关键技术，物联网中 RFID 标签上存着规范而具有互通性的信息，通过无线数据通信网络把他们自动采集到中央信息系统中实现物品的识别。

2.传感器技术

在物联网中传感器主要负责感知和接收物品的状态信息。传感器技术是从自然信源获取信息并对获取的信息进行处理、变换、识别的一门多学科交叉的现代科学与工程技术。它涉及传感器、信息处理和识别的规划设计、开发、制造、测试、应用及评价改进活动等内容。

3.无线网络技术

物联网中物品要想与人进行无障碍的交流，必然离不开高速、可进行大批量数据传输的无线网络。无线网络既包括允许用户建立远距离无线连接的全球语音和数据网络，也包括近距离的蓝牙技术、红外技术和 ZigBee 技术。

4.人工智能技术

人工智能是研究如何使计算机模拟人的某些思维过程和智能行为（如学习、推理、思考和规划等）的技术。在物联网中人工智能技术主要是对物品的状态信息进行分析，从而实现计算机自动处理。

5.云计算技术

物联网的发展离不开云计算技术的支持。物联网中的终端的计算和存储能力有限，云计算平台可以作为物联网的大脑，以实现对海量数据的存储和计算。

四、物联网的典型应用

物联网的应用现已渗透到各个领域，在工业、农业、环境、交通、物流、安防等基础设施领域的应用，有效地推动了基础设施领域的智能化发展，使有限的资源得到了合理的分配和使用，极大地提高了各行业的生产效率和效益；在教育、家居、医疗、金融、服务业、旅游业等与人们学习和生活息息相关的领域的应用，有效地改进了人们的学习和生活方式，大大提高了生活品质；物联网在国防、军事领域的应用，有效地提升了军事智能化、信息化，极大地提升了军队的战斗力，是未来军事装备变革的关键要素。

（一）智能家居

智能家居是最早被炒热的物联网应用，最流行的物联网应用也是在智能家居领域，如图7-2 所示。智能家居首先推出的产品是智能插座，从普通插座变得具有远程遥控、定时等功能，让人耳目一新。随后出现了各种智能家电、如空调、洗衣机、冰箱、电饭锅、微波炉、电视、照明灯、监控、智能门锁等。智能家居的连接方式主要以 Wi-Fi 为主，部分采用蓝牙，少量使用 NB-IoT（窄带物联网）和有线连接。生产这类产品的厂家不少，产品功能大同小异，但大部分采用私有协议，导致每个厂家

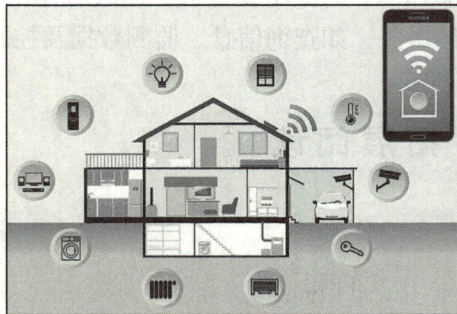

图 7-2　智能家居

的产品都要配套使用，不能与厂他家的混用。可见，协议的标准化是实现互联互通的关键。

（二）智能穿戴

智能穿戴设备已经有不少人拥有了，较为普遍的就是智能手环手表，还有智能眼镜、智能衣服、智能鞋等，如图 7-3 所示。连接方式基本是用蓝牙与手机相连，数据通过智能穿戴设备上的传感器传输给手机，再由手机发送至服务器。

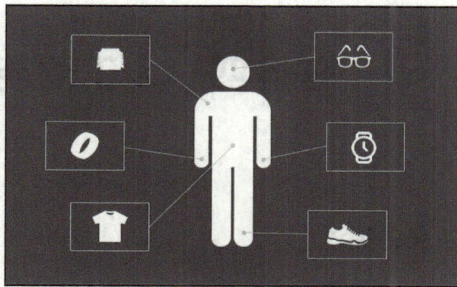

图 7-3　智能穿戴

（三）车联网

车联网已经发展了很多年。车联网的应用主要包括：智能交通，无人驾驶，智慧停车，各种车载传感器的应用等。

智能交通已经发展多年，是集合物联网、人工智能、传感器技术、自动控制技术等于一体的高科技系统。在处理各种交通事故、疏散拥堵等方面起到重要作用。

无人驾驶是一门新兴技术，也是非常复杂的系统，主要的技术包括物联网和人工智能且和智能交通在部分领域是融合的。

智慧停车和车载传感器应用，诸如智能车辆检测、智能报警、智能导航、智能锁车等。这方面技术含量相对较低，但也非常重要，有很多是为无人驾驶和智能交通提供服务。

（四）智能工业

工厂只要有网就自然是"物联网"，这个"物联网"可能早就存在了。例如阀门的远程控制，管道温度的远程监控等，每个工厂都有自己的控制系统。但这不是智能工业，不是我们现在所说的物联网应用。智能工业包括智能物流，智能监控，智慧生产等。

（五）智能医疗

人人都离不开医疗系统。智能医疗首先是远程诊断和机器看病，有了远程诊断就不用专程去看医生；机器在一定范围内可以分担相当一部分人的工作量。其次，医疗信息联网可以给病情诊断带来更准确更客观的结论，改变现在的病人病历只能保存在一个医院里的状况。

（六）智慧城市

智慧城市是多种应用的综合体，如智能家居、智能交通、智能酒店、智能零售、智能电力、智能垃圾箱、智能医疗等。

五、物联网与其他技术的融合

作为新一代信息技术的重要组成部分，物联网的跨界融合、集成创新和规模化发展，在促进传统产业转型升级方面起到了巨大的作用。NB-IoT、5G、人工智能（AI）、云计算、大数据、区块链、边缘计算等一系列新的技术和题材将不断地注入物联网领域，助力"物联网＋行业应用"快速落地，促使物联网在工业、能源、交通、医疗、新零售等领域不断普及，也催生了智能门锁、智能音箱、无人机等诸多单品，成为物联网的新应用。人工智能、区块链、大数据、云计算等和物联网的结合，共同构建出一个新的、泛在的智能 ICT（信息、通信和技术）基础设施，应用于全行业。

任务四　人工智能

【任务描述】

本任务要求了解人工智能的概念和发展历程，熟悉人工智能在互联网及各传统行业中的典型应用和发展趋势，了解人工智能在社会应用中面临的伦理、道德和法律问题。

【知识讲解】

一、人工智能的概念和发展

人工智能是一种引发诸多领域产生颠覆性变革的前沿技术，当今的人工智能技术以机器学习，特别是深度学习为核心，在视觉、语音、自然语言等应用领域迅速发展，已经开始像水电煤一样赋能于各个行业。

扫一扫

人工智能

（一）人工智能的概念

人工智能（artificial intelligence，AI）是研究、开发用于模拟、延伸和扩展人的智能的理论、方法、技术及应用系统的科学。其目标是生产出能以人类智能相似的方式做出反应的智能机器。具体来说，人工智能就是让机器像人类一样具有感知能力、学习能力、思考能力、沟通能力、判断能力等，从而更好地为人类服务。

近些年，在移动互联网、大数据、云计算、物联网、脑科学等新理论、新技术以及经济社会发展强烈需求的共同驱动下，人工智能的发展进入新阶段，人工智能已深深地融入我们的生活。无论是手机上的指纹识别、人脸识别、导航系统、美颜相机、新闻推荐、智能搜索、语音助手、翻译助手、垃圾邮件过滤等应用，还是智能门锁、智能台灯、智能音箱、智能学习机器人、自动驾驶汽车，这些都与人工智能密切相关。

（二）人工智能的产生

早在 20 世纪四五十年代，数学家和计算机工程师已经开始探讨用机器模拟智能的可能。1950 年，英国科学家艾伦·麦席森·图灵（Alan Mathison Turing）提出了测试机器智能的方法：检验者是一个人，他（她）用非人格的方式（比如通过网络聊天）分别与一个真实的人和一台计算机问答，检验者仅通过两者回答的信息来评判到底谁是人。被检验者中的人要说服检验者他（她）才是真的人；而计算机也被编好程序，程序的目的是让检验者误认为这台计算机才是人。如果检验者通过一段时间（比如几个小时）的问答，还无法区分到底谁是人，那么被检验的计算机就通过了测试，被认为能够"思维"。1956 年，约翰·麦卡锡（John McCarthy）等人在美国的达特茅斯学院组织了一次研讨会。这次会议提出："学习和智能的每一个方面都能被精确地描述，使得人们可以制造一台机器来模拟它。"这次会议为这个致力于通过机器来模拟人类智能的新领域定下了名字"人工智能"，从而正式宣告了人工智能作为一门学科的诞生。

（三）人工智能的发展

从诞生至今，人工智能已有 60 多年的发展历史，大致经历了三次浪潮。第一次浪潮为 20 世纪 50 年代末至 20 世纪 80 年代初；第二次浪潮为 20 世纪 80 年代初至 20 世纪末；第三次浪潮为 21 世纪初至今（图 7-4）。

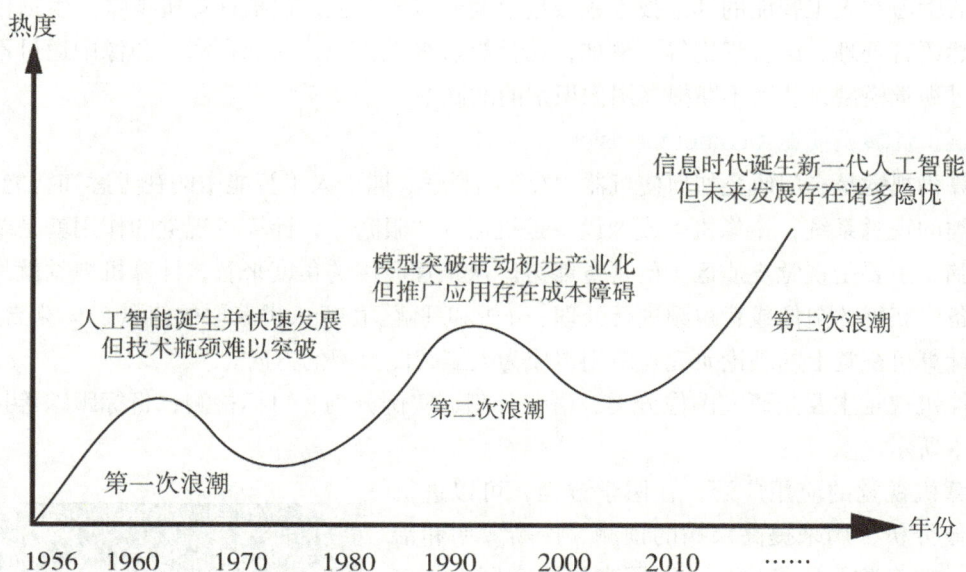

图 7-4　人工智能发展历程示意图

二、人工智能的关键技术

人工智能相关技术的研究目的是促使智能机器会听（如语音识别、机器翻译）、会看（如图像识别、文字识别）、会说（如语音合成、人机对话）、会行动（如智能机器人、自动驾驶汽车）、会思考（如人机对弈、定理证明）、会学习（如机器学习、知识表示）。人工智能的关键技术主要包括机器学习、计算机视觉、生物特征识别、自然语言处理和语音识别等。

（一）机器学习（machine learning，ML）

机器学习是指使计算机能像人类一样学习，以获取新的知识或技能，重新组织已有的知识结构，从而不断改善自身性能，如图 7-5 所示。机器学习是使计算机具有智能的根本途径，它让计算机不再只是通过特定的编程完成任务，而是可以通过不断学习来掌握本领。

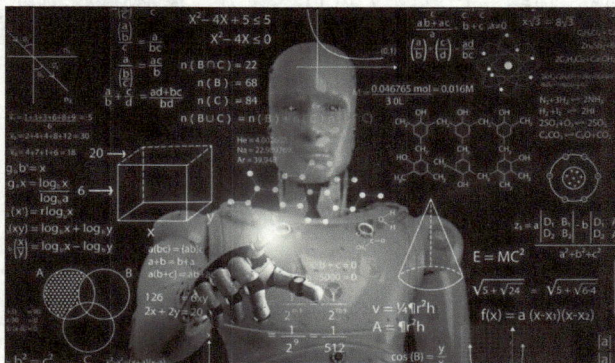

图 7-5　机器学习

机器学习主要依赖大量数据训练和高效的算法模型，其背后需要具有高性能计算能力的软硬件和大量数据作为支撑。例如，给机器学习系统一个包含交易时间、商家、地点、价格及交易是否正当等信用卡交易信息的数据库和一个用来预测信用卡欺诈的算法模型，系统就会自动对交易进行处理，而且处理的交易数据越多，模型越高效，预测结果就越准确。

机器学习在人工智能的其他技术领域也扮演着重要角色，包括计算机视觉、生物特征识别、自然语言处理、语音识别等。例如，在计算机视觉领域，它能在海量图像中通过不断训练来改进视觉模型，从而不断提高图像识别的准确率。

（二）计算机视觉（computer vision，CV）

计算机视觉是一门研究如何使机器"看"的科学，属于人工智能中的视觉感知智能范畴。参照人类的视觉系统，摄像机等成像设备是机器的"眼睛"，计算机视觉的作用就是要模拟人的大脑（主要是视觉皮质区）的视觉能力。从工程应用的角度来看，计算机视觉就是对从成像设备中获得的图像或者视频进行处理、分析和理解。由于人类获取的信息83%来自视觉，因此在计算机视觉上的理论研究与应用也成为人工智能热门的方向。

计算机视觉主要是研究图像分类、语义分割、实例分割、目标检测、目标跟踪等技术，如图7-6所示。

计算机视觉的应用广泛，在医学方面，可以进行医疗成像分析，用来提高疾病的预测、诊断效率和治疗效果；在安防及监控领域，可用来指认嫌疑人；在购物方面，消费者现在可以通过用智能手机拍摄产品来获得更多信息。在未来，计算机视觉有望进入自主理解、分析决策的高级阶段，真正赋予机器"看"的能力，以便在无人驾驶、智能家居等场景发挥更大的价值。

图7-6　计算机视觉目标跟踪应用场景

（三）生物特征识别（biometric recognition，BR）

生物特征识别是指根据人的生理或行为特征对人的身份进行识别、认证，如图7-7所示。从应用流程看，生物特征识别通常分为注册和识别两个阶段。注册阶段是指通过传感器（如摄像头、扬声器等）对人体的生物特征信息（如人脸、指纹、声纹等）进行采集并存储；识别阶段采用与注册阶段一样的采集方式对待识别人进行信息采集和特征提取，然后将提取的特征与存储的特征进行对比、分析，以完成识别。

图7-7　指纹识别技术

生物特征识别涉及的内容十分广泛，包括指纹、掌纹、人脸、虹膜、指静脉、声纹、步态等。其识别过程涉及计算机视觉、语音识别、机器学习等多项技术。目前，生物特征识别作为重要的智能化身份认证技术，在金融、安防、交通等多个领域得到了广泛的应用。

（四）自然语言处理（natural language processing，NLP）

自然语言处理是指使计算机拥有理解、处理人类语言的能力，包括机器翻译、语义理解、问答系统等。其中，利用语义理解可以自动识别文章的核心议题，自动将文章按内容进行分类，自动纠正文本错误，自动提取评论中表达的观点，自动检测文本中蕴含的情绪特征等；利用问答系统可以让计算机用自然语言（人类语言）与人交流。

自然语言处理技术目前被广泛应用于在线翻译（如百度翻译）、聊天机器人（如京东的 JIMI 智能机器人，图 7-8）、新闻推荐（如今日头条）、简历筛选、垃圾邮件屏蔽、舆情监控、消费者分析、竞争对手分析等方面。

（五）语音识别（speech recognition，SR）

语音识别是指将人类语音中的词汇内容转换为计算机可以识别的内容，即让机器能听懂"人话"。目前，语音识别的应用包括语音拨号、语音导航、室内设备语音控制、语音搜索、语音购物、语音聊天机器人等。例如，手机中大都提供了智能语音助手，如苹果的 Siri、小米的小爱同学、华为的小艺等，将其唤醒后，通过语音对话就可以让其执行相应的指令，从而实现一定的功能。

三、人工智能的应用场景

大多数情况下，人工智能并不是一种全新的业务流程或商业模式，而是对现有业务流程或商业模式的改造，其目的是提升效率。下面简单介绍人工智能在制造、金融、交通、安防、医疗、物流等行业的一些典型应用。

图 7-8　JIMI 智能机器人

（一）智能制造

人工智能在智能制造方面的应用主要表现在以下两个方面：一是智能装备，包括自动识别设备、人机交互系统、工业机器人及数控机床等；二是智能工厂，包括智能设计、智能生产、智能管理及集成优化等内容。

（二）智能金融

人工智能在金融领域的应用主要包括以下几个方面。

（1）智能获取客户。依托大数据和人工智能技术对金融用户进行画像，提升获客效率。

（2）用户身份验证。通过人脸识别、声纹识别等生物识别手段，对用户身份进行验证。

（3）金融风险控制。通过结合大数据、算法等搭建反欺诈、信用风险等模型，多维度控制金融机构的信用风险和操作风险，避免资产损失。

（4）智能客服。基于自然语言处理能力和语音识别技术，建立聊天机器人客服和语音客服系统，降低服务成本，提升用户服务体验。

（三）智能交通

智能交通是指借助现代科技手段和设备，将各核心交通元素连通，实现信息互通与共享，以及各交通元素的彼此协调、优化配置和高效使用。例如，通过交通信息采集系统采集道路中的车辆流量、行车速度等信息，经过信息分析处理系统处理后形成实时路况，决策系统据此调整道路红绿灯时长；还可以通过信息发布系统将路况推送到导航软件和广播中，从而

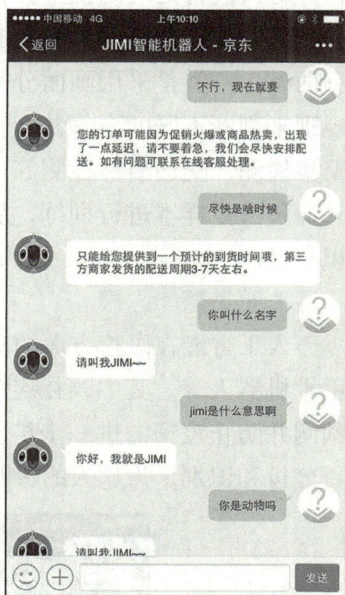

让人们合理地规划行车路线。此外，还可以通过电子不停车收费系统（ETC），实现对通过ETC入口的车辆进行身份及信息的自动采集、处理，并自动收费和放行，从而提高通行能力、简化收费管理流程。

（四）智能安防

智能安防技术是一种利用人工智能对视频画面进行采集、存储和分析，从中识别安全隐患并对其进行处理的技术。智能安防与传统安防的最大区别在于，传统安防对人的依赖性比较强，非常耗费人力，而智能安防能够通过机器实现智能判断。国内智能安防分析技术主要有两类：一类是采用画面分割等方法对视频画面中的目标进行提取和检测，然后利用一定的规则来判断不同的事件并产生相应的报警联动，其应用包括区域入侵检测、打架检测、人员聚集检测、交通事件检测等；另一类是利用计算机视觉识别技术，对特定的物体进行建模，并通过大量样本进行训练，从而达到对视频画面中的特定物体进行识别，如车辆识别、人脸识别等。

（五）智能医疗

人工智能在医疗方面的应用包括辅助诊疗、疾病预测、医疗影像分析和识别、药物开发、手术机器人等。其中，在疾病预测方面，人工智能借助大数据技术可以进行疫情监测，及时预测并防止疫情的进一步扩散；在医疗影像方面，可以利用计算机视觉等技术对医疗影像进行分析和识别，为病人的诊断和治疗提供评估方法和诊疗决策（图7-9）。

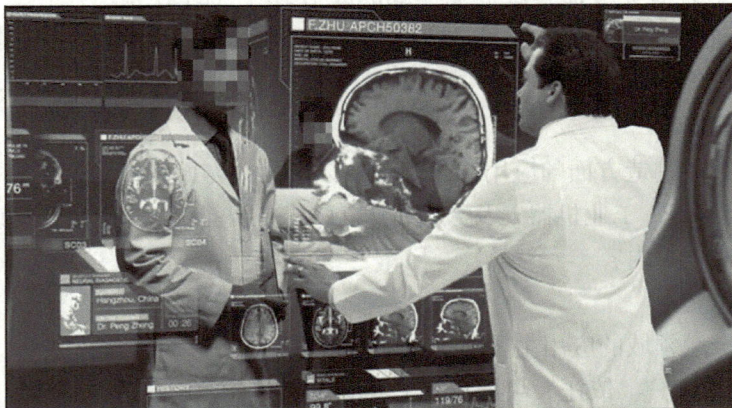

图7-9　智能医疗

（六）智能物流

物流企业除利用条形码、RFID、传感器、全球定位系统等优化和改善运输、仓储、配送、装卸等物流业基本活动外，也在尝试使用计算机视觉及智能机器人等技术实现货物自动化搬运和拣选等复杂活动，使货物搬运速度、拣选精度得到大幅度提升。例如，京东是国内知名的电商企业。为压缩物流成本，提高物流效率，京东构建了以无人仓、无人机（图7-10）和无人车为三大支柱的智慧物流体系。京东无人车（图7-11）在行驶过程中，车顶的激光感应系统会自动检测前方的行人、车辆等，遇到障碍物还会自动避障。

图 7-10　京东无人机

图 7-11　京东无人车

四、人工智能未来发展趋势

纵观人工智能的发展史，可以发现其发展过程也是潮起潮落。近年来，一些重大的技术进展和突破让人工智能风靡全球，这是否又是一次潮起？潮落是否又将来临？不管未来如何，不可否认，人工智能对各行各业的影响是巨大的。专用人工智能在教育、自驾、电商、安保、金融、医疗、个人助理等领域不断取得突破，涉及人类生活的方方面面。

剑桥大学的研究者预测，未来十年，人类大概 50% 的工作都会被人工智能取代。

被取代的可能性较小的工作具有如下特征：

（1）需要从业者具备较强的社交能力、协商能力及人际沟通能力。

（2）需要从业者具备较强的同情心，以及为他人提供真心实意的扶助和关切。

（3）创意性较强。

被取代的可能性较大的工作具有如下特征：

（1）不需要天赋，经由训练即可掌握的技能。

（2）简单、重复性劳动。

（3）无须学习的工作。

课程思政

防范人工智能风险

眼下，不少地区布局人工智能领域，推动新一代人工智能健康发展。人工智能正广泛应用于金融、医疗、交通、制造业等领域，成为推动经济社会发展的重要引擎。不过，正如"硬币的两面"，人工智能在带来高效便利的同时，也可能引发隐患和危机。对此，要增强风险防范意识，以富有前瞻性的有力举措，管控好人工智能技术可能带来的各类风险。

从目前情况看，人工智能可能引发的风险主要包括如下几方面：从技术角度看，人工智能本身的技术逻辑及其应用过程存在模糊性，可能引发数据、算法和模型风险。如果数据的数量或质量出现问题，可能无法反映现实世界的真实情况；算法"黑箱"和不可解释性问题，在容错率低的行业，甚至可能造成不可挽回的安全隐患；另外，模型完整性攻击，又称"对抗攻击"，即干扰模型的学习和预测过程，可能误导人工智能"指鹿为马"。

从法律伦理道德层面看，人工智能的广泛应用可能衍生技术滥用、数据安全、隐私保护等方面的安全挑战，给公民的信息安全、财产安全甚至生命安全造成威胁。例如，恶意运用人工智能伪造虚假人脸，危害个人金融安全；在采集、使用和分析海量数据的过程中，发生隐私泄露、数据篡改、真假难辨等隐患；智能推送算法还引发了"信息茧房"、极化现象以及大数据"杀熟"现象；人工智能运用到无人驾驶、医疗诊断等领域，可能引发权责边界模糊问题；人工智能文本数据挖掘可能产生的知识产权争议问题等，都是引发法律和伦理道德风险的典型案例。

人工智能所带来的风险并非单一的、直线的，而是多种风险交织交融的。这就要求我们系统全面地认识人工智能，提早开展人工智能风险治理。

一方面，要推动技术进步。针对人工智能的模型、算法、数据、隐私和应用等风险和安全威胁，加强安全保护基础理论研究和前沿安全技术研究，推动关键技术应用，构建人工智能安全治理技术体系，是有效管控人工智能风险的关键。这是一个需要各个层面通力合作、集智攻关的长期工作。在社会层面，网络安全龙头企业可以牵头组建创新联合体，在开展理论研究和技术攻关的同时，加强数字安全人才培养，规范技术标准、测试标准和应用规范，增进数字安全的国内外交流合作，以技术创新引领人工智能安全治理。

另一方面，还要不断加强管理。2023年7月，我国《生成式人工智能服务管理暂行办法》颁布施行，国家层面的人工智能法草案正在加快制定进程，各种专门立法也在积极探索。我国正以高度负责任的态度参与全球人工智能治理，在贡献中国智慧的同时抢占全球人工智能治理话语权。在实践中，对发展中的问题应及时回应，充分发挥处于实践前沿的企业、行业组织的作用。主管单位要与企业、行业组织、科研机构以及公众建立广泛的合作和沟通机制，以有效引导企业和行业组织进行自我监管，发挥科研机构协助监督和识别潜在风险的作用，帮助公众提升人工智能风险防范意识。

（来源：《经济日报》有改动）

思考练习

一、选择题

1. 云计算是一种（　　）。

A. 大规模分布式计算技术　　　　B. 共享计算资源的技术

C. 超级计算机技术　　　　　　　D. 虚拟化技术

2. 关于云计算的安全问题，以下说法正确的是（　　　）。

A. 云计算不存在安全问题

B. 现阶段云计算的安全问题已经完全解决

C. 现阶段云计算的安全问题已经得到较好的控制

D. 安全问题是云计算应用的主要障碍

3. 大数据的提出时间是（　　　）。

A.2004 年　　　　　　B.2005 年　　　　　　C.2006 年　　　　　　D.2008 年

4. 下列关于对大数据特点的说法，错误的是（　　　）。

A. 数据规模大　　　　　　　　　　　B. 数据类型多样

C. 数据价值密度高　　　　　　　　　D. 数据处理速度快

5. 下列关于大数据的说法，不正确的是（　　　）。

A. 大数据具有巨量、多样、高速、真实和低价值密度的特征

B. 大数据带来的思维变革，是指带来更多的随机样本

C. 大数据是一种海量、高增长率和多样化的信息资产，需要通过新处理模式来提升决策力、洞察发现力和流程优化能力

D. 大数据将给政府公共服务、医疗服务、零售业、制造业及涉及个人服务等领域带来可观的价值

6. 以下哪项不属于物联网的三层结构（　　　）？

A. 感知层　　　　　B. 网络层　　　　　C. 应用层　　　　　D. 数据层

7.RFID 属于物联网的（　　　）。

A. 应用层　　　　　B. 网络层　　　　　C. 业务层　　　　　D. 感知层

8. 物联网是新一代信息技术的高度集成和综合运用。目前，我国已将物联网作为战略性新兴产业的一项重要组成内容。下列关于物联网的表述中，错误的是（　　　）。

A. 具有渗透性强、带动作用大、综合效益好的特点

B. 推进物联网的应用和发展，有利于促进生产生活和社会管理方式向智能化、精细化、网络化方向转变

C. 目前，我国在物联网关键核心技术、网络信息安全方面已不存在潜在隐患

D. 物联网技术的核心和基础是互联网技术，是在互联网基础上的延伸和扩展

9. 在物联网的应用领域中，以下哪项不属于主要应用（　　　）？

A. 智能家居　　　　　B. 智慧城市　　　　　C. 智能交通　　　　　D. 虚拟现实

10. 以下哪个不是物联网中的关键技术（　　　）？

A.RFID　　　　　　　　　　　　　B. 传感器技术

C. 无线网络技术　　　　　　　　　D. 物联网数据挖掘技术

11.AI 的英文全称为（　　　）。

A.Automatic Intelligence　　　　　　　B.Artificial Intelligence

C.Automatic Information　　　　　　　D.Artificial Information

12. 下列选项中，不属于人工智能研究领域的是（　　　）。

A. 计算机视觉　　　　　　　　　　　B. 编译原理

C. 机器学习　　　　　　　　　　　　D. 自然语言处理

13. 下列选项中，不属于人工智能应用的是（　　　）。

A. 机器人、无人仓储可以帮助提高物流效率

B. 戴上蓝牙耳机，可以帮助人们在开车时快速接听电话

C.Crisalix 等三维虚拟软件可以帮助病人和医生更加明确整形效果

D. 无人驾驶汽车，可以帮助降低交通事故发生率

14. 小张在淘宝网搜索"雨伞"这一商品，淘宝网将自动向小张推荐"雨衣"等相关商品，这体现了（　　　）。

A. 淘宝网利用大数据为客户推荐商品

B. 用户的隐私受到侵犯

C. 淘宝网利用了智能客服主动为小张推荐商品

D. 淘宝网推荐的商品一般比较便宜

15. 下列选项中不属于"机器人三项原则"内容的是（　　　）。

A. 机器人不得伤害人或任人受到伤害而无所作为

B. 机器人应服从人的一切命令，但命令与 A 相抵触时例外

C. 机器人必须保护自身的安全，但不得与 A、B 相抵触

D. 机器人必须保护自身安全和服从人的一切命令，一旦发生冲突，以自保为先

二、填空题

1. 从云计算的服务模式看，云计算包括：_____、_____ 和 _____ 几个层次的服务。

2. 云计算主要分为 _____、_____ 和混合云三种形态。

3. 大数据包括结构化、半结构化和非结构化数据。其中 _____ 越来越成为数据的主要部分。

4. 大数据具有 5V 特征，即巨量性（volume）、多样性（variety）、高速性（velocity）、_____ 和 _____。

5. 数据加密的基本方法有 _____ 和 _____。

6. 物联网具有全面感知、可靠传输和 _____ 三大特征。

7. 物联网的 _____ 层是物联网的智能层，可对传输来的数据进行分析和处理，实现对物体的智能化控制。

8. _____ 是使计算机具有智能的根本途径。

9. 机器人的机械结构主要包括 _____ 机构、_____ 机构两部分。

10. 目前主要有用于工业生产的 _____ 机器人，用于危险和未知环境的 _____ 机器人，以及服务于人类的 _____ 机器人。

三、简答题

1. 云计算技术有什么特点？云计算是如何分类的？

2. 什么是大数据技术？

3. 简述物联网的体系结构。

4. 人工智能的关键技术有哪些？

四、操作题

1. 用腾讯文档或石墨文档创建一份云端共享笔记。

2. 打开应用商店，搜索"DeepSeek"，并进行下载安装。注册完成后，开启和 AI 的聊天之旅。

参考文献

[1] 赵莉，谷晓蕾．信息技术（基础模块）[M].北京：电子工业出版社，2023.

[2] 王珊，杜小勇，陈红．数据库系统概论 [M].6 版．北京：高等教育出版社，2023.

[3] 肖珑．信息技术基础 [M].北京：高等教育出版社，2022.

[4] 薛红梅，申艳光．大学计算机：计算思维导论 [M].2 版．北京：清华大学出版社，2021.

[5] 眭碧霞．信息技术基础 [M].2 版．北京：高等教育出版社，2021.

[6] 史小英，张敏华．信息技术上机指导与习题集 [M].北京：人民邮电出版社，2021.

[7] 刘云翔，王志敏．信息技术基础与应用 [M].北京：清华大学出版社，2020.

[8] 陈开华，王正万．计算机应用基础项目化教程 [M].北京：高等教育出版社，2020.

[9] 杨竹青．新一代信息技术导论 [M].北京：人民邮电出版社，2020.

[10] 陈红松．网络安全与管理 [M].2 版．北京：清华大学出版社，2020.

[11] 未来教育．全国计算机等级考试模拟考场系列·二级 MS Office 高级应用 [M].成都：电子科技大学出版社，2020.

[12] 高万萍，王德俊．计算机应用基础教程：Windows 10，Office 2016[M].北京：清华大学出版社，2019.

[13] 石志国．计算机网络安全教程 [M].3 版．北京：清华大学出版社，2019.

[14] 杨云川，杨晶，王清晨，等．信息元素养与信息检索 [M].北京：电子工业出版社，2018.

[15] 刘远生，李民，张伟．计算机网络安全 [M]. 3 版．北京：清华大学出版社，2018.

[16] 张振花，田宏团，王西．多媒体技术与应用 [M].北京：人民邮电出版社，2018.

[17] 陈玉琨，汤晓鸥．人工智能基础 [M].上海：华东师范大学出版社，2018.

[18] 刘韩．人工智能简史 [M].北京：人民邮电出版社，2017.

[19] 刘云翔，王志敏，黄春华，等．计算机应用基础 [M].3 版．北京：清华大学出版社，2017.

[20] 胡尚杰，李深，杨文利，等．计算机应用基础项目化教程：Windows 10+Office 2016 [M].北京：中国铁道出版社，2017.

[21] 龚沛曾，杨志强．大学计算机 [M].7 版．北京：高等教育出版社，2017.

[22] 林子雨．大数据技术原理与应用 [M].2 版．北京：人民邮电出版社，2017.

[23] 四川省普通高等院校专升本考试教材编写组．计算机基础 [M].成都：四川大学出版社，2016.